Softwareentwicklung von Telematikdiensten

Grit Behrens • Volker Kuz • Ralph Behrens

Softwareentwicklung von Telematikdiensten

Konzepte, Entwicklung und zukünftige Trends

Prof. Dr. Grit Behrens
Hochschule Rhein-Main
Kurt-Schumacher-Ring 18
65197 Wiesbaden
Deutschland
grit.behrens@hs-rm.de

Dipl.-Ing. Ralph Behrens
Direktor Business Development
ICT Software Engineering GmbH
Bahnhofplatz 8
76137 Karlsruhe
Deutschland
ralph.behrens@ict-se.de

Dipl.-Ing. Volker Kuz
Expert Manager
operational services GmbH & Co. KG
Alessandro-Volta-Str. 11
38440 Wolfsburg
Deutschland
volker.kuz@o-s.de

ISBN 978-3-540-88969-4   e-ISBN 978-3-540-88970-0
DOI 10.1007/978-3-540-88970-0
Springer Heidelberg Dordrecht London New York

Die Deutsche Nationalbibliothek verzeichnet diese Publikation in der Deutschen Nationalbibliografie; detaillierte bibliografische Daten sind im Internet über http://dnb.d-nb.de abrufbar.

© Springer-Verlag Berlin Heidelberg 2011
Dieses Werk ist urheberrechtlich geschützt. Die dadurch begründeten Rechte, insbesondere die der Übersetzung, des Nachdrucks, des Vortrags, der Entnahme von Abbildungen und Tabellen, der Funksendung, der Mikroverfilmung oder der Vervielfältigung auf anderen Wegen und der Speicherung in Datenverarbeitungsanlagen, bleiben, auch bei nur auszugsweiser Verwertung, vorbehalten. Eine Vervielfältigung dieses Werkes oder von Teilen dieses Werkes ist auch im Einzelfall nur in den Grenzen der gesetzlichen Bestimmungen des Urheberrechtsgesetzes der Bundesrepublik Deutschland vom 9. September 1965 in der jeweils geltenden Fassung zulässig. Sie ist grundsätzlich vergütungspflichtig. Zuwiderhandlungen unterliegen den Strafbestimmungen des Urheberrechtsgesetzes.
Die Wiedergabe von Gebrauchsnamen, Handelsnamen, Warenbezeichnungen usw. in diesem Werk berechtigt auch ohne besondere Kennzeichnung nicht zu der Annahme, dass solche Namen im Sinne der Warenzeichen- und Markenschutz-Gesetzgebung als frei zu betrachten wären und daher von jedermann benutzt werden dürften.

Einbandentwurf: WMXDesign GmbH, Heidelberg

Gedruckt auf säurefreiem Papier

Springer ist Teil der Fachverlagsgruppe Springer Science+Business Media (www.springer.com).

Vorwort

Die Entwicklung von Telematikanwendungen und -diensten ist ein Thema, das eine sehr große Bandbreite an Technologien und Methoden berührt. Auf der einen Seite wird ein Server benötigt, auf der anderen Seite ist ein embedded System und dazwischen liegt die Datenübertragung. Der Server wird meistens in einer anderen Programmiersprache entwickelt als das embedded System, es kommen verschiedene Betriebssysteme zum Einsatz und es stehen unterschiedliche Resourcen auf den Systemen zur Verfügung. Diese zugegebenermaßen sehr kurze Betrachtung der Problematik offenbart bereits, dass jedes der einzelnen Themen für sich beliebig komplex ist.

Angetrieben von der Begeisterung für die Entwicklung von Telematikdiensten für die Automobilindustrie auf der einen und von dem Einsatz der Thematik in der Forschung und Lehre auf der anderen Seite ist dieses Buch entstanden.

Das ist für all diejenigen geschrieben, die mehr über die Entwicklung von Telematikdiensten für Navigations- und Infotainmentdienste für die Automobilindustrie und mobile Geräte erfahren möchten. Das Buch vermittelt ein fundiertes Verständnis für den Aufbau, die verschiedenen Techniken und den Einsatz von Telematikdiensten.

Neben den theoretischen Betrachtungen, die insbesondere für Manager, Projektleiter und Softwarearchitekten interessant sind, gibt es einen tiefen Einblick in die Programmierung von Telematikanwendungen. Der praktische Teil des Buches richtet sich an Studenten und Softwareentwickler und -architekten.

Die Arbeit an diesem Buch hat uns sehr viel Spaß bereitet, obwohl wir einen Großteil unserer Freizeit in dieses Projekt investiert haben. Die Motivation, dieses Buch zu schreiben, war unser persönliches Interesse an der Thematik und die Tatsache, dass es bisher nur sehr wenig Literatur gibt, die das gesamte System betrachtet.

Grit Behrens
Volker Kuz
Ralph Behrens

Danksagung

Beim Schreiben eines Buches kommt kein Autor ohne Hilfe aus. Das ist auch bei uns natürlich so. Wir möchten uns daher bei all denen bedanken, die uns bei der Erstellung des Buches unterstützt haben.

Ein großes Dankeschön geht an unsere Arbeitgeber, die zahlreichen Kolleginnen, Kollegen und Studenten die im Laufe der Jahre an dem Common Services Interface mitgearbeitet haben. Hervorheben möchten wir an dieser Stelle Tim Fischer, Björn Saull, Sebastian Grund, Benjamin Josefus und Simon Gerlach, die im Rahmen ihrer studentischen Praktika oder Diplomarbeiten sehr wichtige Bestandteile zur aktuellen Implementierung beigetragen haben.

Ein besonderer Dank geht an unseren Kollegen Franklyn Cardenas, der die Implementierung und die Grundlage des Android-Kapitels zur Verfügung gestellt hat.

Vielen Dank möchten wir auch unsere eifrigen Korrekturleserinnen und -lesern, richten. Hier geht ein besonderer Dank an Nora Sternberg, Hanna Glaser, Lena Krebs, Marion Grebhan, Uwe Pannen und Meike Behrens.

Wir möchten wir uns abschließend auch beim Team des Springer Verlages für die kompente Betreuung und die gute Zusammenarbeit bedanken!

Inhalt

1	**Einleitung**		1
	1.1	Aktuelle Bedeutung der Telematikdienste	1
2	**Wie entsteht ein Online Dienst?**		3
	2.1	Die Auswahl des Protokolls	3
	2.2	Die Entwicklung eines Standards	4
	2.3	Die Entwicklung eines Online Dienstes – ein einfaches Beispiel	6
	2.4	Der Server hat die Macht	9
	2.5	Fazit	15
3	**Kurze Protokollübersicht**		17
	3.1	Die Geschichte der Online Dienste bei HarmanBecker	17
		3.1.1 Generelle Anforderungen an das Telematik Protokoll	18
		3.1.2 Das Common Services Interface (CSI)	18
	3.2	Next Generation Telematics Protocol (NGTP)	19
	3.3	Mobile Phone Telematics Protocol (MPTP)	22
	3.4	External Function Interface (EFI)	24
	3.5	Application Communication Protocol (ACP)	27
	3.6	SOAP – XML	30
	3.7	GATS	32
		3.7.1 Technologie	32
		3.7.2 Aufbau des Standards	32
		3.7.3 Protokollstack	32
		3.7.4 Aufbau der Nachrichten	34
	3.8	GST	34
		3.8.1 Arbeitsweise der GST Architektur	35
		3.8.2 Deployment und Provisioning von Service Applikationen	37
	3.9	POIX	38
	3.10	JSON	41
		3.10.1 Datenstrukturen und Formatdefinition	41

		3.10.2	GSON bei Google	42
		3.10.3	Vergleich zu anderen Formaten	43
		3.10.4	Derivate	45
4	**Übertragungskanäle**			49
	4.1	Eine Übersicht der möglichen Übertragungsmedien für Telematikdienste		49
	4.2	Speichermedien		49
		4.2.1	Speicherkarten	50
		4.2.2	USB-Massenspeicher	51
	4.3	Drahtlose Verbindungen		51
		4.3.1	SMS – Short Message Service	52
		4.3.2	Das Internet Protocol	53
		4.3.3	LTE – Long Term Evolution	58
5	**Softwareentwicklung mit dem CSI SDK**			61
	5.1	Beschreibung des SDK		61
	5.2	CSI als Open Source Projekt		62
		5.2.1	Eclipse IDE	63
		5.2.2	Applikationsserver	63
		5.2.3	System-Voraussetzungen	64
		5.2.4	Installation und Update des CSI SDK	64
	5.3	Architektur des CSI		65
		5.3.1	CSI Kernel	65
		5.3.2	CSI Controller	66
		5.3.3	CSI Channels	66
		5.3.4	CSI Container	66
		5.3.5	Standardinterfaces	67
	5.4	CSI – Code Generierung		73
		5.4.1	Serviceklassen	74
		5.4.2	Containerklassen	74
		5.4.3	Modulklassen	74
	5.5	CSI – Manuelle Implementation		75
		5.5.1	Applikation	75
		5.5.2	Externer Handler	75
	5.6	CSI Services Overview Definition (XCSO)		76
	5.7	CSI Service Interface Definition (XCSI)		77
		5.7.1	Beschreibung der Imports	79
		5.7.2	Beschreibung der Enumerations	80
		5.7.3	Beschreibung der Container	81
		5.7.4	Beschreibung der Members	85
	5.8	Clientenwicklung		86
		5.8.1	Hello World	86
		5.8.2	Der Testserver	98

5.9	Serverentwicklung	101
5.9.1	Einfache HelloServer Applikation	101
5.10	Tooling and Debugging	104
5.10.1	CSI Service Interface Editor	104
5.10.2	Generator	110
5.10.3	Verifier	111
5.10.4	CSI Perspective für Eclipse	112
5.10.5	Streamanalyzer	114
5.10.6	Stream Creator	114
5.10.7	Control Center	116

6 Beispielapplikationen mit dem CSI SDK 119
- 6.1 PC-Simulation einer Navigationsanwendung mit CSI-Client 119
  - 6.1.1 Analyse 119
  - 6.1.2 Design 122
  - 6.1.3 Definition der Services 124
  - 6.1.4 Beschreibung der Anwendungsfälle 132
  - 6.1.5 Implementierung 142
- 6.2 Demoserver mit CSI-Server 175
  - 6.2.1 Analyse 176
  - 6.2.2 Design 180
  - 6.2.3 Datenbank 187
  - 6.2.4 Implementierung 188
- 6.3 Zusammenfassung 211

7 Android – Beispiel einer CSI Applikation 213
- 7.1 Android 213
  - 7.1.1 Features 214
  - 7.1.2 Einrichten der Eclipse Umgebung 214
- 7.2 Applikation HelloWorld 214
  - 7.2.1 Erstellen eines Projekts mit Eclipse 214
  - 7.2.2 Die Android Manifest Datei 216
  - 7.2.3 Activity CSIHelloWorld 216
  - 7.2.4 Layout und Values 217
  - 7.2.5 Main.xml 217
  - 7.2.6 String.xml 218
  - 7.2.7 Der Emulator 218
  - 7.2.8 DDMS 219
- 7.3 CSI Anwendung LocalSearch 220
  - 7.3.1 LocalSearchActivity 220
  - 7.3.2 ShowPOIResult 225
  - 7.3.3 ShowPOIDetail 227

7.4	Umsetzung bezogen auf das CSI	228
	7.4.1 CSI Client	229
	7.4.2 CSIClientHandler	230
7.5	Finale Betrachtungen zum Android-Beispiel	231

8 Das perfekte Telematikprotokoll 233

Literatur 235

Sachverzeichnis 237

_# Kapitel 1
Einleitung

1.1 Aktuelle Bedeutung der Telematikdienste

Die Bedeutung der Telematikdienste für die Automobilindustrie steigt kontinuierlich an. Die ersten Versuche, in Europa die Fahrzeuge mit der Außenwelt zu vernetzen, wurden nicht von Erfolg gekrönt. Das Mercedes-Benz Portal [MBP01] wurde zum Beispiel zunächst in Zusammenarbeit mit T-Online sehr intensiv vorangetrieben, allerdings Mitte 2004 wieder eingestellt [MBP02]. Das Portal war funktional seiner Zeit weit voraus, allerdings waren die verfügbaren Bandbreiten der mobilen Netze zu niedrig und die Preise für die mobile Datenverbindung waren zu hoch.

Die Einführung der vernetzten Funktionen durch BMW mit den Produkten BMW Assist[1] und BMW Online Services[2] als Teil der BMW Connected Drive Initiative hat gezeigt, dass die Weiterentwicklung der Dienste als strategisches Ziel von der Automobilindustrie vorangetrieben wird. Die Integration eines Webbrowsers, der Zugang zum freien Internet bietet, wird in der Zukunft interessanter, da die Implementierungen der Webbrowser für mobile Systeme immer besser werden und zunehmend kompatibel zu den Webbrowsern aus der PC-Welt sein werden.

Auch die portablen Navigationsgeräte (PND) werden immer mehr mit vernetzten Funktionen ausgestattet. Hier ist die Firma TomTom zu nennen, die speziell mit den Produkten iQ Routes[3] und HD Traffic[4] positive Schlagzeilen macht. IQ Routes und HD Traffic stellen optimierte Routenberechnung und aktuelle Verkehrsinformationen zur Verfügung und sind darauf angewiesen, dass die PND Geräte mit dem Internet verbunden sind. Die ständige Internetverbindung wird genutzt,

---

[1] BMW Assist umfasst alle Online-Dienste, die einen Operator benötigen, d. h. der Anwender wird telefonisch mit einem Operator verbunden. Dieser stellt die gewünschten Informationen zusammen, um sie anschließend über eine Datenverbindung ins Fahrzeug zu übertragen.

[2] BMW Online Services werden direkt vom Anwender über spezielle Webseiten bedient, es erfolgt keine telefonische Verbindung mit einem Operator.

[3] TomTom iQ Routes berechnet die Route anhand der tatsächlich gefahrenen Geschwindigkeit anstatt der theoretisch möglichen Höchstgeschwindigkeit.

[4] TomTom HD Traffic verwendet die An- und Abmeldeinformation der Mobiltelefone an den Basisstationen, um aktuelle Verkehrsinformationen zu bestimmen.

um den aktuellen Status an den Server zu senden und die neuesten Empfehlungen und Verkehrsinformationen zu empfangen. Der Trend, permanent Informationen auszutauschen und diese gezielt zur Routenführung zu verwenden, wird sich in Zukunft weiter verstärken. Es ist nur noch eine Frage der Zeit, ab wann Hersteller von portablen Navigationssystemen nur noch vernetzte Geräte verkaufen werden.

Die vernetzten Funktionen haben durch die Markteinführung des iPhone von Apple und der Android[5] basierten Smartphones den größten Schub bekommen. Die Veröffentlichung der dazugehörigen Entwicklungsumgebungen (SDK), die es nahezu jedem Programmierer ermöglichen, für die beiden Plattformen Software zu entwickeln und zu vertreiben, hat eine Lawine an neuen vernetzten Applikationen verursacht. Insbesondere hat Google, nicht nur durch die Einführung von Android als Open Source Betriebssystem, sondern im speziellen durch die kostenlose Beigabe der Google Maps Navigation als Android-Applikation [GOO01] den Markt dramatisch beeinflusst. Nokia sah sich gezwungen, im Gegenzug die Ovi-Navigation für Nokia-Smartphones ebenfalls kostenlos zur Verfügung zu stellen [NOK01]. Das bedeutet für die Nokia-Tochter Navteq, dass in beiden Fällen kein Geld mehr mit Lizenzen für die digitale Karte zu verdienen ist. Dramatisch ist in diesem Zusammenhang, dass die Vodafone-Tochter Wayfinder, wie im März 2010 bekanntgegeben wurde, ihre Tore schließen muss [VOD01]. Vodafone sieht derzeit keine Möglichkeit mehr, mit einer Navigationsanwendung Geld zu verdienen.

Umso wichtiger ist es, die mobilen Geräte und die Fahrzeuge mit dem Internet zu vernetzen, um mit ortsbezogenen Diensten und Anwendungen auch neue Wertschöpfungsketten zu erschließen.

In der Zukunft werden die Fahrzeuge vernetzt sein, das ist eindeutig und sinnvoll. Dieses Buch versucht, diese Entwicklung aufzugreifen und dient dazu, einen Einblick in die Entwicklung von vernetzten Funktionen zu gewinnen. Dabei geht es nicht nur um die konkrete Implementierung, die natürlich ein Bestandteil dieses Buches ist, sondern auch um die Frage, wie ein neuer Telematikdienst definiert wird und welche Randbedingungen zu berücksichtigen sind.

---

[5] Android ist ein Linux basiertes Betriebssystem für mobile Geräte.

Kapitel 2
Wie entsteht ein Online Dienst?

Dieses Kapitel beschäftigt sich mit einigen strategischen Überlegungen, die nicht unmittelbar etwas mit der konkreten Implementierung eines Online Dienstes zu tun haben. Dies wird in einem späteren Kapitel dieses Buches behandelt. Vielmehr müssen einerseits kaufmännische Randbedingungen erfüllt werden, andererseits muss darauf geachtet werden, dass die Verteilung der Anwendung auf Client und Server optimiert auf die jeweilige Leistungsfähigkeit abgestimmt wird.

2.1 Die Auswahl des Protokolls

Die Entwicklung von vernetzten Applikationen ist ungefähr so alt wie die Entwicklung des Internets. Als in den 90er Jahren das World Wide Web an Bedeutung gewann, startete gleichzeitig in vielen Unternehmen die Entwicklung verschiedenster Protokolle für telematische Dienste. Hier sind beispielsweise die Protokolle „Point Of Interest eXchange language" (POIX) und „Global Automotive Telematics Standard" GATS zu nennen, die im Wesentlichen von Toyota bzw. Access entwickelt wurden und 1999 erstmalig veröffentlicht wurden [POI01].

Die Entwicklung der Protokolle muss selbstverständlich finanziert werden. Es gilt daher bis heute, dass die Firmen versuchen, ihre Investitionen durch unmittelbaren Verkauf eines Produktes wieder in Geld zu wandeln. Dieses Prinzip gilt aus kommerzieller Sicht natürlich auch für die Protokolle selbst. Das Ziel vieler Firmen war und ist es, möglichst ohne Umweg Geld zu verdienen. Protokolle lassen sich schlecht direkt vermarkten. Eine Möglichkeit Geld mit Protokollen zu verdienen, ist die Lizenzierung dieser Protokolle an andere Firmen. Als Rechtfertigung für den Preis werden häufig Patente angemeldet, die Teile des Verfahrens schützen sollen. Das hat letztendlich dazu geführt, dass viele Firmen eigene Protokolle entwickelt haben, um hohe Lizenzkosten zu umgehen. Die Entwicklung eines Standards für Telematikprotokolle ist durch dieses Verhalten eher verhindert, als gefördert worden.

Die Automobilindustrie sieht zunehmend Bedarf für die Vernetzung der Fahrzeuge mit dem Internet. Durch eine telematische Anbindung der Fahrzeuge an mehrere verschiedene Service Provider mit jeweils unterschiedlichen und zum Teil lizenzpflichtigen Protokollen besteht für die Automobilhersteller die Gefahr, negative Entwicklungen hinnehmen zu müssen. Zum einen können sie in Abhängigkeit zu den Protokolllieferanten oder Service Providern geraten, zum anderen kann es notwendig werden, dass die Systeme mehrere Protokolle implementieren müssen. Letzteres erhöht die Systemkomplexität und damit die Fehleranfälligkeit. Im Ergebnis werden von den Automobilherstellern offene und einheitliche Schnittstellen und Protokolle angestrebt.

2.2 Die Entwicklung eines Standards

Die Entwicklung eines Standards durchläuft branchenunabhängig einige typische Schritte, die in diesem Abschnitt genauer betrachtet werden. Der Ablauf erklärt die zeitlichen und kausalen Zusammenhänge, die während der Entstehung eines Standards durchlaufen werden. Wenn alle Beteiligten (technischer Leiter, Software-Architekten, Software-Entwickler, Tester bis hin zum Marketing- und Vertriebsmitarbeiter), diesen Ablauf kennen und verstanden haben, dann gibt es in dem langwierigen Prozess gegenseitig weniger Enttäuschung und Frust. Stattdessen werden die einzelnen Phasen besser erkannt, die ausstehenden Schritte besser geplant und die Erreichung der Teilziele kann dementsprechend gewürdigt werden.

Die Entwicklung eines weltweiten Standards dauert sehr lange. Der Prozess durchläuft üblicherweise zehn Etappen, die in den meisten Fällen jeweils mindestens ein Jahr dauern:

1. **Entstehung eines neuen Konsortiums**
   Zu Beginn einer Standardentwicklung muss sich eine Gruppe von Gleichgesinnten bilden, die gleiche Ziele verfolgt und bereit ist, gemeinsame Entwicklungen zu betreiben.
2. **Erste Spezifikation und Referenz-Implementierung**
   Innerhalb des ersten Jahres ist das Konsortium noch vergleichsweise klein. Diese Gruppe benötigt etwa ein Jahr für eine erste Spezifikation und die Umsetzung in eine erste Referenzimplementierung.
3. **Zweite Spezifikation und Referenz-Implementierung**
   Während des dritten Jahres wächst das Konsortium. Es gibt weitere Einflüsse auf die Spezifikation und Ergebnisse aus der ersten Referenzimplementierung. Im Laufe des Jahres wird die Spezifikation überarbeitet und eine zweite Referenzimplementierung entsteht. Das zweite Release ist bereits sehr stabil.
4. **Marketing**
   Innerhalb der Firmen des Konzerns entstehen erste Produktideen, die Entwicklung wechselt von der Forschung bzw. Vorausentwicklung in die Produktentwicklung. Die Marketingabteilungen werden von der Technologie überzeugt, erste Projektentwicklungen laufen an.
5. **Erste Produkte sind verfügbar**
   Die laufenden Produktentwicklungen der ersten Generation werden abgeschlossen, so dass die ersten Ergebnisse Ende des fünften Jahres am Markt platziert werden können. Die Technologiefachpresse beginnt über die neuen Technologien und den neuen Standard Fachartikel zu veröffentlichen.

2.2 Die Entwicklung eines Standards

6. **Training der Verkäufer**
Neue Produkte, die auf neuen Technologien bzw. Standards beruhen, werden am Markt oftmals nicht automatisch angenommen. Es dauert ungefähr ein Jahr, bis die breite Masse der Verkäufer die Produkte soweit verstanden haben, dass sie die Käufer von den Vorzügen der neuen Produkte überzeugen können. Gleichzeitig erscheinen die ersten Berichte über die neuen Produkte in einschlägigen Fachzeitschriften.

7. **Training der Kunden**
Es dauert ein weiteres Jahr, bis die Verkäufer – mittlerweile von den Produkten überzeugt – die Käufer zunächst mühsam, später einfacher von den Produkten überzeugen können und diese zum Kauf der Produkte animieren.

8. **Steigende Akzeptanz – der Markt wächst**
Die langsam ansteigende Nachfrage führt dazu, dass sich weitere Unternehmen dem Konsortium anschließen und dass sich der Standard durch die neuen Einflüsse und die ersten Ergebnisse der Käufer evolutionär weiter entwickelt. Die Entwicklung bei den neuen Mitgliedern des Konsortiums beginnt mit viel Enthusiasmus.

9. **Mehr und mehr Produkte sind verfügbar**
Die gestiegene Anzahl der Produktentwicklungen wird nach und nach auf dem Markt sichtbar und die Kunden werden diese akzeptieren. Unterschiede in den Detailimplementierungen sorgen für eine Differenzierung am Markt und eine steigende Verbreitung der verschiedenen Produkte am Markt.

10. **Massenmarkt**
Die Produkte werden von einer breiten Kundschaft akzeptiert. Viele Firmen arbeiten an der Produktentwicklung oder liefern Tools. Protokollstacks[1] und dergleichen sind verfügbar. Der Durchbruch auf dem Markt ist geschafft.

Vielfach wird in den Unternehmen diese recht lange Zeit (siehe auch Abb. 2.1) für die Entwicklung eines Standards im Vorfeld übersehen oder die Zeiten werden nicht als relevant betrachtet. Das führt im Laufe der Entwicklung zur Frustration, nicht selten werden Projekte eingestellt und teilweise sehr gute Entwicklungen verworfen.

Es ist natürlich möglich, dass einige der Etappen kürzer ausfallen, bzw. einige Etappen ganz entfallen. Dafür können sich andere Schritte länger hinziehen als erwartet. Kurzum: die Entwicklung eines weltweiten Standards dauert etwa 10 Jahre!

Zum Vergleich: die Entwicklung des GSM-Mobilfunkstandards[2] begann 1982, erst 1992 gab es eine relevante Anzahl von Mobilfunkgeräten auf dem europäischen Markt [GSM01]. Die Entwicklungen von „Wireless Lan" und von Navigationsgeräten können als weitere Beispiele betrachtet werden. Speziell bei Navigationssystemen hat die erste ernst zu nehmende Entwicklung von Fahrzeugnavigationssystemen in den 70er Jahren begonnen, Systeme in größeren Stückzahlen sind etwa seit

---

[1] Ein Protokollstack ist die in der Datenübertragung verwendete Implementierung von aufeinander folgenden Übertragungsschichten.
[2] GSM bedeutet Global System for Mobile Communications und ist der erste Standard der sogenannten zweiten Generation „2G". GSM ist der erste volldigitale Mobilfunkstandard.

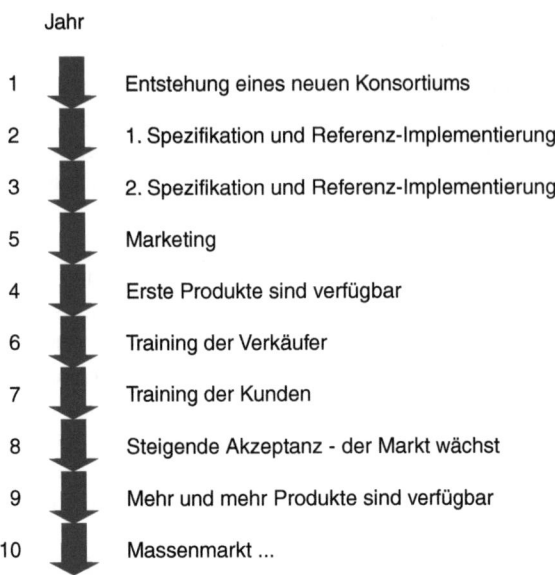

Abb. 2.1 Zeitliche Entwicklung eines neuen Standards

dem Jahr 2000 am Markt verfügbar. Hier hat die Entwicklung bis zum Massenmarkt sogar mehr als zwanzig Jahre gedauert:

- 1989 hat Blaupunkt das erste zielführende Navigationsgerät „Travel Pilot" auf den europäischen Markt gebracht [BLP01].
- 1997 hat Blaupunkt das erste Navigationsgerät mit dynamischer Zielführung auf den Markt gebracht, bis 2002 hat Blaupunkt zwei Millionen Geräte verkauft [BLP02].
- 1999 startet Becker mit dem Verkauf des 1-DIN Navigationssystems Traffic Pro, eines der ersten Navigationssysteme mit Kartenmaterial von siebzehn europäischen Staaten auf einer CD [BEC01].

2.3 Die Entwicklung eines Online Dienstes – ein einfaches Beispiel

Zu Beginn der Entwicklung stehen die Anforderungen mehr oder weniger detailliert fest. Meistens sind konkrete Anwendungsfälle beschrieben, in diesem Beispiel wird eine Tankstellensuche genauer betrachtet.

Viele Entwickler beginnen jetzt, diesen Anwendungsfall (Abb. 2.2) 1:1 zu implementieren. Der Ablauf wird durch den Client bestimmt. Der Anwender wird das später wie folgt erleben:

1. Während der Fahrt auf einer Autobahn bemerkt der Fahrer (oder das System automatisch), dass demnächst eine Tankstelle angefahren werden muss.

2.3 Die Entwicklung eines Online Dienstes – ein einfaches Beispiel

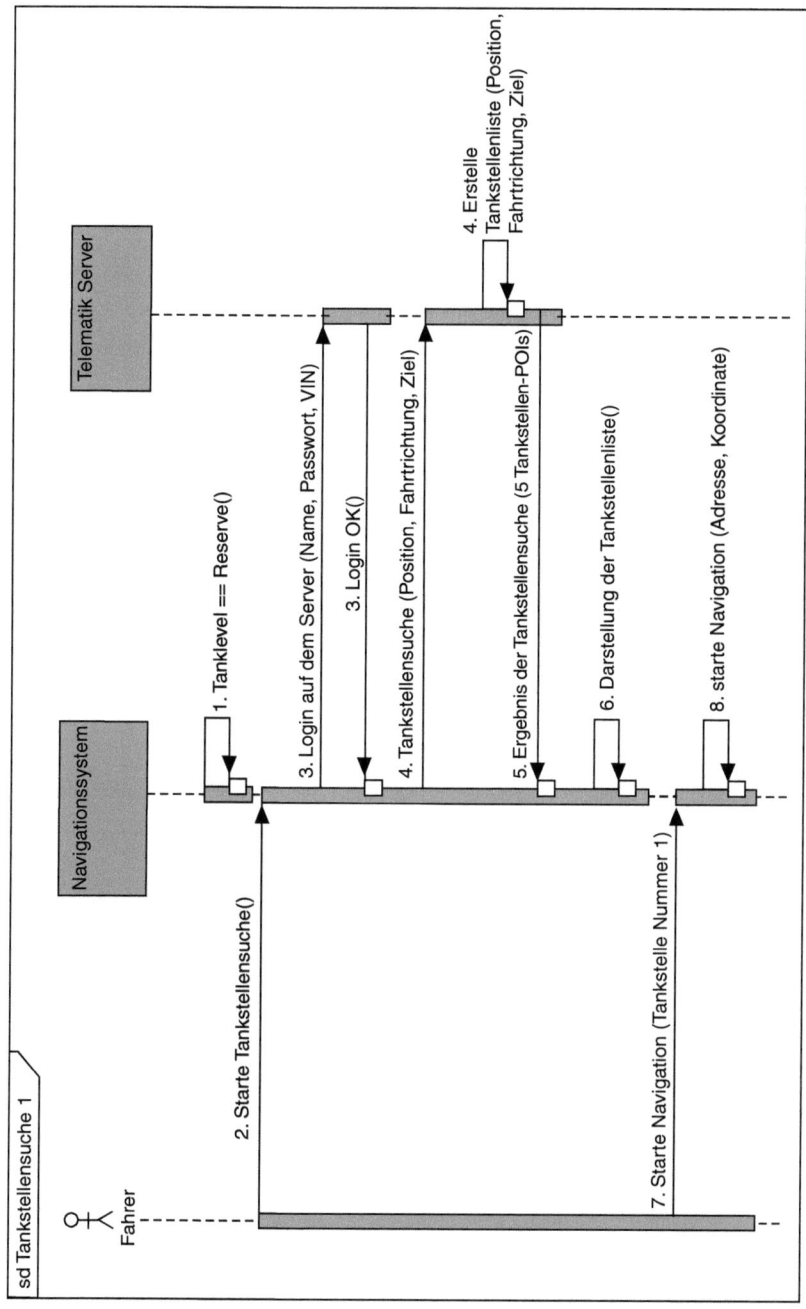

Abb. 2.2 Sequenzdiagramm Tankstellensuche

2. Über die Telematikfunktion „Tankstellensuche" sucht der Fahrer nach der nächsten Tankstelle.
3. Login auf dem Server.
4. Aufruf der Funktion „Tankstellensuche". Dabei wird dem Server die aktuelle Position, die Fahrtrichtung und das aktuelle Ziel mitgeteilt.
5. Der Server sucht nach den nächsten Tankstellen und überträgt eine Liste mit fünf Tankstellen an den Client. Für den Server ist der Anwendungsfall damit beendet.
6. Darstellung der Liste mit dem Ergebnis der Tankstellensuche im Client.
7. Der Fahrer kann sich jetzt einen Eintrag aus der Liste aussuchen.
8. Das Navigationssystem übernimmt die Adresse der Tankstelle als aktives Navigationsziel.

Diese Implementierung wird zuverlässig funktionieren. Gibt es trotzdem einen Haken? Welche negativen Effekte kann der Fahrer erleben?

Der Fahrer sucht während der Fahrt auf einer Autobahn nach der nächsten Tankstelle (Abb. 2.3).

Dabei kann es vorkommen, dass sich der Fahrer nach der Übertragung der Tankstellenliste für einige Minuten auf den Verkehr konzentrieren muss. In dieser Zeit fährt er an einer Autobahnausfahrt vorbei (Abb. 2.4). Anschließend wählt er den ersten Eintrag aus der Liste aus, die Navigation wird gestartet.

Der Fahrer wird über die *nächste* Ausfahrt abgeleitet und eine Wendeschleife fahren, um dann entgegen der ursprünglichen Fahrtrichtung in Richtung Tankstelle 1

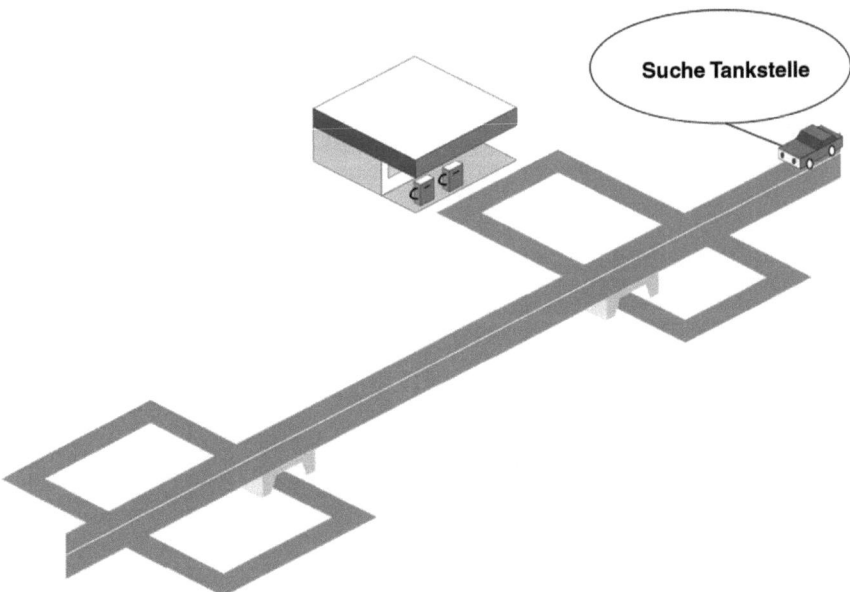

Abb. 2.3 Tankstellensuche

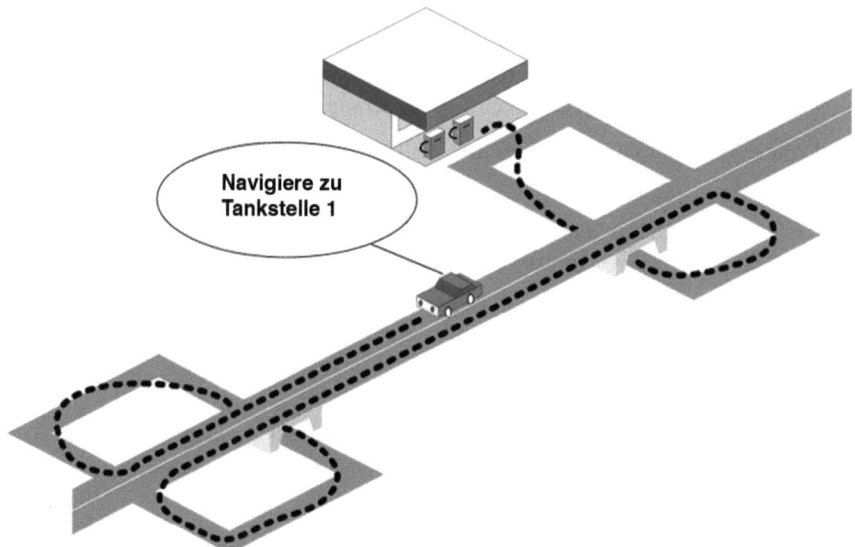

Abb. 2.4 Navigationsstart nach der Tankstellensuche

geleitet zu werden. Die resultierende Routenführung ist sehr unglücklich für den Fahrer. Er verliert viel Zeit und muss einen Teil der Strecke letztendlich zweimal fahren – das ist für einen Fahrer die Höchststrafe!

Das scheinbar einfache Beispiel hat gezeigt, dass wie so oft die Probleme im Detail liegen. Die Daten vom Server veralten sehr schnell. Wenn dieser Umstand nicht berücksichtigt wird, werden die Anwender nach einigen Versuchen das Interesse an den serverbasierten Diensten verlieren. Letztendlich sind es die Anwender, die über den Erfolg oder Misserfolg des Dienstes entscheiden.

Zufriedene Anwender sind der Schlüssel zum Erfolg

2.4 Der Server hat die Macht

Das Beispiel mit der Tankstellensuche wird in diesem Abschnitt auf eine andere Weise implementiert. Die Tankstellensuche ist ein Anwendungsfall aus der Welt der Navigationssysteme. Insbesondere die Navigationssysteme aus der Erstausrüstung, diese Geräte werden vom Fahrzeughersteller ab Werk verbaut, laufen auf einer (derzeit noch Single-CPU) Hardware, die vielfältige Aufgaben übernehmen muss. Aktuelle Systeme beinhalten unter anderem einen Multimediaplayer, einen Tuner, ein Navigationssystem, eine Spracherkennung, ein integriertes Telefon, Bluetooth-Schnittstelle und vieles mehr. Im Vergleich zu einem PC zeichnet sich ein Navigationssystem dadurch aus, dass wirklich alle Anwendungen parallel laufen und dem Anwender ohne merkliche Verzögerung zur Verfügung stehen müssen.

Dieser Umstand hat an sich nichts mit dem Beispiel der Tankstellensuche zu tun, aber er zeigt, dass die CPU immer viel zu tun hat und jede Entlastung willkommen ist. Das Resultat ist eine Architektur bzw. Philosophie, die den Client möglichst einfach und robust vorsieht und einen großen Teil der Komplexität auf den Server verlagert.

Komplexe Softwareanteile laufen am Besten auf dem Server

Die Lösung basiert auf der Idee, alle Anwendungsfälle in möglichst kleine Sequenzen aufzuteilen und möglichst große Anteile der Ablauflogik auf den Server zu verlagern. Das hat mehrere Vorteile:

- Die Komplexität der Clientanwendung nimmt drastisch ab. Dadurch wird die Implementierung robuster.
- Viele kleine und einfache Sequenzen lassen sich besser testen als große und komplizierte Sequenzen.
- Wenn der Server die Ablaufreihenfolge der kleinen Sequenzen unabhängig voneinander steuern kann, lassen sich durch eine veränderte Kombinatorik neue Dienste implementieren.

Einfache und kleine Teilabläufe erhöhen die Robustheit der Online-Dienste

Der Server kann sich bei dem ersten Aufruf durch den Client die aufgerufene Funktion und die dazugehörigen Parameter merken. Anschließend kann der Server durch gezielte Antworten im Client einen bestimmten Ablauf initiieren, der wiederum bestimmte Daten an den Server sendet. Die Arbeitsweise ist vergleichbar mit Remote Procedure Calls (RPC). Das besondere an dem gesamten Ablauf ist die Tatsache, dass der Client keine hochkomplexe Ablaufsteuerung für die Kommunikation mit dem Server benötigt, sondern dass der größte Teil der Ablaufsteuerung im Server liegt.

Der Server kann zum Beispiel Logindaten und Positionsdaten separat beim Client anfordern:

Nachdem der Client eine Anfrage an den Server gesendet hat, kann der Server den ursprünglichen Ablauf unterbrechen und sendet als Antwort ein bestimmtes Paket, dass im Client dafür sorgt, dass alle für den Login benötigten Parameter gesammelt und an den Server zurückgemeldet werden (Abb. 2.5).

An dieser Stelle kann die Positionsabfrage als zweites Beispiel genannt werden.

Der Server kann die Anfrage nach den aktuellen Positionsdaten des Clients jederzeit im Ablauf des gesamten Anwendungsfalls einfügen und erhält damit aktuelle Informationen über die Position und das aktuelle Ziel der Navigation im Client (Abb. 2.6).

Die Tankstellensuche wird mit Hilfe der beiden Teilabläufe „Loginanfrage" und „Positionsanfrage" erneut dargestellt. Der gesamte Ablauf wird jetzt vom Server gesteuert:

Der Start des gesamten Ablaufes (Abb. 2.7) geht vom Client aus:

1. Während der Fahrt auf einer Autobahn bemerkt der Fahrer (oder das System automatisch), dass demnächst eine Tankstelle angefahren werden muss.
2. Über die Telematikfunktion „Tankstellensuche" sucht der Fahrer nach der nächsten Tankstelle.

2.4 Der Server hat die Macht

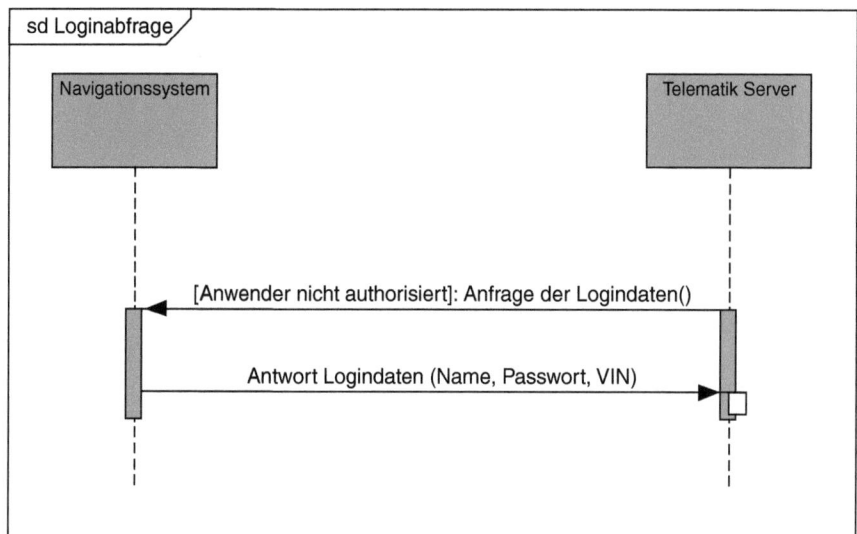

Abb. 2.5 Sequenzdiagramm zur Loginabfrage

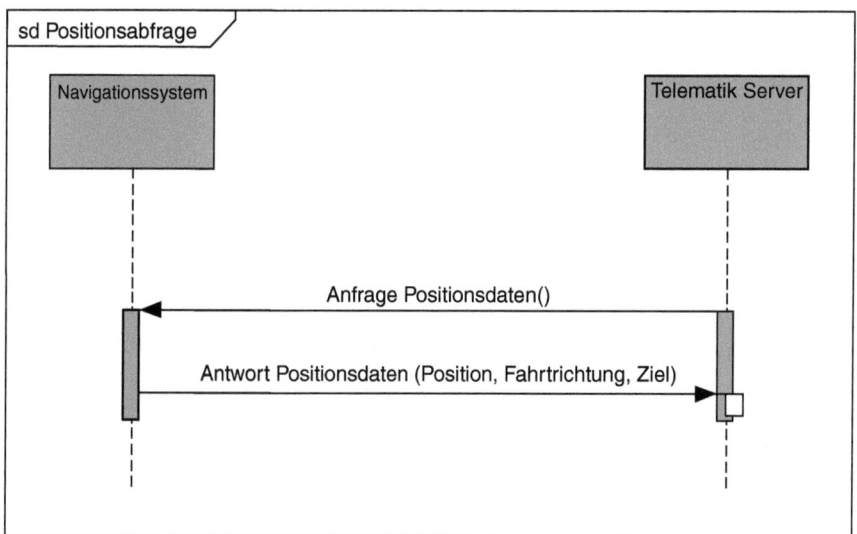

Abb. 2.6 Sequenzdiagramm zur Positionsabfrage

Bis hierhin waren die beiden verschiedenen Implementierungen der Tankstellensuche noch identisch. Anstelle des Logins erfolgt jetzt jedoch der direkte Aufruf der Tankstellensuche:

3. Aufruf der Funktion „Tankstellensuche". Dabei wird dem Server die aktuelle Position, die Fahrtrichtung und das aktuelle Ziel mitgeteilt.

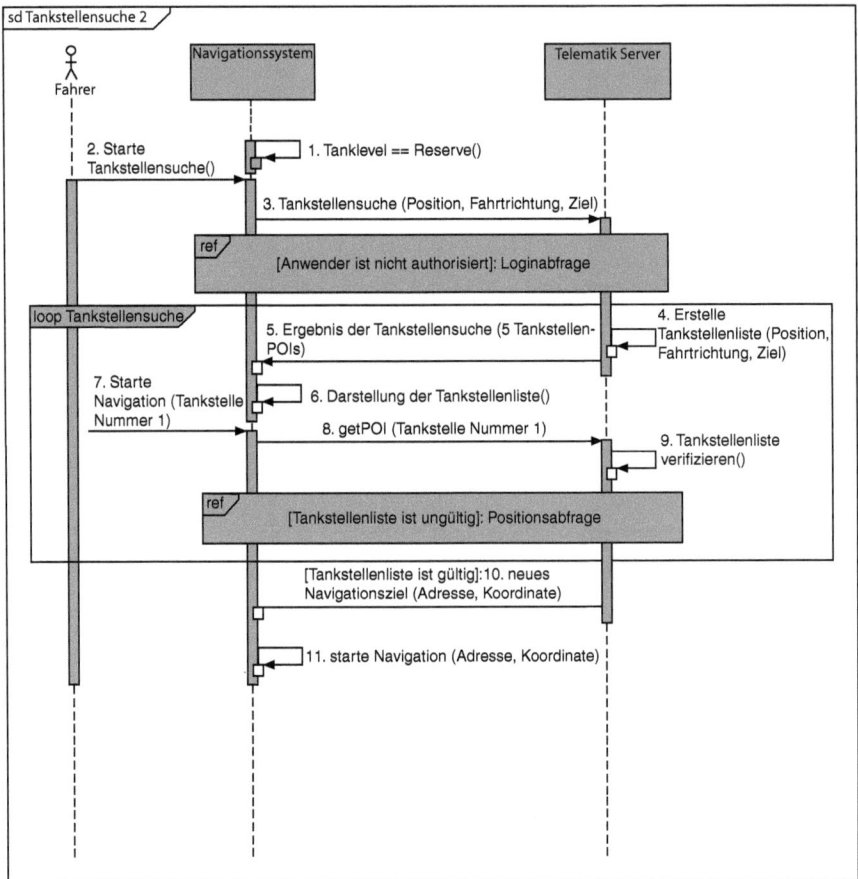

Abb. 2.7 Sequenzdiagramm der Tankstellensuche nach der Überarbeitung

Der Server kennt bis jetzt die Loginparameter nicht, merkt sich die Anfrage nach der Tankstellensuche und die Positionsparameter und sendet eine Loginanfrage an den Client. Nach Abschluss dieses Teilablaufes kennt der Server die Loginparameter.
4. Der Server erstellt eine Liste mit den nächsten fünf Tankstellen.
5. Übertragung der Liste mit fünf Tankstellen an den Client.
Die Liste enthält im Gegensatz zum ersten Beispiel nur Beschreibungen und Verweise (Links) auf den Server zu den „richtigen" Navigationsdaten.
6. Darstellung der Liste mit dem Ergebnis der Tankstellensuche im Client.
7. Der Fahrer kann sich jetzt einen Eintrag aus der Liste aussuchen.
8. Der Client fragt bei dem Server nach den „richtigen" Navigationsdaten für die Tankstelle an. Dies geschieht mit der Funktion „getPOI" und dem Index als Kennung der gewünschten Adresse.

2.4 Der Server hat die Macht

9. Der Server verifiziert die ursprünglichen Suchergebnisse.
Der Server führt an dieser Stelle den Teilablauf „Positionsabfrage" aus. Damit erhält er erneut die aktuelle Position vom Client und kann zum Beispiel überprüfen, ob die gewünschte Tankstelle inzwischen ungünstig für den Fahrer liegt, der sich ja vermutlich in der Zwischenzeit weiterbewegt hat. Liegt die Tankstelle ungünstig, sendet der Server erneut eine Liste mit fünf Tankstellen und der Ablauf startet wieder bei Punkt 5.
Diese Schleife wird so oft wie nötig wiederholt.
10. Liegt die Tankstelle jetzt günstig zu der aktuellen Position des Fahrzeuges, werden die Navigationsdaten an den Client gesendet.
11. Das Navigationssystem übernimmt die Adresse der Tankstelle als aktives Navigationsziel. Der Anwendungsfall ist jetzt beendet.

Sicherlich kann dieser Ablauf dazu führen, dass der Anwender ein zweites Mal eine Tankstelle aus einer Liste auswählen muss, dafür spart er einen eventuell anfallenden Umweg und somit Zeit und Geld. Die zusätzliche Abfrage wird somit positiv aufgenommen und erhöht die Zufriedenheit des Kunden. Weiterführend kann durch diesen Prozess ein automatisches Aktualisieren der Liste der möglichen Tankstellen geschehen, bis der Fahrer eine Tankstelle ausgewählt oder sich dazu entschlossen hat, die Suche abzubrechen.

Die beiden hier beschriebenen Prozesse „Loginabfrage" und „Positionsabfrage" sind natürlich nur Beispiele für die servergesteuerten Teilabläufe. Die Übertragung der Ergebnisliste und die dazugehörige Anfrage nach der Adresse mit dem Befehl getPOI kann genauso als Teilablauf entworfen werden wie ein möglicher Teilablauf „setDestination", der als Antwort an den Server nur eine Quittung enthält.

Das Ergebnis sieht wie folgt aus:

Der Ablauf (Abb. 2.8) ist identisch zum Beispiel Tankstellensuche 2, allerdings zeigt diese Darstellung klarer die Teilabläufe:

- Loginabfrage
- POI Listenauswahl
- Positionsabfrage
- setDestination

Nach Fertigstellung der Software für den Client können die Teilabläufe unabhängig voneinander getestet werden. Das bedeutet, es werden viele kleine und einfache Testfälle durchgeführt. Das geht in der Regel schneller, als wenige und komplexe Testfälle durchzuführen. Dieser Fakt ist nicht zu unterschätzen: der Test der Clientsoftware ist einfacher und schneller. Das bedeutet implizit, dass der Test auch wesentlich kostengünstiger ist! Gerade in der Entwicklung von hochkomplexen Systemen wie Fahrzeuginfotainment- und Navigationssystemen ist das ein sehr wichtiger Faktor. Werden dennoch Fehler beobachtet, lassen sie sich leichter beheben, denn der komplexe Teil der Software liegt auf dem Server. Liegt der Fehler auf dem Server, ist das nicht tragisch, denn für die Fertigstellung der Serversoftware

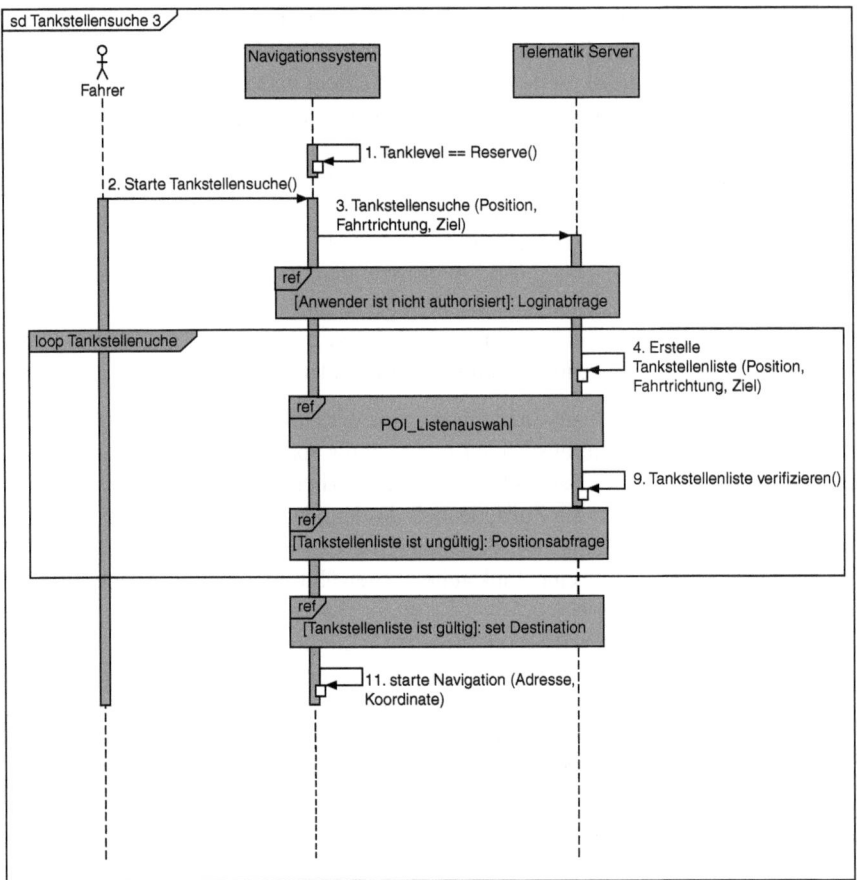

Abb. 2.8 Sequenzdiagramm der Tankstellesuche nach der endgültigen Überarbeitung

steht mehr Zeit zur Verfügung. Während die Navigationssysteme bereits gefertigt werden, kann die Serversoftware immer noch verbessert und Fehler später behoben werden.

Unabhängige Teilabläufe lassen sich besser testen als komplexe Gesamtabläufe

Die genaue Untersuchung der Anwendungsfälle und Zerlegung in kleine Teilabläufe ist nun die Aufgabe der Softwarearchitekten. Neue Anwendungsfälle lassen sich häufig aus einer veränderten Kombinatorik der bereits vorhandenen Teilabläufe und einigen wenigen neuen Teilabläufen gestalten. Wenn durch Rekombination vorhandener Teilabläufe ein neuer Anwendungsfall umgesetzt werden kann, so ist dieser auch mit der bestehenden Clientsoftware ohne Änderung nutzbar. Das bedeutet wiederum niedrige Kosten für die Entwicklung dieser Dienste.

2.5 Fazit

Die Kosten sind bei der Entwicklung immer ein entscheidender Faktor. Wenn speziell bei der Entwicklung der vernetzten Applikationen darauf geachtet wird, dass der Hauptanteil der Logik auf den Server verlagert und gleichzeitig die Verwendung von Open Source im Bereich der Kommunikationsprotokolle angestrebt wird, dann lassen sich die Entwicklungs- und Maintenancekosten besser kontrollieren – ein wesentlicher Faktor für einen langfristigen Erfolg.

Kapitel 3
Kurze Protokollübersicht

3.1 Die Geschichte der Online Dienste bei HarmanBecker

Anfang 2000 hat die Firma HarmanBecker den Beschluss gefasst, ein Navigationssystem mit dem Namen „Online Pro" für den freien Handel zu entwickeln, das sich mit einem Internetportal verbinden kann und in der Lage ist, Telematikdienste auszuführen.

Das System bestand aus einem 1-DIN Navigationssystem, einer externen Telefonbox und den dazugehörigen Antennen. Als Datenverbindung standen zunächst nur eine GSM-CSD[1] Verbindung und SMS Textnachrichten zur Verfügung, später verwendete Telefonmodule unterstützten zusätzlich auch GSM-GPRS[2].

Das Online Pro (Abb. 3.1) und die Portalseite (http://www.beckerclub.de) sollten aus Sicht der Online Dienste folgende Anwendungsfälle implementieren:

- Übertragung von Navigationszielen aus dem Portal[3] in das Navigationssystem
- Übertragung von Positionsdaten, Navigationsstati und Userinformationen an das Portal
- Übertragung von Konfigurationsdaten aus dem Portal
  - zur Parametrisierung der Datenverbindung
  - zur Freischaltung von Applikationen
- Interoperabilität mit einem WAP-Browser

---

[1] CSD bedeutet Circuit Switched Data und ist ein Übertragungsverfahren beim Mobilfunk mit einer Nutzdatenrate von 9,6 kBit/s. Der Preis berechnet sich auf Grund der Verbindungsdauer.

[2] GPRS bedeutet General Packet Radio Service und ist ein paketorientiertes Datenübertragungsverfahren. Die Nutzdatenrate liegt bei 54 kBit/s und der Preis für die Verbindung berechnet sich nach der Menge der übertragenen Daten

[3] Ein Portal ist eine bestimmte Seite im Internet, die besondere Funktionen für einen bestimmten Bereich zur Verfügung stellt.

Abb. 3.1 Das Online Pro von Becker

3.1.1 Generelle Anforderungen an das Telematik Protokoll

Die Anforderungen an das Protokoll sind bewusst sehr generell gehalten. Es geht zunächst nicht darum, einzelne Anwendungsfälle bis ins Detail zu spezifizieren, sondern grundlegende, allgemeine Anforderungen zu definieren, die langfristig ihre Bedeutung bekommen oder behalten werden.

So war es von Anfang an Ziel, das Protokoll später auch für andere Geräte als Navigationssysteme zu verwenden. Ein weiteres Ziel war zum Beispiel die spätere Verwendung von Mobiltelefonen als Client zur Kommunikation mit dem Telematikportal.

Die generellen Anforderungen lassen sich wie folgt beschreiben:

- Keine Bindung an eine bestimmte Programmiersprache[4]
- Flexible Architektur zur späteren Erweiterung der unterstützten Anwendungsfälle
- Unabhängigkeit vom Übertragungsmedium
- Nutzung von verschiedenen Übertragungsmedien innerhalb eines Projektes
- hohe Effizienz bei der Ausnutzung der zur Verfügung stehenden Bandbreite
- Absicherung der übertragenen Daten bezüglich Vollständigkeit

3.1.2 Das Common Services Interface (CSI)

Im Jahr 2000 begann die Entwicklung der Online Dienste des „Online Pro" Aus der Situation heraus reifte der Entschluss, ein neues Telematikprotokoll zu entwickeln: CSI – das Common Services Interface. Die erste Implementierung des CSI ist mit dem Gerät „Online Pro" der Marke Becker 2001 in Serie produziert worden. Bis heute ist die Entwicklung um CSI aktiv.

Die Aufgabe des Common Services Interface ist es, ein mobiles Gerät mit einem Server zu verbinden und die Datenübertragung für die Telematikdienste durchzuführen.

Solche Dienste können unter anderem die bereits beschriebene positionsabhängige POI-Suche, ein Empfang von Positionen aus der Serverapplikation mit an-

---

[4] Sowohl Endgeräte als auch der Server sollen nicht abhängig von einer bestimmten Programmiersprache sein. In beiden Fällen soll zum Beispiel die Verwendung von C++ oder Java möglich sein.

schließender Navigation zu dieser Position durch das Gerät, eine neue Konfiguration des Gerätes vom Server aus oder auch die Anfrage von Parametern und Konfigurationen aus dem Endgerät sein.

CSI nutzt zur Übertragung meist das Internet Protokoll (IP). Genauso möglich sind zum Beispiel aber auch HTTP, SMS, oder Memory Cards als Übertragungsmedium. Wichtig ist an dieser Stelle, dass das Binärformat der Datenpakete bidirektional und unabhängig vom gewählten Übertragungsmedium ist. Der Server oder der Client stellen dem jeweiligen Datenübertragungsdienst ein CSI-Datenpaket bereit.

Die Übertragung kann in einer Browserapplikation über das Hyper Text Transfer Protokoll (HTTP) erfolgen. Dann wird das CSI-Datenpaket mit einem bestimmten MimeType[5] versehen, wie z. B. ‚x-becker/vnd.wap.lbs' und es erfolgt der Request-Response-Zyklus des HTTP zur Kommunikation zwischen Endgerät und Server.

Die serverseitigen und clientseitigen Implementierungen für CSI-Dienste können automatisch von einem Code-Generator erstellt werden, wodurch der Aufwand zur Definition und Entwicklung neuer CSI-Dienste gering wird. Nur eine Spezifikationsdatei für den Dienst und eine Konfigurationsdatei für den Client müssen dazu erstellt werden.

Das CSI beschreibt außer den binären Datenaustauschformaten auch Sequenzen zur Verarbeitung von Anforderungen, zum Versenden der Antwortpakete und dergleichen mehr.

3.2 Next Generation Telematics Protocol (NGTP)

Das Next Generation Telematics Protocol (NGTP) ist aus einer Zusammenarbeit von BMW und den beiden Anbietern von Telematikdiensten Connexis und WirelessCar entstanden. NGTP beschreibt nach eigenen Worten ein Telematikframework und technologieneutrales Telematikprotokoll mit großer Flexibilität und Skalierbarkeit.

Das NGTP Framework (Abb. 3.2) besteht typischerweise aus drei wesentlichen Komponenten:

- Telematics Unit (TU)
- Telematics Service Provider (TSP) und
- Dispatcher (DSPT)

Die Telematics Unit (TU) ist in der Regel Teil eines in ein Fahrzeug eingebauten Navigationssystems oder eines anderen mobilen Endgeräts. Die TU tauscht Nachrichten mit einem fest angegebenen Dispatcher über ein drahtloses Netz aus (GSM, GPRS, UMTS, WLAN, ...).

Der Dispatcher (DSPT) ist Teil des Service Providers und dient der Stabilität des Systems. Im Dispatcher sind die Interfaces enthalten, die von der Telematics Unit

---

[5] Der MIME-Type klassifiziert die Daten im Internet, so dass diese vom Client auf Grund des MIME-Klassifikators unterschiedlich bearbeitet werden können. Klassische Beispiele sind „image/jpeg" und „text/plain"

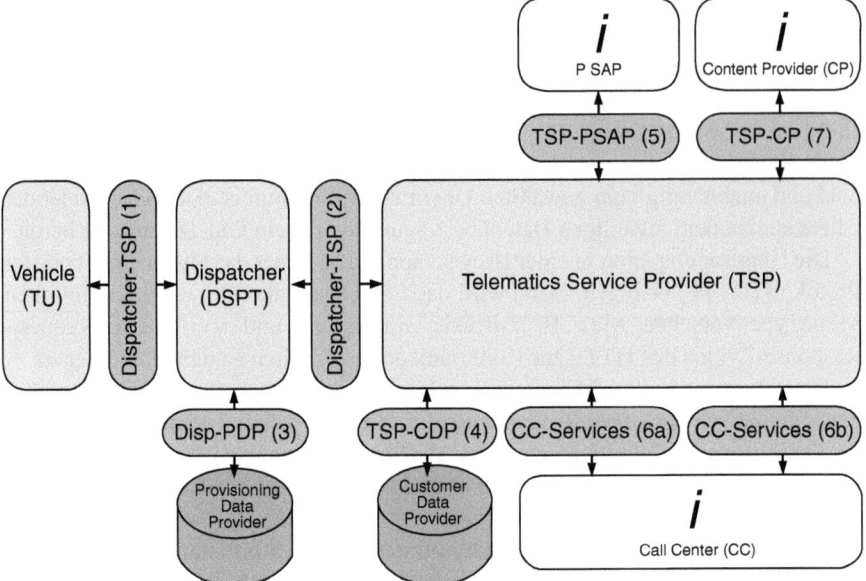

Abb. 3.2 Aufteilung der NGTP Komponenten [NGT01]

erwartet werden. Der Dispatcher reicht die Anfragen der Telematics Unit an den Telematics Service Provider weiter. Ebenso werden über den Dispatcher die Nachrichten von dem Service Provider an die Telematics Unit weitergereicht.

Der Dispatcher kann über weitere Dispatcher mit unterschiedlichen Service Providern Daten austauschen. Weiter hat der Dispatcher Zugriff auf die Daten des Provisioning Data Providers (PDP).

Der Telematics Service Provider (TSP) ist das eigentliche Herzstück der NGTP. Der TSP ist verantwortlich für die Übermittlung von Sprach- und Binärdaten an die TU und überträgt Inhalte an angeschlossene Serviceanbieter um beispielsweise POIs zu erfragen.

Der TSP hat Zugriff auf die Daten eines Customer Data Providers (CDP). Hier werden die Benutzerdaten gehalten, die den Zugriff auf unterschiedliche Dienste ermöglichen.

Die Implementierung jeder der Hauptkomponenten (Abb. 3.3) ist in den drei Hauptebenen Application Services Layer, Dispatching Services Layer und Control Services Layer aufgeteilt.

Der Application Services Layer definiert die Struktur der Nachrichten, die übertragen werden. Um die Funktionalität der Applikation zu erweitern, kann der Application Services Layer selbst erweitert werden. Erweiterungen können beispielsweise gerätespezifische Services oder Fähigkeiten sein, die sich auf spezielle Services oder TU beziehen.

Der Dispatching Services Layer definiert das jeweilige Protokoll für die Konvertierung der Nachrichten, die zwischen Telematics Unit und jeweiligem Telematics Service Provider ausgetauscht werden.

3.2 Next Generation Telematics Protocol (NGTP)

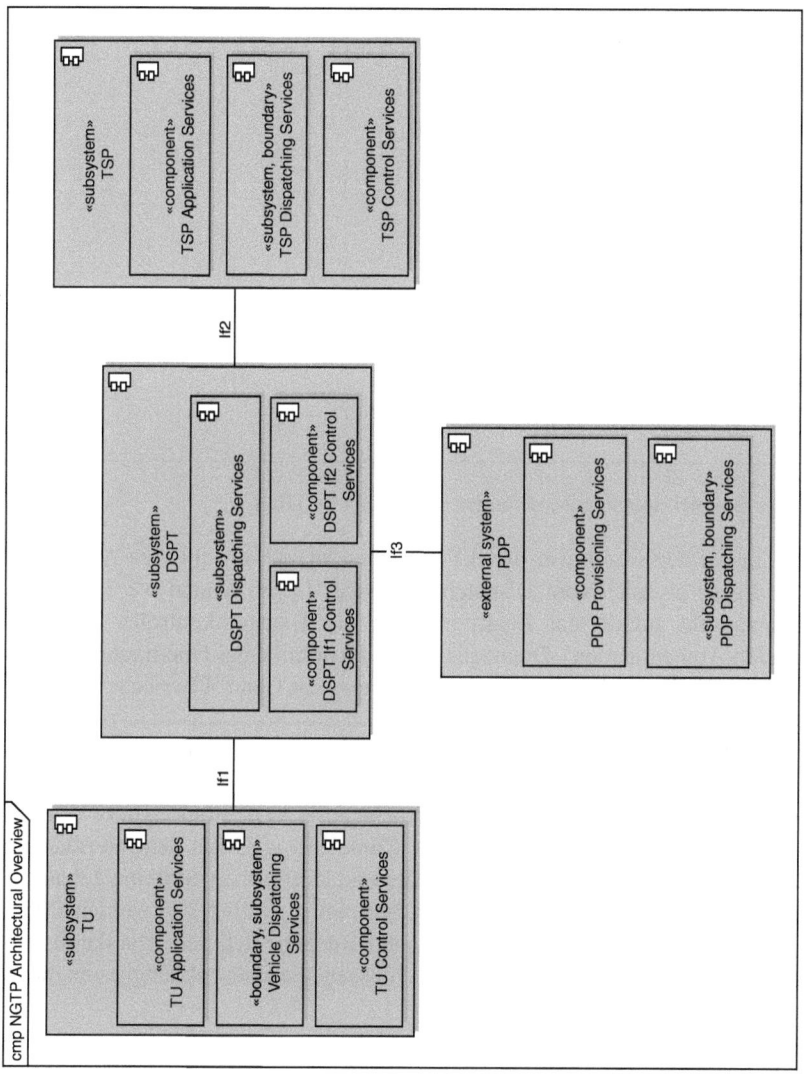

Abb. 3.3 NGTP Architektur Übersicht [NGT02]

```
MyModule DEFINITIONS ::=

BEGIN

MyTypes ::= SEQUENCE {

    myObjectId       OBJECT IDENTIFIER,

    mySeqOf SEQUENCE OF MyInt,

    myBitString      BIT STRING {

                        muxToken(0),

                        modemToken(1)

                     }
}
MyInt ::= INTEGER (0..65535)
END
```

Listing 3.1 Beispiel einer Interfacedefinition nach ASN.1 [NGT03]

Der Control Services Layer bietet Funktionen an, die sowohl vom Application Services Layer als auch vom Dispatcher Services Layer genutzt werden. Dieser Layer unterstützt mindestens Funktionen für die Transportkontrolle, Sicherheit (Encryption/Authentication), Dienstqualität und Kontrolle des Übertragungskanals. Für jeden angeschlossenen Service Provider muss ein Control Services Layer implementiert sein.

Für jeden dieser drei Layer wird ein Dokument erzeugt, in dem die Schnittstellenbeschreibung enthalten sein muss.

Die Interfaces werden mit der Scriptsprache ASN.1 (Abstract Syntax Notation One) beschrieben. Mit Hilfe eines ASN.1 Compilers wird aus den Interface Beschreibungen der C Source Code für Encoder und Decoder der Systeme gebaut.

Über die Scriptsprache ASN.1 (s. auch Beispiel in Listing 3.1) werden Datentypen und ganze Strukturen von Daten bis auf Bitebene definiert. Die daraus entstehenden Kodierer entschlüsseln und verschlüsseln die Daten abhängig von diesen Definitionen.

3.3 Mobile Phone Telematics Protocol (MPTP)

MPTP ist ein von der Firma TWIG (ehemals Benefon) entwickeltes Protokoll für die Realisierung von Telematikdiensten zwischen einem so genannten Control Center (CC) und dem Mobile Telematics Terminal (MTT). Die Daten werden mittels SMS

3.3 Mobile Phone Telematics Protocol (MPTP)

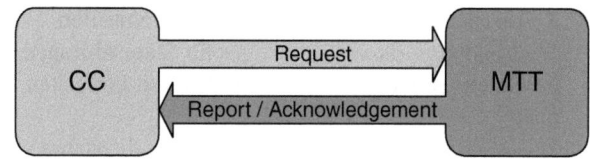

Abb. 3.4 MPTP grundlegende Nachrichten

ausgetauscht. Das Format der SMS ist überwiegend Klartext (GSM 7-Bit ASCII). Routen und Waypoints können aber auch als binäre SMS ausgetauscht werden.

Die Autorisierung der beiden Aktoren geschieht nicht durch die im Datenstrom enthaltenen Informationen sondern durch die Absendernummern der SMS. Im Empfänger, dem Mobile Telematics Terminal (MTT) wird eine konfigurierbare Liste geführt, die erlaubte Absender enthält und ggf. die Ausführung des Befehls zulässt. Ebenso können die MTTs so konfiguriert werden, dass bei jedem eingehenden Befehl der Anwender gefragt wird, ob der Befehl ausgeführt werden darf.

MPTP unterscheidet zwischen zwei wesentlichen Arten von Befehlen, den Requests und den Reports oder Acknowledgements. Die Requests sind die Initiatoren, die Reports oder Acknowledgements sind die Reaktionen auf Requests. Durch die Wahl der SMS als Bearer kann ein MTT auf die gleiche Weise einen Request durchführen wie ein CC. Ein Control Center kann gleichermaßen einen Report senden wie ein Terminal.

MPTP Requests (Abb. 3.4) beginnen mit einem Fragezeichen ‚?'. *MPTP Reports* beginnen in der Regel mit einem Ausrufezeichen ‚!'. So ist eine ganze Reihe von Befehlen im MPTP definiert. In der folgenden Tabelle ist eine Auswahl dieser so genannten *MPTP Commands* dargestellt. Der komplette Befehlssatz ist nicht öffentlich verfügbar. Das Protokoll ist lizenzpflichtig und steht nur Lizenzinhabern in vollem Umfang zur Verfügung [MTP01].

Mit Hilfe dieser MPTP Commands (Tab. 3.1) lassen sich die unterschiedlichsten Dienste realisieren:

- *Position reporting* für die Positionsabfragen
- *Tracking* für regelmäßige Positionsangaben
- *Condition checks* für Eintritt und Verlassen von bestimmten Gebieten

Tab. 3.1 MPTP Befehle

Befehl	Beschreibung
?LOC	Position request – Anfrage um die aktuelle Position zu ermitteln
!LOC	Position report – Antwort auf die Frage nach der aktuellen Position
!POS	Manual position report – Selbstständige Positionsmeldung der MTT
?TRC	Simple tracking request: interval, minutes – Befehl für regelmäßige Positionsmeldungen in Minuten angegebenen Intervallen
?TRS	Simple tracking request: interval, seconds – Befehl für regelmäßige Positionsmeldungen in Sekunden angegebenen Intervallen
!EMG	Emergency report with text – Unfallbericht mit Text
?SIR	SW version and IMEI request – Frage nach Softwareversion und IMEI Nummer
!SIR	SW version and IMEI report – Antwort zu der Frage nach Softwareversion und IMEI Nummer

- *Emergency cycle* für das Absetzen von Notrufen
- *Status and information messages* für Statusabfragen des Anwenders und des eingesetzten Gerätes, sowie Versenden von einfachen Nachrichten und Informationen
- *Travel marks* für das Übertragen und modifizieren von Routen, Wegpunkten und Gruppen von Wegpunkten
- *Memory Logs* für die Verfolgung von historischen Begebenheiten (zum Beispiel Schleppen von Wegpunkten)
- *Device Configuration* für das Setzen von Einstellungen in der MTT. Hierzu gehört unter anderem auch das Konfigurieren der IMEI Liste für die Authentisierung.
- *I/O pin control* wird ebenfalls für die Konfiguration der Terminals genutzt.

3.4 External Function Interface (EFI)

Mit der Einführung der Version 2.0 von WAP im Jahr 2001 durch das WAP-Forum (seit 2002 Open Mobile Alliance Ltd.) wurde eine Annäherung des für die mobile Kommunikation entwickelten Protokolls an den Internet-Standard erreicht. Zu den Neuerungen zählen unter anderem die Unterstützung von TCP/IP, HTTP und TLS. Im Wireless Application Environment (WAE) wurde die bisherige Seitenbeschreibungssprache WML durch eine neue Markup Language XHTML-MP, einer Untermenge von XHTML, ergänzt. Das WAE definiert die Elemente, auf die WAP-Anwendungen zurückgreifen können, um ihre Funktionalität zu erweitern. Die WAP-Architektur ist mit der Version 2.0 insgesamt flexibler geworden.

Die Schnittstelle Wireless Telephony Application Interface (WTAI) wurde ergänzt. Diese ermöglicht nun die Ausführung einer klassischen Telefonanwendung innerhalb einer WAP-Anwendung und bietet zusätzlich Datenfunktionalität. Weiterhin wurde die vom Telematics Forum e. V. neu entwickelte Schnittstelle, das External Function Interface (EFI), eingeführt. Diese Schnittstelle stellt ähnliche Funktionalitäten wie typische Plug-In Module bereit, mit der sich beispielsweise die Leistungsfähigkeit des WAP-Browsers oder einer WAP-Anwendung erweitern lässt. Die Schnittstelle kann auch für die Anbindung externer Geräte, wie beispielsweise eines GPS[6]-Empfängers oder einer Smartcard, genutzt werden.

Die Open Mobile Alliance Ltd. wurde im Jahr 2002 als Nachfolgeverband des WAPForums mit der Aufgabe, die Beschaffenheit der Zusammenarbeit von mobilen Serviceangeboten voranzutreiben, gegründet. Zu dem Verband zählen mehr als 350 Mitglieder aus den Bereichen der mobilen Telekommunikation, der Informationstechnologie sowie Diensteanbieter. Ein Ziel des Verbandes ist es, einen Standard zu schaffen, durch den ein einheitliches und lückenloses Angebot an mobilen Services weltweit dem Endkunden zur Verfügung gestellt werden kann. Bei der Entwicklung von Produkten und Services sollen folgende Prinzipien berücksichtigt werden:

---

[6] GPS bedeuter Global Positioning System

3.4 External Function Interface (EFI)

- Verwendung von offenen und globalen Standards, um sich von proprietären Technologien zu lösen.
- Anwendungs- und Kommunikationsschicht sollen unabhängig voneinander sein.
- Verwendung plattformunabhängiger Architekturen oder Frameworks.
- Vollständige Kompatibilität von Applikationen und Plattformen für eine nahtlose geographische Kommunikation und zwischen mehreren Generationen der verschiedenen Endgeräte.

Als Referenzframework für die Einbindung von externen Funktionalitäten in mobile Applikationen innerhalb des WAP gab das WAP-Forum im Jahr 2001 das External Function Interface (EFI) heraus. Das EFI stellt vereinheitlichte Schnittstellen zur Verfügung, über die externe Funktionen auch über die Grenzen des Endgerätes hinweg genutzt werden können [EFI01].

Mobile Applikationen im WAP konnten bis dahin nur die zur Verfügung stehenden Elemente aus dem Wireless Application Environment (WAE) nutzen. Eine Nutzung von Diensten außerhalb der Anwendungsschicht war nicht vorgesehen. Das EFI stellt die Schnittstellen zwischen der Anwendungsschicht und den externen Funktionalitäten zur Verfügung. Weiterhin können auch Telefonapplikationen (WTA) über das EFI in gleicher Weise auf externe Funktionalitäten zugreifen.

Das EFI selbst hat die gleichen Rechte und Möglichkeiten direkt auf die Bedienelemente zuzugreifen, wie alle anderen Elemente des WAE auch. Das EFI-Framework überlässt es den jeweiligen Implementierungen, in welcher Art und Weise auf diese Ressourcen zugegriffen wird.

Externe Funktionalitäten können auch schon bereits bestehende Applikationen, die nicht zu den bislang bekannten WAP-Applikationen gehören, sein. Im automotiven Bereich kann so beispielsweise die Diebstahlsicherung integriert werden oder ein Notruf kann im Falle eines durch die Fahrzeugdiagnostik erkannten Unfalls abgesetzt werden.

Die Zugriffe auf die Funktionalitäten über EFI sind über WML oder WMLScript möglich. WMLScript ist eine Skriptsprache, die auf dem Client ausgeführt wird und mit deren Hilfe sich ausführbare Skripte in statische WML-Seiten einfügen lassen.

Bei Implementierungen mit WML wird eine Parameterliste verwendet. Die einzelnen Parameter werden mit einem ‚&'-Symbol voneinander getrennt an den EFI Funktionsaufruf angehängt. Bei WMLScript wird mit einem Container gearbeitet, der beim Funktionsaufruf von EFI als Parameter übergeben wird. Ein Container enthält eine beliebige Anzahl von Parametern. Es existieren insgesamt genau zwei Container: einer für die Eingabe-Parameter und einer für die Ausgabe-Parameter.

Alternativ zur Parameterliste und zu Containern kann ein Dokument verwendet werden. Ein Dokument enthält verschiedene Informationselemente (Parameter) und wird als Zeichenkette dargestellt. Eine Formatvorgabe für ein Dokument existiert nicht und unterliegt nur der jeweiligen Implementierung. Beispielsweise kann es anstatt einzelner Parameter auch ein XML-Dokument enthalten.

Die verschiedenen empfohlenen Zugriffsarten auf EFI für WML und WMLScript im Überblick:

WML
1. Eine Parameterliste wird an den Funktionsaufruf von EFI angehängt.
2. Die Informationselemente aus einem Dokument werden an den Funktionsaufruf von EFI angehängt.

WMLScript
1. Ein Container mit Parametern wird beim Funktionsaufruf von EFI als Parameter übergeben bzw. über den Rückgabewert gefüllt.
2. Ein Dokument mit Informationselementen wird beim Funktionsaufruf von EFI als Parameter übergeben bzw. über den Rückgabewert gefüllt.

Im Folgenden wird ein Beispiel für eine Implementierung des EFI Services getTargetAddress zur Ermittlung der in der Navigation eingegebenen Zieladresse vorgestellt. Benutzt werden kann die Zieladresse beispielsweise für eine POI-Suche

```
// Implementation EFI-WMLScript with Parameters
var out;              // Container
var long;             // to store Longitude
var lat;              // to store Latitude
var alt;              // to store altitude (optional)
var poi;              // to store POI-Name (optional)
var poitype;          // to store POI-Type (optional)
var country;          // to store country (optional)
var zip;              // to store zip (optional)
var city;             // to store city (optional)
var district;         // to store district (optional)
var streetname;       // to store streetname
var streetnum;        // to store housenumber (optional)
var junctionname;     // to store junctionname (optional)

out = EFI.call("vnd.TF/getTargetAddress");

long         = EFI.get(out, long);
lat          = EFI.get(out, lat);
alt          = EFI.get(out, alt);
poi          = EFI.get(out, poi);
poitype      = EFI.get(out, poitype);
country      = EFI.get(out, country);
zip          = EFI.get(out, zip);
city         = EFI.get(out, city);
district     = EFI.get(out, district);
streetname   = EFI.get(out, streetname);
streetnum    = EFI.get(out, streetnum);
housenum     = EFI.get(out, housenum);
junctionname = EFI.get(out, junctionname);
```

Listing 3.2 EFI WMLScript mit Parametern

```
// Implementation EFI-WMLScript with Document

var out;           // Container to hold XML-based
                   // TargetAddressDoc document

out = EFI.call("vnd.TF/getTargetAddress", "");

// upload returned document to server via URL query string
WMLBrowser.go("http://wap.xyz.com/tele?"+EFI.get(out,
"TargetAddressDoc");
```

Listing 3.3 EFI WMLScript mit Dokument

im Umkreis der Zieladresse. Die WAP-Applikation benötigt für die Ermittlung der Zieladresse Zugriff auf das externe Navigationsgerät. Für den Zugriff wird WMLScript unter Verwendung eines Containers oder eines Dokuments empfohlen.

Bei der Implementierung mit einem Container müssen auf dem Endgerät zunächst Variablen für jeden erforderlichen Parameter des Services deklariert werden. Die EFI Funktion wird aufgerufen und der Container über den Rückgabewert gefüllt. Aus dem Container können die einzelnen Parameter abgefragt und in die deklarierten Variablen für die weitere Verwendung gespeichert werden (Listing 3.2).

Bei der Implementierung mit einem Dokument wird ein XML-Dokument TargetAddressDoc deklariert (Listing 3.3). Die Elemente des XML-Dokuments entsprechen den Parametern des Services. Das XML-Dokument wird auf dem Endgerät in einem Schritt über den Rückgabewert des Funktionsaufrufs von EFI mit den aktuellen Werten aus der Navigation ergänzt. Das Auslesen und Speichern der einzelnen Parameter entfällt hierbei. Anschließend kann das XML-Dokument über den WMLBrowser an den Server geschickt werden.

3.5 Application Communication Protocol (ACP)

ACP (Application Communication Protocol) ist ein Protokoll, das ursprünglich von Daimler entworfen wurde. Später wurde ACP von Motorola weiterentwickelt. Das Protokoll dient der Realisierung von Diensten zwischen einer Telematic Communication Unit (TCU)[7] und einem Service Operator (SO).

Das Protokoll war Anfang der 2000er Jahre in vielen TCUs von Motorola weltweit im Einsatz. Das Protokoll ist sehr stark bitorientiert und definiert fest eine Sammlung von Nachrichten, über die die Dienste ermöglicht werden.

---

[7] Eine TCU ist ein Fahrzeug-Steuergerät, dass meistens ein integriertes Mobiltelefon, mindestens einen Bluetooth-Stack beinhaltet und neben einer Schnittstelle zum Infotainmentsystem auch Schnittstellen zu anderen Fahrzeugnetzen (CAN, MOST) besitzt

Mit ACP können Dienste von Flottenmanagement, Notruf (Emergencycall), Konfiguration bis hin zu Diagnose ermöglicht werden. Eine Gruppierung von so genannten Applikationen ist in Tab. 3.2 dargestellt.

ACP beschreibt im Prinzip nur die Kodierung der Nachrichten und die Ablaufsequenzen. Es stellt eine Menge (Set) an Funktionen zur Verfügung. Wie die eigentliche Übertragung realisiert wird ist abhängig von der Implementierung auf Seite der TCU und der SO Software. Damit ist ACP im Prinzip unabhängig vom Übertragungsmedium.

Tab. 3.2 ACP Definition der Applikationen

Appl. ID	Definition	Kurze Beschreibung
1	Provisioning	Eine Standardapplikation worüber die TCU Einstellungen für den Verbindungsaufbau speichert. Ein Beispiel ist das Aktualisieren der Telefonnummer des Service Operators
2	Application Configuration	Die Speicherung der Einstellungen für die Applikationen wird unter *Application Configuration* vorgenommen. Dies ist als Erweiterung des *Provisioning* in Hinblick auf die Applikationen zu sehen
3	Emergency Call	Über diese Applikation können Notrufe realisiert werden. Sie benötigt Kommunikation mit Polizei, Feuerwehr oder Rettungsdiensten
4	Roadside Assistance Call	Für diese Applikationen werden Notrufe abgesetzt. Sie benötigen Verbindung zu Abschleppunternehmen oder Automobilclubs
5	Information Call	Diese Applikation stellt nur einen Verbindungsaufbau zu Informationsstellen dar. Die Informationen werden mittels Sprache weitergegeben. Ein Beispiel ist Touristeninformation
6	Remote Vehicle Function	Diese Applikation ermöglicht das Steuern von Funktionen innerhalb des Autos. Ein Beispiel ist das ferngesteuerte Aufschließen des Fahrzeugs
7	Fleet Management	Über diese Applikation kann einfaches Flottenmanagement realisiert werden. Es wird somit das Tracken von Fahrzeugen ermöglicht
8	On-Board Navigation	Übertragung von POIs mit Nutzung der auf dem Gerät eingebauten Navigation
9	Off-Board Navigation	Übertragung von kompletten auf dem Server berechneten Routen zur Navigation auf dem Endgerät
10	Vehicle Tracking	Tracking von Fahrzeugen als Diebstahlsicherung
11	Alarm Indication	Diese Applikation ermöglicht das Erkennen und Alarmieren bei unerlaubtem Starten oder Bewegen des Fahrzeugs. Eine weitere Art der Diebstahlsicherung
12	Tele-Diagnostics	Versenden von Informationen bezüglich 1. TCU Diagnose 2. Fahrzeug Diagnose 3. Geräte Diagnose (erweiterbar)
13	Reserved	
14–63	Reserved; bisher nicht zugewiesen	

3.5 Application Communication Protocol (ACP)

Tab. 3.3 ACP Header Definition

Octet/ Bit	0	1	2	3	4	5	6	7
1	Reserved Set to 0	private Flag	Test Flag	Message Type (1-31)				
2	Version Flag	Version			Message Control Flag			
3 (optional)	Add Flag	Reserved Set to 0					Message Priority Flag	
4 5	Message Length							

Ein Handshake zwischen Client und Server muss projektspezifisch neu definiert werden. Das gilt auch für Verfahren, um große Nachrichtenmengen über Datenkanäle mit eingeschränkter Paketgröße zu übertragen. Das ist nicht Bestandteil der Protokolldefinition und muss gegebenenfalls separat festgelegt werden.

Durch die hohe Orientierung an bitweise Kodierung stellt das ACP ein sehr effizientes Protokoll im Sinne der Nachrichtengröße dar. Tabelle 3.3 stellt den Header einer ACP Nachricht dar.

Der Message Header hat eine konstante Länge. Das vereinfacht die Dekodierung und die Vorselektion beim Empfänger. Die einzelnen Services sind ebenso bitorientiert spezifiziert. Als Beispiel sei hier in der Tab. 3.4 der *Vehicle Fleet Block* angeführt.

Tab. 3.4 ACP Vehicle Fleet Block Definition

Octet / Bit	0	1	2	3	4	5	6	7
1	IE identifier		More Flag	length				
2-5	Time stamp							
6-9	Reserved							
10	Temperature Flag		Volume Flag		Distance Flag		Pressure Flag	
11	Reserved	Reserved	Reserved	Reserved	Most significant bits of Odometer			
12, 13	Current odometer reading							
14	More Flag	Odometer distance						
15	Current speed							
16	Current engine speed							
17	Current coolant temperture							
18	Current oil temperature							
19..n--l	Current oil pressure							
N..m-l	Speed profile element							
M..k-l	Fuel consumption element							
K..j-l	Engine speed element							
J..i-l	Coolant profile element							
H..s-l	First/ Last vehicle position element							
S..t-l	Oil temperature and oil pressure element							

Nach einem Header konstanter Länge folgen die einzelnen Parameter wie Timestamp, Flags, Speed und andere fahrzeugspezifischen Parameter.

Die definierten Sequenzen bestehen wie bei den meisten anderen Protokollen auch im Wesentlichen aus einer Request- und einer Response-Nachricht. Die Request-Nachricht kann laut Definition sowohl vom Server als auch vom Endgerät kommen. Somit würde als wahrscheinlichster Übertragungskanal die Binär-SMS in Frage kommen.

3.6 SOAP – XML

SOAP (Simple Object Access Protocol) ist ein XML basiertes Protokoll, das ein Framework zum Datenaustausch zwischen ans Internet angebundenen Systemen beschreibt. In der Regel wird es für den Datenaustausch zwischen zwei unterschiedlichen Servern im Internet genutzt. Es ist aber durchaus denkbar, dass es auch bei der Kommunikation zwischen Endgerät und Server im Bereich der Telematik verwendet wird.

SOAP wurde zur Nutzung via HTTP konzipiert um es in bestehende webbasierte Anwendungen einfach zu integrieren. Andere Übertragungsmedien wie SMTP sind aber auch durchaus denkbar.

Durch das zugrundeliegende XML Format ist der Overhead der übermittelten Daten vergleichsweise sehr groß. Dies ist die Ursache dafür, dass SOAP/XML derzeit eher nicht im mobilen Bereich eingesetzt wird. Es ist durchaus möglich, dass sich dies mit den steigenden Übertragungsraten und sinkenden Onlinekosten in Zukunft ändern wird.

Das SOAP Protokoll ist denkbar einfach. Die Requests werden in XML Dateien verpackt und an den Empfänger geschickt. Der Empfänger antwortet mit einer XML Datei, in der die Antwort verpackt ist.

Wird HTTP als Übertragungsprotokoll verwendet, sieht ein Request beispielsweise folgendermaßen aus (s. Listing 3.4):

Die ersten vier Zeilen beschreiben den HTTP-Header. In diesem Fall wird der HTTP-Request als POST Message ausgeführt. Es folgt die Hostadresse, der Nachrichtentyp XML und die Länge der Nachricht.

Danach kommt der Block mit den SOAP Informationen – das sind der Befehlsname und die Enkodier- und Dekodiervorschriften.

Die entsprechende Antwort vom Server lautet dann beispielsweise:

Die Antwort (Listing 3.5) beginnt mit dem HTTP-Header, der das Statement „200 O. K.", einer positiven Quittung enthält. Somit weiß der Empfänger, dass die Anfrage gültig ist. Der Inhalt der HTTP Nachricht wird wieder als text/XML deklariert und es folgt abschließend im HTTP Header die Nachrichtenlänge.

Daran angehängt sind die SOAP Enkodier- und Dekodiervorschriften zu finden. Als letztes folgt dann der eigentlich erfragte Wert.

3.6 SOAP – XML

```
POST /InStock HTTP/1.1
Host: www.opencsi.net
Content-Type: application/soap+xml; charset=utf-8
Content-Length: nnn

<?xml version="1.0"?>
<soap:Envelope
xmlns:soap="http://www.w3.org/2001/12/soap-envelope"
soap:encodingStyle="http://www.w3.org/2001/12/soap-encoding">

<soap:Body xmlns:m="http://www.opencsi.net/position">
  <m:GetPosition>
    <m:Search>"Berlin, Funkturm"</m:Search>
  </m:GetPosition>
</soap:Body>

</soap:Envelope>
```

Listing 3.4 SOAP Anfrage Datenpaket

```
HTTP/1.1 200 OK
Content-Type: application/soap+xml; charset=utf-8
Content-Length: nnn

<?xml version="1.0"?>
<soap:Envelope
xmlns:soap="http://www.w3.org/2001/12/soap-envelope"
soap:encodingStyle="http://www.w3.org/2001/12/soap-encoding">

<soap:Body xmlns:m="http://www.opencsi.net/position">
  <m:GetPositionResponse>
    <m:Longitude>13.40951</m:Longitude>
    <m:Latitue>52.520762</m:Latitue>
  </m:GetPositionResponse>
</soap:Body>
</soap:Envelope>
```

Listing 3.5 SOAP Antwort vom Server

3.7 GATS

GATS (Global Automotive Telematics Standard) ist ein Standard für ein Nachrichtenformat und Übertragungsprotokoll im Bereich Verkehrstelematik. Der Standard wurde für die Entwicklung von Telematikdiensten und -geräten Ende der 90er Jahre entworfen. Maßgeblich waren die Firmen Mannesmann Autocom und Tegaron Telematics an der Entwicklung beteiligt.

3.7.1 Technologie

GATS ist modular aufgebaut. Es beinhaltet die notwendigen Kommunikationsprotokolle, einheitliche Ablaufspezifikationen der einzelnen Telematikdienste, technische Schnittstellenbeschreibungen sowie Dekodiertabellen.

Grundsätzlich ist die GATS Spezifikation unabhängig von verwendeter Technologie und Netzinfrastruktur. Die Umsetzung wurde zunächst auf den damals verfügbaren Kommunikationsdiensten des GSM-Netzes realisiert; es wurden SMS-Nachrichten (Short Message Service) und GSM Sprachdienste verwendet.

Der Aufbau des Standards ist wie viele andere Telematikprotokolle eine Client-Server-Architektur. Durch die Wahl des Mobilfunknetzes ist eine bidirektionale Kommunikation zwischen Client und Server möglich. Die in den Fahrzeugen integrierten Telematikendgeräte stellen hierbei die Clients dar. Diese Telematikendgeräte müssen eine Ortungseinheit (GPS) zur Positionsbestimmung und eine Kommunikationseinheit für den Datenaustausch mit dem Diensteanbieter enthalten. Der Diensteanbieter ist die Betreiberzentrale, die weitere externe Anbindungen zu Notfall-/Serviceorganisationen, Informationsanbietern und Fuhrparkzentralen zur Verfügung stellt.

3.7.2 Aufbau des Standards

GATS unterteilt sich in vier unterschiedliche Gruppen von Spezifikationen und Festlegungen: Protokollstack (Anwendung, Zugang und Transport), Dienstspezifikation, Anforderungen an die Endgeräte und Dekodiertabellen.

3.7.3 Protokollstack

Der Protokollstack (Abb. 3.5) unterteilt sich in das Transport Protocol (TP), das Conditional Access and Security Protocol (CAS) und die Application Data Protocols (ADP).

3.7 GATS

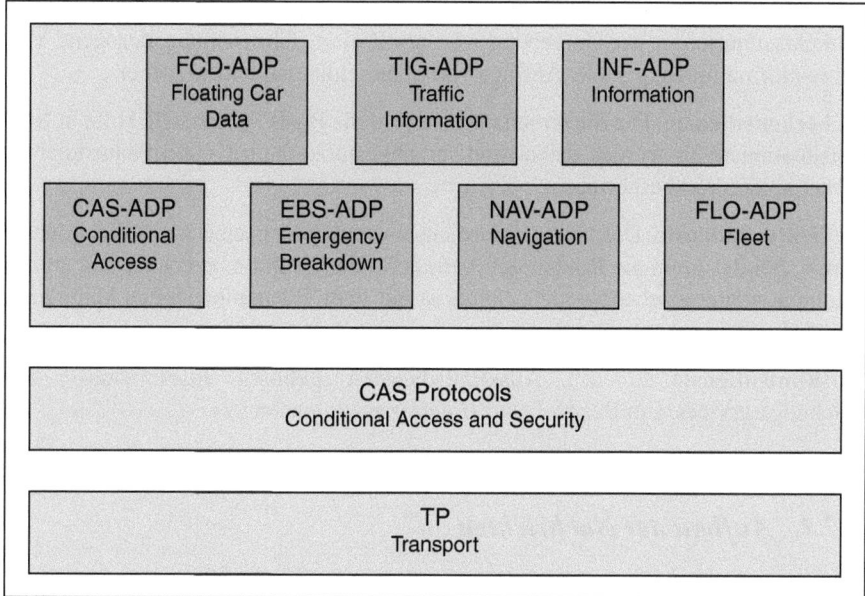

Abb. 3.5 GATS Protokollschichten

Die Transportschicht (TP) übermittelt applikationsabhängige Adressierungen, organisiert die Nutzdaten in Form von Paketen und fügt die einzelnen Pakete wieder zusammen.

Die CAS Schicht, ermöglicht Verschlüsselungen, Authentizität, Integrität und Zugangsmechanismen zu den Diensten. Hierbei werden kryptografische Verfahren verwendet.

Die ADP Schicht besteht aus den Application Data Protocols. Sie definieren die Kodierung der jeweiligen Anwendungsmeldungen. Jeder Telematikdienst umfasst einen Satz von eigenen Meldungen (Anfragen, Antworten, Quittungen).

Dienstspezifikation Die Dienstspezifikationen im Standard beschreiben den Dienstablauf und die Interaktion zwischen dem Telematikendgerät und der Dienstzentrale. Diese Dienstbeschreibungen unterteilen sich in weitere Gruppen: Basisdienste, Verkehrsinformationsdienste, Sicherheitsdienste, Navigationsdienste und Auskunftsdienste.

Basisdienste Mit den Basisdiensten lassen sich Konfigurationen im Endgerät vornehmen. Hierbei handelt es sich um so genannte interne Dienste, die Parameterupdates und die Berechtigungssteuerung für freigeschaltete Dienste übernehmen. Über Key Management Dienste werden Zugangsdaten ausgetauscht und über Basisdienste für die Verkehrsbeobachtung werden Daten für *Floating Car Data* übermittelt.

Verkehrsinformationsdienste Die bei GATS definierten Verkehrsinformationsdienste ermöglichen eine individuell auf den Benutzer zugeschnittene Versorgung mit allen für ihn wichtigen Verkehrsinformationen. Hierzu gehören beispielsweise Verkehrssituation in der Umgebung oder am Zielort, fahrtrichtungsbezogene Verkehrsinformationen, gezielte Abfrage von Staumeldungen und so weiter.

Sicherheitsdienste Die Sicherheitsdienste sind die Basis für schnelle Hilfe in Notfallsituationen. Es werden daten- und sprachgestützte Notruf- und Pannendienste (*Emergencycalls*) beschrieben.

Navigationsdienste Die Navigationsdienste ermöglichen eine Art Offboardnavigation, bei der optimale Routen auf Anfrage in der Zentrale berechnet und an das Endgerät weitergegeben werden. Somit ist auf dem Telematikendgerät keine integrierte Karte mehr notwendig.

Auskunftsdienste Zu den Auskunftsdiensten gehören Informations- und Buchungsservices. Ein Beispiel sind *Hotelreservationsservices*.

3.7.4 Aufbau der Nachrichten

Ende der neunziger Jahre waren die Übertragungsraten über die Luftschnittstelle noch sehr gering. Aus diesem Grunde war die Größe der Nachrichten ein ganz entscheidender Faktor bei der Realisierbarkeit des Standards. Um hier ein Optimum zu erzielen wurden Dekodiertabellen eingesetzt, die in dem vierten Teil der GATS Spezifikationen beschrieben ist.

Diese Dekodiertabellen listen Codes für bestimmte Befehle und Zustände auf. Verkehrsereignisse werden genauso als Codes dargestellt, wie geografische Punkte (*geolocations*). Die Liste der möglichen Codes steht durch die Spezifikation fest.

3.8 GST

GST (Global System for Telematics) ist ein EU Projekt mit dem Ziel eine flexible und standardisierte Architektur für Telematikdienste im Automobilbereich zu schaffen. Hauptgesichtspunkt dieser Architektur ist die Entwicklung neuer innovativer Dienste bei möglichst geringen Kosten und Aufwand bei der Verteilung. Somit liegt bei diesem Protokoll der Fokus auf der Flexibilität.

GST ist eigentlich kein Protokoll im Sinn dieses Buches, sondern viel mehr ein großes Projekt, das sich in sieben technologie- und serviceorientierte Teilprojekte unterteilt: Open Systems, Certification, Service Payment und Security, sowie Rescue, Enhanced Floating Car Data[8] und Safety Channel.

---

[8] Floating Car Data bezeichnet ein Verfahren, bei dem ein Fahrzeug dynamisch seine Erfahrungswerte, mit welcher Geschwindigkeit das Fahrzeug tatsächlich eine bestimmte Strecke zurückgelegt hat, an einen Server übermittelt.

Das Projekt wurde 2004 von namhaften Firmen aus dem Automobil- und Telekommunikationssektor mit einer Laufzeit von drei Jahren ins Leben gerufen. Damit haben sich Stakeholder zusammengefunden, die sowohl von der Seite der Anwender (Automobilhersteller), als auch von der Seite der Provider (Verkehrsinformationsdienstprovider, Rettungsorganisationen, Dienstanbieter) kommen und ihre Interessen vertreten können.

3.8.1 Arbeitsweise der GST Architektur

Die Architektur umfasst drei wesentliche Bereiche: das Client System, das Control Center und das Service Center (s. auch Abb. 3.6). Die drei Bereiche kommunizieren mittels SOAP XML oder OMA[9] DM (SyncML).

3.8.1.1 Client System

Das Client System stellt das Fahrzeug dar. Es integriert die Fahrzeuginfrastruktur und mobile Endgeräte, die beispielsweise über Bluetooth oder WLAN mit dem eigentlichen Client System kommunizieren.

Das Client System kommuniziert mit dem Control Center über SyncML. Es muss dort als Benutzer gemeldet sein und muss bei jedem Anmelden einen Authentifizierungsprozess durchlaufen. Über das Control Center kann das Client System durch weiteren Service Applikationen erweitert werden, die dann ihrerseits einen servicespezifischen Informationsaustausch zur Verfügung ermöglichen.

Das Client System kann aber auch direkt eine Verbindung zum Service Center aufbauen. Hier werden Daten mittels SOAP/XML ausgetauscht. Parallel dazu kommunizieren Anwender und Servicepersonal mittels Sprache. Diese Verbindung ist beispielsweise für Notrufdienste (Emergencycalls) unerlässlich.

Der dritte Kommunikationsweg ist der Datenaustausch zwischen Client Systemen. Beispielsweise kann ein Notruf von einem Client System direkt an vorbeifahrende Client Systeme weitergegeben werden. Denkbar ist auch die Weitergabe von Verkehrsinformationen an in der Nähe befindliche mobile Einheiten.

3.8.1.2 Control Center

Das Control Center stellt die zentrale Schnittstelle zum Client System im festen Netz dar. Es unterteilt sich in Provisioning Server und Deployment Server.

Ein Provisioning Server ist für die Berechtigungsprüfung des Client Systems zuständig. Ist ein Client System in der Provisioning Datenbank nicht eingetragen, wird er mit dem Control Center nicht kommunizieren können.

---

[9] OMA ist die Open Mobile Alliance

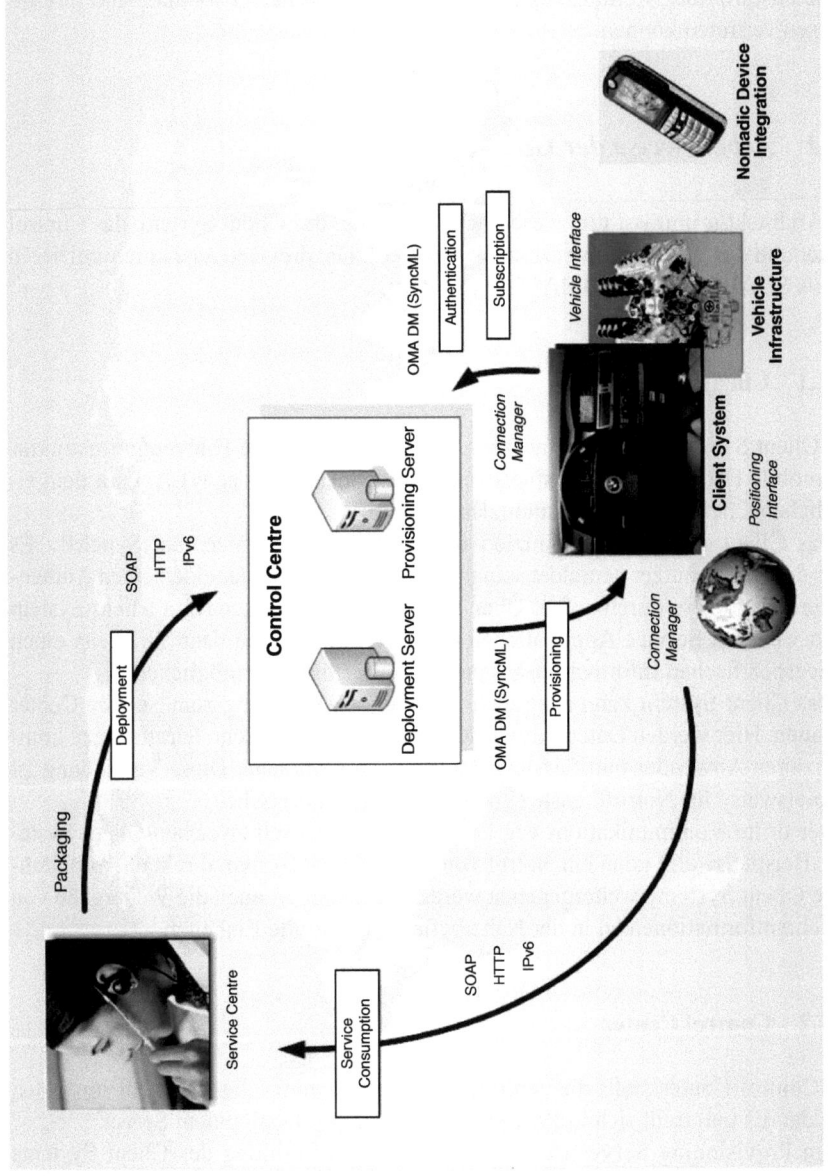

Abb. 3.6 GST Open System [GST01]

Deployment Server sind für die Verteilung von Service Applikationen in die Client Systeme verantwortlich. Für jedes Client System ist hier ein Profil hinterlegt, das mit dem Client System abgeglichen wird. Das jeweilige Profil wird über das Service Center festgelegt.

Die servicespezifischen Daten werden mit dem Client System über dieses Control Center ausgetauscht.

3.8.1.3 Service Center

Das Service Center hat eine Schnittstelle zu den Client Systemen und eine zum Control Center. Über das Service Center werden neue Dienste angefordert und für das Client System zur Verfügung gestellt.

3.8.2 Deployment und Provisioning von Service Applikationen

Die GST Service Plattform (Abb. 3.7) enthält eine Ansammlung von Modulen und Bibliotheken für die einfache Entwicklung von mobilen Applikationen, die in das GST Application Runtime Environment (GST ARE) integriert werden können. Das GST Runtime Environment ist von dem GST Projekt auf Basis eines OSGi (Open Service Gateway Initiative) Frameworks realisiert worden.

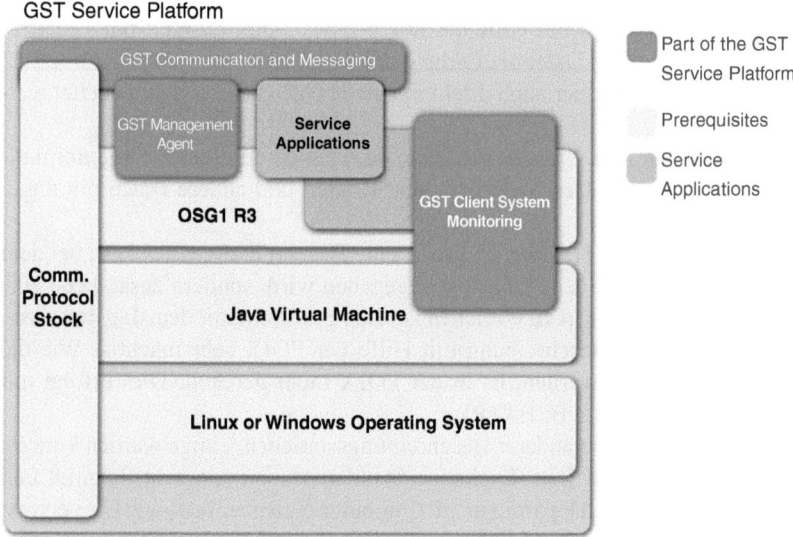

Abb. 3.7 Die GST Service Platform [GST02]

Die GST Service Plattform besteht aus dem Modul Communication and Messaging für die Kommunikation mit anderen Client Systemen, mit dem Control Center oder dem Service Center. Das zweite Modul ist der Management Agent, der für die Verwaltung der einzelnen Service Applikationen sorgt. Das dritte Modul der Service Plattform ist das Client System Monitoring, das sowohl die Service Applikationen, als auch das OSGi Framework und die Java VM beobachtet.

Die Service Applikationen (in der Grafik gelb dargestellt) sind die Module, die von den Service Entwicklern implementiert werden.

3.9 POIX

Die Point of Interest Exchange Language (POIX) wurde von der Point of Interest Arbeitsgruppe vom japanischen Mobile Information Standard Technical Committee (MOSTEC) entworfen und Anfang des Jahres 1999 an das World-Wide-Web Konsortium übergeben.

Die Point of Interest Exchange Language (POIX) ist eine XML basierte Auszeichnungssprache für Punkte und Routen. POIX wurde für den Austausch von ortsbezogenen Informationen zwischen mobilen Endgeräten und zentralen Datenspeichern angefertigt. Mit ihr können auch die geografische Verortung und dessen zusätzliche nicht-räumliche Informationen von Objekten beschrieben werden. Des Weiteren kann mit POIX auf unterschiedliche geografische Koordinatensysteme zugegriffen werden [POI01].

Die Inhalte der POIX sind in der dazugehörigen Document Type Definition (DTD) hinterlegt. Das Listing 3.6 zeigt die POIX.dtd im Detail:

POIX Elemente können mit Hilfe des mime-types <application/x-poi> übertragen werden und haben als Datei die Endung.poi der.poix.

Die Elemente können aber auch direkt in eine HTML-Seite mit eingebettet werden.

Das besondere an POIX ist die Tatsache, dass neben den reinen Ortsinformationen auch Bewegungen, Geschwindigkeiten, Routen und andere Daten mit angegeben werden können.

Das folgende Beispiel (Listing 3.7) zeigt eine Beschreibung eines POI, bei dem nicht nur das Format und der POI selbst angegeben wird, sondern zusätzliche eine Beschreibung, wie dieser Ort zu erreichen ist. Das geschieht mit dem Tag <access>.

Wie gezeigt, ist die Beschreibung mit Hilfe der POIX sehr mächtig. Wie die Daten selbst übertragen werden, ist in der POIX nicht geregelt. Dies erfolgt mit Hilfe anderer Protokolle (z. B. HTTP).

Es gibt noch eine Reihe anderer Beschreibungssprachen, einige werden kurz im Bericht „Spatio-Temporal Data Exchange Standards" von Albrecht Schmidt und Christian S. Jensen vom Department of Computer Science, Aalborg Universi-ty, Denmark beschrieben [STD01]. Die große Anzahl an Möglichkeiten zeigt aber auch, dass es bis heute keinen Standard gibt, der die anderen Beschreibungssprachen aus dem Markt verdrängt hat.

3.9 POIX

```
<!ELEMENT   poix     (format,poi) >
<!ATTLIST   poix version    NMTOKEN    #REQUIRED >

<!ELEMENT   format   (datum,unit,type?,author*,time?) >
<!ELEMENT   datum    (#PCDATA) >
<!ELEMENT   unit     (#PCDATA) >
<!ELEMENT   type     EMPTY >
<!ATTLIST   type object    (fix | move)    "fix" >
<!ELEMENT   author   (#PCDATA) >
<!ATTLIST   author   xml:lang   NMTOKEN   #IMPLIED >
<!ELEMENT   time     (#PCDATA) >
<!ELEMENT   poi (point,move?,name*,access*,contact*,note*,mate*) >

<!ELEMENT   point    (pos) >
<!ELEMENT   pos      (lat,lon,herror?,alt?,verror?) >
<!ELEMENT   lat      (#PCDATA) >
<!ELEMENT   lon      (#PCDATA) >
<!ELEMENT   herror   (#PCDATA) >
<!ELEMENT   alt      (#PCDATA) >
<!ELEMENT   verror   (#PCDATA) >

<!ELEMENT   move     (method?,speed?,dir?,locus?) >
<!ELEMENT   method   (#PCDATA) >
<!ELEMENT   speed    (#PCDATA) >
<!ELEMENT   dir      (#PCDATA) >
<!ELEMENT   locus    (pos*) >

<!ELEMENT   name     (nb,rt?) >
<!ATTLIST   name     style    (formal | popular)   "formal" >

<!ELEMENT   nb       (#PCDATA) >
<!ELEMENT   rt       (#PCDATA) >

<!ELEMENT   note     (#PCDATA) >
<!ATTLIST   note     xml:lang   NMTOKEN   #IMPLIED >

<!ELEMENT   access   (method,ipoint,tpoint,route?,note?) >

<!ELEMENT   ipoint   (iclass,pos,name?) >
<!ELEMENT   iclass   (#PCDATA) >

<!ELEMENT   tpoint   (tclass,pos,name?) >
<!ELEMENT   tclass   (#PCDATA) >

<!ELEMENT   route    (pol) >
<!ELEMENT   pol      (pos*) >

<!ELEMENT   contact  (#PCDATA) >
<!ATTLIST   contact
   xml:lang   NMTOKEN   #IMPLIED
   xml:link   NMTOKEN   #FIXED    "simple"
   href       CDATA     #REQUIRED
>
<!ELEMENT   mate     (#PCDATA) >
<!ATTLIST   mate
   xml:lang   NMTOKEN   #IMPLIED
   xml:link   NMTOKEN   #FIXED    "simple"
   href       CDATA     #REQUIRED
>
```

Listing 3.6 POIX Document Type Definition

```xml
<?xml version="1.0" encoding="Shift_JIS" ?>
<!DOCTYPE poix PUBLIC "-//MOSTEC//POIX V2.0//EN" "poix.dtd">
<poix version="2.0">
<format>
  <datum>wgs84</datum>
  <unit>degree</unit>
</format>
<poi>
  <point>
    <pos>
      <lat>35.6680</lat>
      <lon>139.76887</lon>
    </pos>
  </point>
  <name><nb>Mitsukoshi Ginza Store</nb></name>
  <access>
    <method>onfoot</method>
    <ipoint>
      <iclass>station</iclass>
        <pos>
          <lat>35.66805</lat>
          <lon>139.76833</lon>
        </pos>
      <name><nb>Ginza station of Ginza subway line</nb></name>
    </ipoint>
    <tpoint>
      <tclass>entrance</tclass>
      <pos>
        <lat>35.667778</lat>
        <lon>139.7686</lon>
      </pos>
      <name><nb>Subway entrance</nb></name>
    </tpoint>
    <note> You may enter the store from entrance A7 of Ginza
        station of Ginza subway line.
    </note>
  </access>
  <contact href="tel:81-3-3562-1111" />
  <note>Not closed on Monday</note>
  <mate href="http://www.toyota.co.jp/0223.poi">Annex</mate>
</poi>
</poix>
```

Listing 3.7 POIX Beispiel

3.10 JSON

JSON (JavaScript Object Notation) ist eine Formatbeschreibung für den Datenaustausch zwischen Computern und somit vergleichbar mit SOAP/XML oder CSI. JSON ist für den Benutzer einfach zu lesen und zu schreiben und für die Rechner einfach zu parsen und zu generieren. JSON ist Teil der JavaScript Definition (s. hierzu näheres in JavaScript Programming Language, Standard EC-MA-262 3rd Edition – December 1999). JSON wird im Textformat geschrieben und ist damit unabhängig von Programmiersprachen.

3.10.1 Datenstrukturen und Formatdefinition

Das Format von JSON besteht im Wesentlichen aus zwei Elementen: den Name-Wert-Paaren und geordneten Listen von Werten. Im Folgenden sind einige grundlegende Beschreibungen aufgeführt. Eine ausführliche Beschreibung ist unter JSON.org zu finden.

3.10.1.1 Name-Wert-Paare

Name-Wert-Paare sind zwei Wörter (Objekte), die durch einen Doppelpunkt „:" voneinander getrennt sind. Das erste Objekt ist der Schlüsselbegriff oder Name, das zweite ist der Wert. Als Wert können hier Texte, numerische Werte, boolesche Werte, andere Objekte oder Listen verwendet werden.

3.10.1.2 Geordnete Listen von Werten

Diese Listen enthalten Objekte gleichen Typs. Diese Objekte sind durch Kommata voneinander getrennt. Die gesamte Liste ist in eckigen Klammern eingefasst.

Beispiel Als Beispiel zeigt Listing 3.8 einen Kreditkartensatz.

Kreditkartenname und -nummer sind als ganz normale Pärchen angegeben. Bei der Beschreibung des Inhabers wird eine neue Objektdefinition verwendet, in der die Elemente Name, Vorname, Geschlecht und Vorlieben angegeben sind. Vorlieben wiederum werden durch eine Liste beschrieben.

Als numerische Werte können ganze Zahlen, Gleitkommazahlen oder Exponentialzahlen verwendet werden. Texte werden in Anführungszeichen eingefasst.

3.10.1.3 Bibliotheken für Programmiersprachen

Bibliotheken für die Verwendung (parsen und generieren) von JSON Strukturen sind für alle namhaften Programmiersprachen verfügbar. Unterstützende Program-

```
{
    "Kreditkarte"  : "Xema",
    "Nummer"       : "1234-5678-9012-3456",
    "Inhaber"      : {
        "Name"      : "Reich",
        "Vorname"   : "Rainer",
        "Geschlecht": "\"männlich\"",
        "Vorlieben" : [
            "Reiten",
            "Schwimmen",
            "Lesen"
        ],
        "Alter"     : null
    },
    "Deckung"      : 1e+6,
    "Währung"      : "EURO"
}
```

Listing 3.8 JSON Beispiel – Datensatz einer Kreditkarte

miersprachen sind neben JavaScript, Java, C++, C# und PHP auch nicht so gebräuchliche Programmiersprachen wie ASP, ActionScript, Delphi, Lisp, Python und Perl. Es existieren sogar Tools für die Konvertierung von JSON Beschreibungen zu XML oder HTML.

Eine komplette Übersicht ist unter JSON.org nachzulesen.

Anwendungen JSON wird schon seit Jahren bei Yahoo! und Google verwendet. Für den Browser Firefox existieren Erweiterungen für JSON Requests.

JSON bei Yahoo! Yahoo! benutzt JSON für die Yahoo! Web Services. Beispielsweise werden Suchen in der Bilderdatenbank über diesen Mechanismus realisiert. Ein Beispiel ist in Listing 3.9 dargestellt.

Bei Start der HTML Seite wird das Script mit dem JSON Request gestartet. Das Ergebnis soll an die JavaScript Methode *ws_result* übergeben werden. Diese Methode gibt einfach den Titel der ersten Grafik als Hinweisfenster aus. Nach Bestätigung mit OK wird das zweite Meldungsfenster mit der Gesamtanzahl der verfügbaren Ergebnisse, die als Parameter ebenfalls in der JSON Nachricht enthalten ist, angezeigt. Der zurück gelieferte JSON Datensatz ist in Listing 3.10 dargestellt.

3.10.2 GSON bei Google

Bei Google wird JSON über Google Data APIs genutzt [GOO02]. Diese Data APIs unterstützen Feeddata in den Formaten RSS, Atom und auch JSON. Ein schönes Beispiel ist hier in Listing 3.11 dargestellt:

3.10 JSON

```
<html>
<head>
  <title>How Many Pictures Of Madonna Do We Have?</title>
</head>
<script type="text/javascript">
  function ws_results(obj) {
    alert("Title Result 0 : " + obj.ResultSet.Result[0].Title);
    alert("totalResultsAvailable : " +
          obj.ResultSet.totalResultsAvailable);
  }
</script>
<script type="text/javascript"
  src="http://search.yahooapis.com/ImageSearchService/V1/
  imageSearch?appid=YahooDemo&query=Madonna&
  output=json&callback=ws_results">
</script>
<body>
</body>
</html>
```

Listing 3.9 Einsatz von JSON bei Yahoo

Als Ergebnis (Abb. 3.8) entsteht die Internetseite mit einer Auflistung an Terminen [GOO03]

GSON selber ist nun eine Java Bibliothek für die Konvertierung von JSON Objekten zu Java Objekten. GSON ist dementsprechend eine von Google umgesetzte Implementierung eines JSON Parsers und Generators in Java. Weitere Informationen über dieses Projekt sind auf der Webseite von Google-Code unter den Stichworten *json* und *gson* zu finden.

3.10.3 Vergleich zu anderen Formaten

JSON selber ist eine Formatdefinition, um Daten und Datencontainer von einem System auf ein anderes zu transportieren. Somit ist JSON mit anderen Formaten für den eigentlich Datenaustausch, wie beispielsweise XML und SOAP XML vergleichbar. Ein Vergleich mit kompletten Frameworks wie CSI oder NGTP ist hier nicht möglich.

Im Vergleich zu XML ist der Overhead von JSON sicher durch die fehlende doppelte Erwähnung der Tags (Anfang und Ende) geringer.

Weiter ist JSON für den Menschen, der die Datensätze schreibt, leichter verständlich und leichter umzusetzen. Für Computer ist das sowohl das eine als auch das andere Format leicht auszuwerten. JSON ist hierbei sicherlich flexibler. Die Parser sind dadurch weniger fehleranfällig und nicht ganz so kritisch und restriktiv wie bei XML Datensätzen.

```
{
  "ResultSet": {
    "totalResultsAvailable":"1436776",
    "totalResultsReturned":10,
    "firstResultPosition":1,
    "Result":[{
       "Title":"214498765_1eafc44a18.jpg",
       "Summary":"Madonna va r\u00e9aliser les deux concerts
                  les mieux pay\u00e9s du monde! Un concert
                  actuellement en n\u00e9gociation pour 12
                  millions de dollars et un autre priv\u00e9e
                  pour 7 millions de dollars !",
       "Url":"http:\/\/www.meax.fr\/public\/musique\/
              214498765_1eafc44a18.jpg",
       "ClickUrl":"http:\/\/www.meax.fr\/public\/musique\/
                   214498765_1eafc44a18.jpg",
       "RefererUrl":"http:\/\/www.meax.fr\/post\/madonna-19-
                     millions-de-dollars-pour-deux-concerts.html",
       "FileSize":110080,
       "FileFormat":"jpeg",
       "Height":"375",
       "Width":"500",
       "Thumbnail": {
          "Url":"http:\/\/sk1.yt-thm-a01.yimg.com\/image\/
                 6404713ebf84886a",
          "Height":"108",
          "Width":"145"
       }
    },{
       "Title":"madonna.jpg",
       [...]
       "Url":"http:\/\/music.donyell.net\/MADONNA\/
              Madonna_10.jpg",
       "ClickUrl":"http:\/\/music.donyell.net\/MADONNA\/
                   Madonna_10.jpg",
       "RefererUrl":"http:\/\/music.donyell.net\/MADONNA",
       "FileSize":13414,
       "FileFormat":"jpeg",
       "Height":"385",
       "Width":"370",
       "Thumbnail":{
          "Url":"http:\/\/sk1.yt-thm-a02.yimg.com\/image\/
                 28c87c5535cbde68",
          "Height":"135",
          "Width":"129"
       }
    }
    ]
  }
}
```

Listing 3.10 JSON Antwort vom Server

3.10 JSON

```
<html>
<head>
  <title>Upcoming Google Developer Events</title>
</head>
<body>
  <h3>Upcoming Google Developer Events</h3>
  <div id="agenda"></div>
  <script>
    function listEvents(root) {
      var feed = root.feed;
      var entries = feed.entry || [];
      var html = ['<ul>'];

      for (var i = 0; i < entries.length; ++i) {
        var entry = entries[i];
        var title = entry.title.$t;
        var start = (entry['gd$when']) ? entry['gd$when']
                    [0].startTime : "";
        html.push('<li>', start, ' ', title, '</li>');
      }
      html.push('</ul>');
      document.getElementById("agenda").innerHTML
              = html.join("");
    }
  </script>
  <script src="http://www.google.com/calendar/feeds/developer-
              calendar@google.com/public/full?alt=json-in-
              script&callback=listEvents">
  </script>
</body>
</html>
```

Listing 3.11 JSON im Einsatz bei Google

Andererseits kann das JSON Format nicht erweitert werden. Die wenigen Definitionen, wie Datensätze beschrieben werden können, reichen für die Beschreibung von einfachen Datensätzen aus. Wenn es darum geht für verschiedene Attribute Auswahllisten an möglichen Werten zu definieren, die gesetzt werden können, dann stößt JSON an seine Grenzen.

3.10.4 Derivate

Um das sehr einfache JSON Format für spezialisierte Bereiche näher festzulegen, haben sich einige Derivate von JSON gebildet. Hierzu gehören JSON-RCP, womit Remote Procedure Calls realisiert werden können. Ein weiteres Beispiel ist Geo-JSON, in dem für den Navigationsbereich spezialisierte Container vordefiniert sind.

Sample Using Google Calendar API JSON Output

This sample demonstrates displaying a list of upcoming calendar events from a Google Calendar on a web page using the JSON output format provided by the Calendar Data API.

The `<script>` element is used to retrieve a public calendar feed as a JSON object which is used as the sole parameter to a callback function defined in the URL.

The `src` for the script is:

```
http://www.google.com/calendar/feeds/developer-calendar@google.com/public/full?a
```
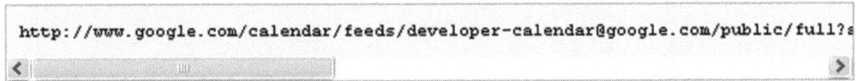

This retrieves the `full` projection of the `public` feed for the `developer-calendar@google.com` calendar in JSON format (`alt=json-in-script`) with a `callback` function called `insertAgenda`. A maximum of 15 events is returned (`max-results=15`), recurring events are represented as individual events (`singleevents=true`) and all events in the future (`futureevents=true`) are returned in ascending order (`sortorder=ascending`).

Upcoming Google Developer Events
- SF Bay Area Google App Engine Developers meetup - 4/7 3:30 AM
- Crystal Ball Conference - 4/7
- App Engine Chat Time - 4/8 4:00 AM
- Crystal Ball Conference - 4/8
- Android IRC office hours - 4/9 2:00 AM
- MySQL Con - 4/12
- Linux Collab Summit - 4/14
- Google Wave API Office Hours - 4/15 8:00 AM
- Android IRC office hours - 4/16 2:00 AM
- App Engine Chat Time - 4/21 6:00 PM
- Android IRC office hours - 4/23 2:00 AM
- LEET '10 - 4/27
- NSDI '10 - 4/28
- Google Wave API Office Hours - 4/29 8:00 AM
- Android IRC office hours - 4/30 2:00 AM

Abb. 3.8 Ergebnis auf eine JSON-Anfrage vom Google Server

3.10.4.1 JSON-RCP

JSON-RCP ermöglicht neben dem Datenaustausch eine Kommunikation über Rechnergrenzen hinweg. Auch hier ist die Einfachheit der Definition von JSON der Hauptgesichtspunkt. JSON-RCP beschränkt sich aktuell auf eine Methode, um einen HTTP Request abzusetzen. Als Parameter stehen hier die drei Attribute Methodenname, Parameter (Liste von Objekten) und einer Request ID zur Verfügung. Die Antwort enthält ein Ergebnis-Objekt, ein Fehler-Objekt und die Request ID [JSO01].

3.10.4.2 GeoJSON

GeoJSON ist ein Format für die Kodierung von geografischen Datenstrukturen. Ein GeoJSON Objekt unterstützt Punkte, Linien, Polygone, Punktreihen (Schleppen), Linienreihen, und Reihen von Polygonen. Aus diesen Elementen können dem JSON Standard entsprechend weitere Objekte definiert werden [JSO02].

Kapitel 4
Übertragungskanäle

4.1 Eine Übersicht der möglichen Übertragungsmedien für Telematikdienste

Eine grundlegende Frage bei der Erstellung von Telematikdiensten beschäftigt sich mit der Auswahl und dem Nutzen der verschiedenen Übertragungskanäle. Viele Implementierungen nutzen nur einen Übertragungskanal, andere könnten vielfältige Übertragungsmedien prinzipiell verwenden, jedoch wird auch dann selten mehr als ein Übertragungsmedium implementiert.

Weiterhin kann zwischen Online- und Offline-Übertragungskanälen unterschieden werden. Die verschiedenen Kanäle bzw. Medien werden in diesem Kapitel untersucht, eine Unterscheidung zwischen gerichteter und ungerichteter Kommunikation kann mit allen Kanälen/Medien erreicht werden.

4.2 Speichermedien

Selbstverständlich können und werden auch Speichermedien zur Übertragung telematischer Dienste eingesetzt. Beispiele hierfür sind zum Beispiel elektronische Fahrtenbücher, die oftmals Daten im Fahrzeug auf einer Speicherkarte ablegen. Der Transfer der Daten zum Heim-PC erfolgt über eine Speicherkarte.

Die Vorteile der Speichermedien (ein Beispiel zeigt Abb. 4.1) sind unmittelbar einsichtig:

- Speichermedien können große Datenmengen transportieren.
- Speichermedien sind sehr günstig und in großer Stückzahl verfügbar.
- Die Anwender kennen sich mit der Verwendung von Speichermedien gut aus.
- Speichermedien wird ein großes Vertrauen entgegengebracht.

Allerdings können nicht alle vernetzten Anwendungen dauerhaft auf eine Online-Verbindung verzichten, daher resultieren auch die Nachteile für die Verwendung der Speichermedien:

Abb. 4.1 TravelControl von der Firma Fahrtenbuch-per-gps. [FPG01]

- Die Daten auf den Speichermedien müssen nicht zwangsläufig aktuell sein.
- Wenn Daten über eine Speicherkarte zum Server transportiert werden müssen, muss der Anwender persönlich aktiv werden und die Speicherkarte zu seinem PC tragen.
- Speicherkarten benötigen einen physikalischen Kontakt im Endgerät. Diese Kontakte altern und nutzen sich ab. Bei längeren Nutzungszeiten (im Fahrzeug bis zu 10 Jahre) und häufigem Ein- und Ausstecken der Speicherkarten kann es hier zu Problemen kommen.

4.2.1 Speicherkarten

Es gibt zahlreiche verschiedene Speicherkarten mit verschiedenen Formaten und Kapazitäten. Alle Speicherkarten aufzuzählen ist nahezu unmöglich, stattdessen wird hier stellvertretend die SD Speicherkarte kurz vorgestellt.

„SD Memory Card" steht für *secure digital memory card* und ist ein digitales Speichermedium. Die Speicherkarte besitzt intern einen Controller und Flash-Speicher. Inzwischen gibt es den Standard SDHC „Secure Digital High Capacity". Das sind SD-Karten mit einer Kapazität von bis zu 32 GB.

Als nachfolgender Standard steht SDXC „Secure Digital Extended Capacity" in den Startblöcken und ist sogar in der Lage, laut Spezifikation bis zu 2 TB an Daten aufzunehmen [SDC01].

Abb. 4.2 SDHC-, mini SDHC- und microSDHC-Speicherkarte

Abb. 4.3 USB Speicher Stick im Porsche Design

4.2.2 USB-Massenspeicher

USB Massenspeicher ist ein Oberbegriff für allerlei Geräte, die über den Universal Serial Bus (USB) kommunizieren und die mit einem internen Speicher ausgestattet sind. Speziell zum mobilen Datentransfer eignen sich insbesondere USB Speicher Sticks, die genau wie die SD-Karten intern einen Flash-Speicher beinhalten und mobile Festplatten mit einem USB-Anschluss.

USB Speicher Sticks (Abb. 4.3) eignen sich ebenfalls sehr gut zum Transport großer Datenmengen wie die SD-Karten und eignen sich insbesondere gut zum Anschluss im Auto, da viele Fahrzeugnavigationssysteme mit einem USB-Anschluss ausgestattet sind. Dieser Anschluss wird hauptsächlich zum Anschluss von MP3-Playern oder USB Speicher Sticks mit MP3-Dateien verwendet, aber es lassen sich natürlich auch viele andere Daten mit dieser Technologie ins Fahrzeug transportieren.

4.3 Drahtlose Verbindungen

In diesem Abschnitt werden verschiedene drahtlose Verbindungen vorgestellt. Die verschiedenen Technologien haben natürlich dedizierte Eigenschaften, die im Folgenden vorgestellt werden. Die allgemeinen Vor- und Nachteile können bereits an dieser Stelle gezeigt werden.

Die Vorteile der drahtlosen Übertragungskanäle im Detail:
- Die drahtlosen Übertragungskanäle ermöglichen den sofortigen Zugriff auf externe Server und sorgen so für sehr aktuelle Daten.
- Die Daten können über die drahtlose Schnittstelle direkt übertragen werden, dieser Vorgang kann automatisch im Hintergrund ausgeführt werden.

Die allgemeinen Nachteile der drahtlosen Übertragung:
- Die meisten drahtlosen Verbindungen haben nur eine geringe Bandbreite zur Verfügung. Das wirkt sich auf die Dauer der Übertragung negativ aus.
- Die drahtlosen Kanäle stehen nicht überall gleichmäßig zur Verfügung. In ländlichen Regionen ist die Verbreitung von UMTS zum Beispiel immer noch dürftig.

- Die Nutzung von Mobilfunkkanälen ist mit Kosten verbunden. Viele Benutzer vermeiden daher die Benutzung der mobilen Datenübertragung. Seit der immer steigenden Verbreitung der so genannten Smartphones sind allerdings auch Prepaidkarten verfügbar, die günstige Preise für Datentelefonie anbieten.

4.3.1 SMS – Short Message Service

Short Message Service ist an sich ein die Bezeichnung für den Übertragungsdienst von Nachrichten aus dem GSM Standard. Im Laufe der Jahre hat sich der Begriff SMS für die Nachricht selbst durchgesetzt. Da die SMS-Nachrichten als ein Nutzdatenpaket im GSM-Netz übertragen werden, ist ihre Länge begrenzt.

Werden die Nachrichten im 7-bit ASCII-Modus kodiert, können mit einer Nachricht maximal 160 Zeichen übermittelt werden. 8-bit kodierte Nachrichten reduzieren die Anzahl der Zeichen auf 140. Muss eine Nachricht im 16-bit Unicode-Format kodiert werden, können nicht mehr als 70 Zeichen mit einer SMS versendet werden.

Egal welche Zeichenkodierung gewählt wird: die geringe Länge einer Nachricht ist ein Problem. Längere Nachrichten müssen auf mehrere SMS-Nachrichten verteilt übertragen werden.

Ein wesentlicher Vorteil der SMS Nachrichten ist, dass alle GSM Mobiltelefone oder GSM-Telefonmodule SMS Nachrichten unterstützen und die Übertragung der Nachrichten meistens ohne wesentliche Verzögerungen durchgeführt werden kann. Leider kann der Versender der Nachricht nicht unmittelbar erfahren, ob die SMS-Nachricht tatsächlich auf der Empfangsseite angekommen ist. Insbesondere im Roaming Fall, das heißt bei der Übertragung über Ländergrenzen hinweg, kann es dazu kommen, dass SMS Nachrichten verspätet oder gar nicht ausgeliefert werden.

SMS Nachrichten sind ein beliebtes und viel genutztes Medium zur Übertragung von telematischen Inhalten, insbesondere zur Realisierung von Push-Diensten. Ein Endgerät mit Telefonmodul kann jederzeit durch eine SMS-Nachricht erreicht werden, insofern es eingeschaltet ist. Dies funktioniert auch, wenn sonst noch kein anderer Datenkanal zur Verfügung steht. Dabei besteht allerdings die Gefahr, dass die Nachricht als normale Textnachricht interpretiert wird und im Nachrichteneingang des Telefonmoduls wartet.

Damit diese Push-Nachrichten nicht als Textnachrichten interpretiert werden, gibt es die Möglichkeit, bestimmte Zeichen an den Anfang der Nachricht zu setzen, so dass die Nachricht nicht als normale Textnachricht identifiziert wird. Diese Zeichen können zum Beispiel „++XYZ++" sein. So wird eine normale Textnachricht mit hoher Wahrscheinlichkeit nicht beginnen, so dass die nachfolgenden Zeichen an einen Interpreter weitergeleitet werden können.

Im Rahmen der Wireless Application Protocol (WAP) Standardisierung wurde das Format WBXML [WBX01] entwickelt.

Bei dem WBXML Format handelt es sich um ein XML Format, bei dem die Tags durch Tokens ersetzt werden, um die Länge der Nachricht zu verkürzen. Daher wird WBXML auch als binary XML bezeichnet. Daraus lässt sich auch die Bezeichnung binary SMS für Nachrichten in diesem Format ableiten. WBXML wird für viele

Applikationen in Mobiltelefonen verwendet, zum Beispiel die Übertragung von Adressbüchern und Kalenderinformationen mit SyncML oder „over-the-air-programming" für die Übertragung der Netzwerkeinstellungen einer Datenverbindung.

Der Trend zu immer größeren Kapazitäten ist demnach ungebrochen, die Verfügbarkeit der SD- oder miniSD-Karten ist sehr hoch.

SD Speicherkarten sind als Speicher- und Transportmedium für Telematikdienste sehr interessant, weil große Datenmengen transportiert werden können und weil SD-Karten von vielen Geräten unterstützt werden. Portable Navigationsgeräte (PND) und Fahrzeugnavigationsgeräte sind oftmals mit SD-Kartenlesern ausgestattet.

4.3.2 Das Internet Protocol

Das Internet Protocol (IP) ist das zentrale Protokoll im Internet. Es ist die Implementierung der Vermittlungsschicht des OSI-Schichtenmodells und damit die erste hardwareunabhängige Schicht in der kompletten Internet Protokoll Suite. In der Vermittlungsschicht werden die Datenpakete (aus Sicht der Applikation) erstmalig logisch adressiert. Dies geschieht mit Hilfe der IP-Adresse. Auf diese Weise lassen sich die Geräte innerhalb des logischen Netzwerkes eindeutig adressieren.

Die Details der verschiedenen Schichten im Internet Protokoll Stack würden an dieser Stelle zu weit führen, daher werden im Folgenden nur wichtige Merkmale für die Anwendung in Telematikdiensten erklärt.

Die Aufgaben der einzelnen Schichten werden nur kurz zusammengefasst dargestellt:

- Applikationsschicht
  Aus der Applikationsschicht heraus wird der Funktionsaufruf eines Dienstes gestartet. Die Daten werden gekapselt und mit einem Applikationsheader versehen. Das kann zum Beispiel der Hyper-Text-Transport-Protocol-Header, kurz HTTP-Header sein.

  [Applikationsheader (AH) + Daten]

- Präsentationsschicht
  In der Präsentationsschicht werden die Daten in ein eigenes Format gewandelt. Hier können zum Beispiel Daten sortiert, komprimiert oder verschlüsselt werden. Das wäre das ‚s' im HTTPs-Protokoll. An dieser Stelle werden die Daten wiederum gekapselt und mit einem Präsentationsheader ergänzt.

  [Präsentationsheader (PH) + AH + Daten]

- Sitzungsschicht
  Die Verbindung zwischen einem Server und einem Client wird logisch nach jeder Anfrage und der dazugehörigen Antwort getrennt. Um eine Verbindung zwischen mehreren Anfragen auf dem Server herzustellen, werden oft zusätzliche Parameter vom Server an den Client übertragen, die er bei der nächsten Anfrage wieder an den Server mitgesendet werden. Diese Parameter werden im Sessionheader übermittelt und erlauben dem Server, einen Zusammenhang zwischen den verschiedenen

Anfragen herzustellen. Im Falle einer HTTP Kommunikation kann das die Session-Id in einer HTTP-get Anfrage sein: http://www.xyz.com/index?sid=edb0e866

[Sessionheader (SH) + PH + AH + Daten]

- Transportschicht
In der Transportschicht wird eine Verbindung zwischen dem Datenpaket und der jeweiligen Anwendung hergestellt. Damit ist es eindeutig möglich, zum Beispiel die Anfragen von Webbrowserinstanzen an einen Server zu unterscheiden, so dass die Antwort an die richtige Browserinstanz übermittelt werden kann. Das dazugehörige Protokoll ist zum Beispiel das Transmission Control Protocol (TCP).

[Transportheader (TH) + SH + PH + AH + Daten]

- Vermittlungsschicht
Die Vermittlungsschicht addiert die logische Adressierung zum bisherigen Datenpaket. Das können zum Beispiel die IP-Adresse und der IP-Port sein, so dass der Client im Netzwerk eindeutig adressierbar ist. Alle jetzt zusammengefassten Daten werden als Datenpaket bezeichnet.

[Networkheader (NH) + TH + SH + PH + AH + Daten]

- Sicherungsschicht
Zur Datenfluss- und ggf. zur Fehlerkontrolle werden dem bisherigen Datenpaket weitere Parameter hinzugefügt, zum Beispiel Prüfsummen zur Gewährleistung der Datenintegrität und Steuerinformationen zur Datenflusskontrolle. Des Weiteren wird die Quelladresse und die Zieladresse (das sind die Media Access Control (MAC)-Adressen im Ethernet) hinzugefügt. Ein Datenpaket aus der Vermittlungsschicht kann im Falle eines Ethernets bis zu 64 KB groß sein. Die Sicherungsschicht kümmert sich um die Verpackung der Datenpakete in kleinere Datenframes, die auf der Zielseite wieder in ein Datenpaket zusammengesetzt werden. Dieser Vorgang wird als Fragmentierung bezeichnet.

[Datalink Header (DH) + NH + SH + PH + AH + Daten]

- Bitübertragungsschicht
Die Bitübertragungsschicht kennzeichnet die physikalische Übertragung der Daten. Je nach verwendetem Übertragungsmedium werden hier die jeweiligen fehlenden Parameter ergänzt und gebündelt versendet.

[Physical Header (PhH) + DH + NH + TH + SH + PH + AH + Daten]

Für die Implementierung der Telematikdienste sind einige besondere Protokolle der Anwendungsschicht interessant als auch einige besondere physikalische Schichten.

4.3.2.1 Applikationsschicht: TCP-Socket

Ein Socket ist der Anfang und das Ende der Kommunikationsschnittstelle zwischen zwei Geräten im Netzwerk. Die Verwaltung der Sockets übernimmt das Betriebssystem. Die Adressierung der Sockets erfolgt über die IP-Adressen und die IP-

4.3 Drahtlose Verbindungen

Portnummern. Damit ein Verbindungsaufbau überhaupt möglich ist, gibt es einen Server-Socket und einen Client-Socket.

Zunächst muss der Server-Socket gestartet und am Netzwerk mit seiner IP-Adresse und dem IP-Port-Nummer registriert werden. Die Port-Adressen der Server-Sockets kann der Programmierer nicht frei wählen, diese werden wie die IP-Adressen von der Internet Assigned Numbers Authority (IANA) vergeben. Allerdings gibt es im gesamten Nummernkreis der Portadressen frei verwendbare Portnummern.

Nach der Aktivierung wartet der Server-Socket auf die eingehenden Anfragen der Client-Sockets. Der Client-Socket wird nach der Erstellung mit der IP-Adresse und dem IP-Port des Ziels (Server-Socket) konfiguriert und gestartet. Der Server-Socket nimmt die Anfrage entgegen, erzeugt einen neuen Socket auf einem freien IP-Port und verbindet den neuen Socket mit dem anfragenden Client-Socket. Über diese Verbindung können jetzt Daten bidirektional ausgetauscht werden. Der Server hat diese Verbindung auf einem neuen Port eingerichtet, damit der ursprüngliche Server-Socket auf dem ursprünglichen Port auf erneute Client-Anfragen warten kann.

Des Weiteren werden Sockets anhand des verwendeten Protokolls aus der Transportschicht unterschieden. Hier sind das User Datagram Protocol (UDP) und das Transmission Control Protocol (TCP) die wichtigsten Standards.

Das UDP ist ein verbindungsloses Protokoll, achtet nicht auf die Reihenfolge der Pakete auf der Empfangsseite und sorgt nicht für eine garantierte Übermittlung der Daten. Daher sind TCP basierte Sockets insbesondere für die telematischen Dienste interessant. Das TCP ist zuverlässig, verbindungsorientiert und es ist ein paketvermittelndes System. Das TCP sorgt selbständig bei großen Datenmengen für eine Aufteilung der Daten in kleinere TCP-Pakete, die am Ende der Kommunikation automatisch wieder in der richtigen Reihenfolge sortiert werden.

Dieses Verhalten heißt Segmentierung und macht das TCP für Anwendungsprogrammierer so attraktiv, da er sich um die Segmentierung der Daten nicht kümmern muss, sondern sein komplettes Datenpaket an den Socket übergeben kann. Allerdings muss bei der Kalkulation der insgesamt übertragenen Datenmenge darauf geachtet werden, dass der Overhead durch die TCP- und IP-Header mit in die Kalkulation aufgenommen wird.

Der Overhead entspricht je Segment 20 Bytes für den TCP-Header und 20 Bytes für den IP-Header. Die maximale Größe eines TCP-Segmentes wird vom Netz vorgegeben und liegt meistens bei 1.500 Bytes. In dem Fall können nur 1.460 Bytes an Nutzdaten übertragen werden, die restlichen 40 Bytes sind TCP-IP Overhead.

Der Nachteil der direkten Verwendung von IP-Sockets ist, dass Firewalls aus Sicherheitsgründen nur einen geringen Anteil der IP-Ports freischalten und alle anderen IP-Ports automatisch geblockt werden. Daher funktionieren insbesondere aus den Intranets von Firmen heraus ins Internet diese IP-Ports nicht.

4.3.2.2 Applikationsschicht: Hyper Text Transfer Protocol (HTTP)

Das Hyper Text Transfer Protocol dient zur Übertragung von Daten über ein Netzwerk. Hauptsächlich wird es dazu verwendet, Daten aus dem World Wide Web in die verschiedenen Client-Anwendungen zu laden. Die bekanntesten http-Anwendungen sind natürlich die Webbrowser. Weitere bekannte Anwendungen sind zum Beispiel Mediaplayer, die Musikdateien aus dem Internet laden und auf einem PC abspielen.

Das HTTP arbeitet zustandslos, die logische Verbindung mit dem Server ist daher nach der Antwort des Servers beendet. Die Sitzung (Session) kann nur künstlich aufrecht erhalten werden, in dem der Client bei der nächsten Anfrage eine Session-ID mit an den Server sendet, die der Client bei der letzten Antwort vom Server erhalten hat.

Das HTTP selbst sorgt nicht für eine gesicherte Übertragung der Daten und ist daher auf ein verlässliches Protokoll angewiesen. TCP-IP erfüllt diese Eigenschaften und wird daher als Transportprotokoll für das HTTP eingesetzt.

Gegenüber der direkten Verwendung eines TCP-IP Socket für die Implementierung einer Telematik-Anwendung hat HTTP den Vorteil, dass die HTTP relevanten Ports an den Firewalls freigeschaltet sind. Damit lassen sich die Telematik-Anwendungen auch aus Firmennetzen heraus betreiben (tunneln).

Telematik-Anwendungen haben immer auch die Aufgabe, Daten an den Server zu senden, das kann zum Beispiel die aktuelle Position sein. HTTP bietet für die Übertragung von Daten in Richtung Server zwei Möglichkeiten an:

1. HTTP-GET
Die Daten werden als Teil der URL übertragen und sind damit im Link sichtbar und werden eventuell mit gespeichert oder anderweitig verwendet.
2. HTTP-POST
Die Daten können im HTTP-Header in einer bestimmten Anfrageart untergebracht werden, so dass sie in der URL selbst nicht sichtbar sind.

In beiden Fällen muss der Anwendungsprogrammierer darauf achten, dass die zu übertragenden Daten URL-kodiert sind. Bestimmte Zeichen („?', „&', „/' ,...) dürfen daher im Datenstrom nicht vorkommen.

Die Antwort des Servers auf eine HTTP-Anfrage (Listing 4.1) enthält im HTTP-Header unter anderem einen Status-Code, eine Längenangabe content-length, eine Beschreibung des Inhaltes content-type und gegebenenfalls den Inhalt als Byte-Block.

```
HTTP/1.1 200 OK
Date: Sat, 14 March 2009 22:38:34 GMT
Server: Apache/1.3.3.7 (Unix)    (Red-Hat/Linux)
Last-Modified: Fri, 13 Mar 2009 21:15:55 GMT
Etag: "3e81b-2d4-14ce503b"
Accept-Ranges: bytes
Content-Length: 1432
Connection: close
Content-Type: text/html; charset=UTF-8
```

Listing 4.1 Beispiel einer HTTP Antwort vom Server

4.3 Drahtlose Verbindungen 57

Der content-type oder mime-type gibt an, in welchem Format der Inhalt vorliegt. Das Format „text/html" kann zum Beispiel von einem Webbrowser als HTML-Webseite dargestellt werden.

Der Anwendungsprogrammierer hat die Möglichkeit, sich eigene content-types auszudenken. Das ist zulässig, solange die Bezeichnung im major- oder minor-Namen mit einen „x-" beginnt. Eine Definition „application/x-telematic-service" ist zulässig. Bei der IANA können neue content-types auch offiziell beantragt werden, so dass jedermann dieses Format mit nutzen kann. Ein Webbrowser versteht den neuen content-type aber nicht automatisch. Daher muss der Webbrowser als Clientapplikation ein Plugin für den neuen content-type zur Verfügung gestellt bekommen und er muss den neuen Datentypen in der folgenden Server-Anfrage registrieren. Auf diese Weise weiß der Server, dass der client Daten in diesem speziellen Format auch akzeptieren kann.

Werden auf der Client-Seite eigenständige Anwendungen eingesetzt, die direkt als HTTP-client implementiert sind, so brauchen diese kein Plugin für ihren speziellen content-type, jedoch kann es sein, dass sie auch andere Inhalte vom Server geliefert bekommen. Für diesen Fall müssen die Anwendungen eine Behandlungsmethode implementiert haben.

Es gibt Beispiele von Telematik-Anwendungen, die beide Fälle zeigen. Das HarmanBecker Cascade Pro hat zum Beispiel einen Webbrowser implementiert, der für einen eigenen content-type registriert ist. Das dazugehörige Plugin macht nicht mehr, als die Daten an eine externe Telematik-Anwendung weiter zu reichen. Zugleich gibt es eine Telematik-Anwendung, die einen direkten TCP-IP Socket nutzt. Umgekehrt gibt es Telematik-Anwendungen, die direkt einen HTTP-client implementieren, zum Beispiel der „Download-Upload-Messaging-Manager" (DUMM) von BMW.

4.3.2.3 Applikationsschicht: Email-Protokolle (IMAP4/POP3/ SMTP)

Vermutlich kennen mehr Menschen den Begriff „Email" als es Menschen gibt, die einen PC bedienen können. Emails können selbstverständlich für die Implementierung telematischer Dienste herangezogen werden, in dem die Daten zum Beispiel als Attachment an eine Email angehängt werden. Aber bevor die telematischen Fähigkeiten der Emails als Telematik Transportmedium näher erläutert werden, folgt hier eine Kurzeinführung in die Email-Protokolle:

- Das POP3 ist ein Übertragungsprotokoll, das auf einem TCP/IP Stack aufsetzt und dazu dient, Nachrichten von einem Nachrichten-Server abzuholen.
- IMAP4 dient im Gegensatz zu POP3 dazu, die Emails vom Server zu verwalten, so dass sie anschließend auf dem Server verbleiben.
- SMTP dient zum versenden einer Email.

Wenn die eingehenden Emails mit Attachments ausgestattet sind, überprüft der Email Client die Attachments nach dem Eingang. Ist der mime-type (content-type) des Attachments bekannt, kann die dazugehörige Anwendung aufgerufen werden.

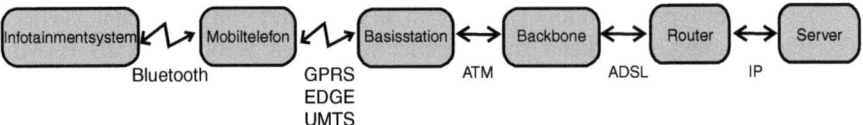

Abb. 4.4 Weg der Daten vom Infotainmentsystem bis zum Server für eine GSM-/UMTS-Datenverbindung

Befindet sich im Attachment ein Datenpaket mit Telematikdaten, dann kann der Service Client die Abarbeitung des Telematikdienstes mit den neuen Daten fortführen. Interessant ist die Email als Vehikel für Telematikdaten, weil die Email auch versendet werden kann, wenn der Client – in diesem Fall das Infotainmentsystem – gerade ausgeschaltet ist. Die Daten werden auch dem Email-Server gespeichert und warten dort auf Abholung.

4.3.2.4 Bitübertragungsschicht

Im Falle der drahtlosen Übertragung mit dem Internet Protocol werden die Daten meisten über WLAN oder mobile Datentelefonie übertragen. Das bedeutet eine Umsetzung der IP Protokolldaten auf andere Protokolle, teilweise auch mehrfach.

Die Daten werden häufig erst via Bluetooth (Bluetooth Dialup Networking – DUN) von einem Fahrzeug-Infotainmentsystem an das Mobiltelefon des Autofahrers übertragen, um von dort aus via GPRS/EDGE oder UMTS weitervermittelt zu werden. Das bedeutet eine mehrfache Paketierung der Daten mit unterschiedlichen Beschränkungen in Bezug auf die maximalen Paketgrößen. Speziell bei der Übertragung der Daten mit Hilfe der Datenfunknetze der GSM- und UMTS-Generation erfolgen dann im Bereich zwischen Mobiltelefon und Server noch mehrfache Umkodierungen, die einen erheblichen Einfluss auf die Antwortzeiten haben.

Abbildung 4.4 zeigt die verschiedenen Übergänge: Bluetooth, GPRS, ATM, ADSL und IP bis zum Server. Diese oftmalige Übersetzung auf verschiedene Protokolle kann dazu führen, dass es insbesondere bei Übertragungen aus der Bewegung heraus zu erhöhten Antwortzeiten (Latenzzeiten) kommen kann, die in den Bereich fallen, dass im Infotainmentsystem die Timer im IP-Stack zuschlagen und es deshalb zu Retransmissions kommt, obwohl die Antwortpakete gegebenenfalls bereits auf dem Rückweg vom Server zum Infotainmentsystem sind. Das kann dazu führen, dass die Datenverbindung scheinbar komplett blockiert und der Telematikdienst abgebrochen und neu gestartet werden muss.

4.3.3 LTE – Long Term Evolution

LTE [LTE01] ist der kommende Mobilfunkstandard, der die oben genannten Probleme lösen wird. Das liegt im Wesentlichen daran, dass direkt in der Basisstation der Datenverkehr transparent in IP gewandelt wird.

4.3 Drahtlose Verbindungen

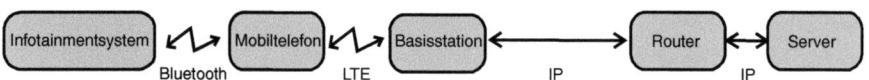

Abb. 4.5 Weg der Daten vom Infotainmentsystem bis zum Server für eine LTE-Datenverbindung

Abbildung 4.5 zeigt den Weg der Daten vom LTE-Infotainmentsystem bis hin zum Server.

Die wichtigsten Vorteile von LTE gegenüber den bisherigen Verfahren sind:
- Die maximal verfügbare Datengeschwindigkeit für einen Dienst steigt auf rund das 10-fache an
- Downlink-Maximalgeschwindigkeit: bis 100 Mbit/s
- Uplink-Maximalgeschwindigkeit: bis 50 Mbit/s
- Die Latenzzeiten reduzieren sich um den Faktor 2 bis 3;
  - Round-trip-times zwischen zwei mobilen Geräten unter 40 ms
  - Zugriffsverzögerung unter 300 ms
- optimiert für Paket-Datendienste
- Reduktion von Netzwerkelementen
- komplette IP-basierende Umgebung

Der wichtigste Faktor ist in diesem Fall die stark reduzierte Latenzzeit. Das führt zu einer kontinuierlichen Übertragung zwischen den Clients und den Servern. Damit werden die telematischen Dienste für den Anwender sehr viel angenehmer. Bleibt zu hoffen, dass die LTE-Technik schnell und günstig flächendeckend verfügbar ist.

Kapitel 5
Softwareentwicklung mit dem CSI SDK

Das nachfolgende Kapitel behandelt die Softwareentwicklung im Bereich Telematik mit dem CSI Software Development Kit (CSI SDK). Anhand einiger konkreter Beispiele wird der gesamte Entwicklungsprozess so detailliert beschrieben, dass er von Lesern mit Java Kenntnissen schrittweise nachvollzogen werden kann. So wird der Leser in die Lage versetzt, selbst für mobile Geräte seiner Wahl Telematikdienste unter Verwendung des CSI zu konzipieren und umzusetzen.

5.1 Beschreibung des SDK

Das CSI SDK (Abb. 5.1) umfasst neben dem CSI Kern einige Tools und Beschreibungen rund um das Thema Telematik mit dem Common Services Interface.

Der CSI Kern besteht aus Basisklassen und Controllern, die für die Verarbeitung empfangener CSI Datenpakete und das Senden von CSI Nachrichten benötigt werden. Dieser Bereich ist gekapselt und kann als Bibliothek genutzt werden. Im CSI Kern sind außerdem Standardinterfaces für Fehlermeldungen und grundlegende Requests enthalten.

Auf dem CSI Kern baut der generierte und der implementierte Teil auf. Der generierte Teil entsteht aus selbst entworfenen Interface Beschreibungen, die mit den drei im SDK enthaltenen Werkzeugen

- Service Editor
- Verifizierer
- Generator

bearbeitet werden können.

Mit dem Service Editor werden die Interface Definitionen erstellt und editiert. Der Verifizierer ermöglicht eine Konsistenzprüfung und der Generator wird zum Generieren der Quellen, wahlweise in Java, C++ oder PHP genutzt. Bei Bedarf kann der Generator um weitere Hoch- und Scriptsprachen erweitert werden.

Neben dem Kern und den Werkzeugen gehören Beschreibungen und Beispielapplikationen zum SDK. Einige werden ebenfalls in diesem Kapitel behandelt.

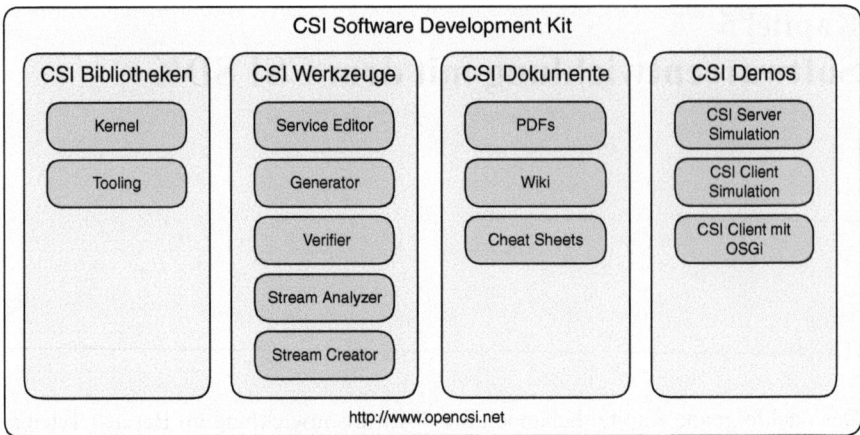

Abb. 5.1 Übersicht des CSI Software Development Kit

Das SDK, Beispiele, weiterführende Beschreibungen, Ergänzungen und Weiterentwicklungen stehen auf der Open CSI Homepage [CSI01] zur Verfügung. Hier sind ebenfalls ein CSI Wiki, Installationspakete für Eclipse, ein Referenzserver für Tests und erste Schritte, und ein Fehlertrackingtool für das Melden von Fehlern und Änderungswünschen im CSI SDK zu finden.

5.2 CSI als Open Source Projekt

Das Common Services Interface ist ein Telematik Framework, das bei der Firma HarmanBecker Automotive Systems, wie in Kap. 3 beschrieben, seit dem Jahr 2000 entworfen wurde. Zu diesem Zeitpunkt waren Datenübertragungen über die Luftschnittstelle noch sehr langsam und kostspielig. Aus diesem Grund wurde von vornherein Wert auf sehr kleine und komprimierte Datenmengen gelegt, die zwischen Server und Endgerät ausgetauscht werden.

Das Interesse an Telematikdiensten wuchs im Laufe der Jahre und Kosten und Geschwindigkeit der Übertragung wurden attraktiver. Seit 2007 entstand der Gedanke, das CSI in der zweiten Generation der Allgemeinheit öffentlich verfügbar zu machen. Mit Erscheinen der Erstauflage dieses Buches 2010 ist CSI ein Open Source Projekt und die Quellen und Entwicklungen stehen unter der LPGL (Lesser General Public License) [LGP01]. Die LGPL wurde von der Free Software Foundation entwickelt und besagt im Wesentlichen, dass

- die Software zu einem beliebigen Zweck verwendet werden darf
- die Software beliebig oft kopiert und weitergegeben werden darf
- die Software geändert werden darf
- geänderte Software auch wieder unter der LGPL oder der GPL weitergegeben werden muss.

Open Source Software steht unter einer von der Open Source Initiative (OSI) anerkannten Lizenz. Diese Organisation stützt sich bei ihrer Bewertung auf die Kriterien der Open Source Definition, die über die freie Verfügbarkeit des Quelltextes hinausgeht. Sie ist fast deckungsgleich mit der Definition freier Software, enthält aber zusätzlich die Forderung, dass der Quelltext zur Bearbeitung und zur Weiterverbreitung freigegeben sein muss.

5.2.1 Eclipse IDE

Ebenfalls frei verfügbar ist die Entwicklungsumgebung Eclipse[1]. Eclipse ist ein Open Source Framework zur Entwicklung von Software nahezu aller Art. Die bekannteste Verwendung ist die Nutzung als Entwicklungsumgebung (IDE) für die Programmiersprache Java, sowohl für Standard Client Applikationen, als auch für Server Applikationen (JEE). Mittlerweile werden auch Entwicklungsumgebungen für C++ und PHP, sowie für Rich Client Applikationen auf Basis der Eclipse Rich Client Platform (RCP) und für Modeling Tools angeboten und eingesetzt. Eclipse ist nicht auf Java festgelegt und wird aufgrund seiner offenen auf Plug-Ins basierenden Struktur mittlerweile für sehr unterschiedliche Entwicklungsaufgaben eingesetzt. Es existieren eine Vielzahl von Plug-Ins sowohl als Open Source Projekt als auch von kommerziellen Anbietern.

Eclipse basiert auf Java-Technologie, seit Version 3.0 konkret auf dem OSGi Framework Equinox.

Die hier beschriebenen Vorgänge für die Entwicklung im Bereich Telematik und CSI fußen zum großen Teil auf dem Einsatz von Eclipse als Entwicklungsumgebung. Für das Nachvollziehen der in diesem Kapitel beschriebenen Beispiele wird eine Eclipse Installation vorausgesetzt. Für die reine Clientprogrammierung ist die *Eclipse IDE for Java Developers* ausreichend. Sollen Applikationen für den Server implementiert oder nachvollzogen werden, wird die *Eclipse IDE for Java EE Developers* benötigt, in der zusätzlich Bibliotheken und Plug-Ins für die Entwicklung von Web Applikationen enthalten sind.

Eine aktuelle Version der Eclipse Entwicklungsumgebung ist unter http://www.eclipse.org zu beziehen. Den Beispielen in diesem Buch liegt Eclipse in der Version 3.4.2 (GANYMEDE SR2) zugrunde.

5.2.2 Applikationsserver

Zur Entwicklung von Server-Client-Diensten für Telematik-Endgeräte wird neben dem Client auch ein Applikationsserver benötigt. Für den Referenz- und Demons-

---

[1] Eclipse wurde initial von IBM entwickelt und vorher als Visual Age for Java vertrieben. Im Jahr 2001 wurde der Quellcode von IBM für das Eclipse Projekt freigegeben.

trationsserver auf der Open CSI Homepage wird der frei verfügbare Webserver Apache Tomcat von der Apache Software Foundation [APA01] in der Version 6.0.16 eingesetzt. Apache Implementierungen sind unter der Apache Software License veröffentlicht und dürfen somit frei genutzt werden.

Für die Installation folgt man den Installationsanweisungen und sollte sich einen Überblick über die Dateien *RELEASE-NOTES* und *RUNNING.txt* verschaffen. In einer Windowsinstallation ist es unter Umständen notwendig, einen Service für den Tomcat zu erstellen. Im Unterverzeichnis /bin des installierten Tomcat Servers findet man hierzu die Datei service.bat. Diese wird mit dem Befehl

>   service.bat install Tomcat6

aufgerufen.

Der Tomcat Server muss nun nur noch in die Entwicklungsumgebung Eclipse integriert werden. Dazu legt man unter Eclipse ein neues dynamisches Webprojekt an, wobei man die Option new server runtime wählt. Der Tomcat kann manuell mit dem Aufruf der Datei tomcat6.exe im Unterverzeichnis /bin gestartet werden. Im Internet-Browser kann man ihn nun mit dem Aufruf http://localhost:port ansprechen. *port* steht dabei für die Portnummer, welche bei der Installation des Tomcat angegeben wurde, in der Regel wird der Port 8080 verwendet.

5.2.3 System-Voraussetzungen

Neben der Entwicklungsumgebung Eclipse und der Apache Tomcat Installation für die eventuelle Serverentwicklung wird außerdem ein Java Development Kit (JDK) benötigt. Die hier beschriebenen Beispiele benötigen das JDK [JDK01] mindestens in der Version 1.5. Die aktuelle Version steht unter http://java.sun.com/ zum Download zur Verfügung.

Für die Softwareentwicklung des Endgerätes sollte darauf geachtet werden, dass sie Java 1.4 kompatibel ist. Viele Java Virtual Machines (Java VMs) auf Embedded Betriebssystemen unterstützen höhere Versionen noch nicht. In der Eclipse-Umgebung lässt sich diese Kompatibilitätsforderung für einzelne Projekte leicht einstellen.

5.2.4 Installation und Update des CSI SDK

Das CSI SDK ist eine Ansammlung von Bibliotheken, Tools, Beispielen und Dokumentationen. Das SDK wird permanent weiter entwickelt. Die aktuellste Version ist auf dem Server des OpenCSI-Projektes [CSI02] verfügbar. Eine Installations- und Updateanweisung liegt den Installationspaketen bei.

Für Eclipse Anwender lässt sich das CSI SDK direkt über die integrierte Software Update Funktionalität der Entwicklungsumgebung installieren und auf dem

5.3 Architektur des CSI

neusten Stand halten. Unter dem Menüpunkt *Help/Software Updates* ... wird die Software Update Site `http://www.opencsi.net/sdk/eclipse` hinzugefügt. Anschließend stehen die möglichen Module zum Download oder Update bereit. Mehr Informationen zum Thema Software Update mit Eclipse sind in der Eclipse Dokumentation enthalten.

Nach der Installation oder einem Update muss Eclipse in der Regel neu gestartet werden. Anschließend stehen die Bibliotheken, Beschreibungen und Werkzeuge des CSI SDK im Eclipse zur Verfügung.

5.3 Architektur des CSI

Das Common Services Interface besteht aus drei wesentlichen Teilen: dem Kernel, dem generierten Teil und dem implementierten Teil (s. Abb. 5.2). Diese drei Teile sind in diesem Kapitel näher beschrieben. In der Beschreibung des Kernels ist die Systematik des CSI näher erläutert und für die eigentliche Entwicklung in diesem Bereich nicht notwendig. Die Beschreibung des generierten Teils enthält Wissenswertes über den Generierungsvorgang und die dafür benötigten Konfigurationsdateien. Die Beschreibung des implementierten Teils zeigt die Anbindung des kompletten Moduls im Client- oder Server-System.

5.3.1 CSI Kernel

Der Kernel ist die Basis des CSI. Hier liegen die Basisklassen, auf denen die generierten und implementierten Klassen aufsetzen. Außerdem ist hier die eigentliche Verarbeitung der Nachrichten realisiert.

Hauptbestandteil des Kernels ist der Controller. Die Daten werden in sogenannten Containern kodiert und über den Aufruf von Serviceinterface-Funktionen durch

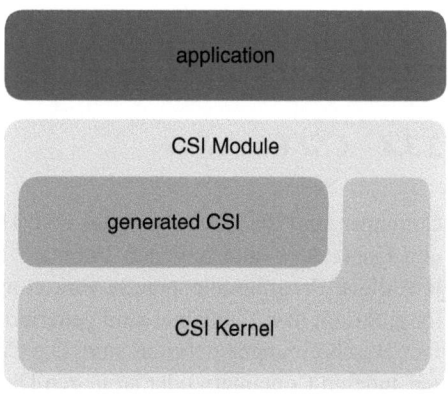

Abb. 5.2 CSI Schichten

die Channels übertragen. Bei Auftreten von Fehlern wird das Java-typische Exception-Handling genutzt. Die Fehler werden über den eingebauten Logging-Mechanismus zugänglich gemacht. Parameter und Einstellungen werden in der Persistence gespeichert. All diese einzelnen Bereiche sind in den folgenden Unterkapiteln kurz beschrieben. Weitere Informationen sind den aktuellen Dokumentationen des SDK zu entnehmen.

5.3.2 CSI Controller

Der Controller arbeitet als eigener Thread und stellt die Verlängerung des CSI Moduls dar. Der Übertragungskanal, hier Channel genannt, wird dem CSI Modul zugewiesen. Der Controller ist im Betrieb die Schnittstelle für ausgehende Nachrichten.
Der Controller im CSI Kernel ist eine abstrakte Klasse. Sie kann selber nicht verwendet werden, sondern muss überschrieben werden. Diese überschreibende Klasse ist der generierte Controller. Er ist Bestandteil der generierten Modulklassen.

5.3.3 CSI Channels

Channels sind die Übertragungskanäle des CSI. Bei Luftschnittstellen werden diese auch Bearer (Träger oder Überbringer) genannt. In der aktuellen Implementierung des CSI Kern sind Channels für die Socket-Kommunikation, die HTTP-Kommunikation und für Dateizugriffe auf Speichermedien implementiert. Damit sind die gebräuchlichsten Datenübertragungsarten abgedeckt.
Um die Kommunikation auf andere Übertragungsmedien auszuweiten lassen sich weitere Channels implementieren und leicht einbinden. Eine detaillierte Beschreibung dieses Vorgehens ist in den Dokumentationen des aktuellen CSI SDK enthalten.

5.3.4 CSI Container

Container sind die Datentypen des CSI. Hier wird zwischen atomaren Datentypen und Containern unterschieden. Atomare Datentypen sind Datentypen, die in der jeweiligen Programmiersprache vorkommen. In Java sind das beispielsweise int, long, String, usw. Container sind generierte Datentypen, die über die Service Interface Beschreibungen definiert sind. Die Container bestehen aus einem oder mehreren anderen Containern oder atomaren Datentypen.

5.3 Architektur des CSI

Tab. 5.1 Atomare Datentypen und ihre Wertebereiche

Mnemonic	Java	C++	Kleinster Wert	Größter Wert	Größe in Bit
Byte	Byte	Unsigned char	0	255	8
UByte	Short	Unsigned char	0	255	8
Int8	Byte	Signed char	−128	127	8
UInt8	Short	Unsigned char	0	255	16
Int16	Short	Short int	−32.768	32.767	16
Uint16	Int	Int	0	65.535	32
Int32	Int	Int	−2.147.483.648	2.147.483.647	32
Uint32	Long	Long	0	4.294.967.295	64
Int64	Long	Long	1.7E − 308	1.7E + 308	64
SStr	String	Char array [byte]	0 Zeichen	255 Zeichen	8 + (n * 8)
LStr	String	Char array [long]	0 Zeichen		32 + (n * 8)
Boolean	Boolean	Bool	False	True	8
Enumeration	Int	Enum			32
Double	Double	Double	4,90E − 324	1,80E + 308	64
Float	Float	Float	1,40E − 45	3,40E + 45	32

In der folgenden Tab. 5.1 sind die möglichen Mnemonics der atomaren Datentypen und deren Umsetzung in der entsprechenden Hochsprache aufgeführt. Die Hochsprache PHP ist nicht mit aufgeführt, da es hier keine konkrete Datentypzuweisung gibt.

5.3.5 Standardinterfaces

Das CSI unterstützt einen Satz von standardisierten Interfaces und ermöglicht so, dass im Prinzip jedes CSI mit dem anderen eine grundlegende Kommunikation aufbauen kann. Solange nicht eindeutig feststeht, welches CSI auf der gegenüberliegenden Seite vorhanden ist, sollte sich die Kommunikation auf die hier definierten Standardinterfaces beschränken.

Ein Interface beschreibt immer genau eine Anfrage, also einen Request, mit seinen Parametern. Die Request-Funktion beginnt immer mit ‚request'. Für diesen Request aus der Sicht des Anfragenden wird ein passender Requesthandler auf der Seite des Angefragten benötigt und ist ebenfalls Teil des Interfaces. Der Request-Handler beginnt immer mit `handle`.

Ein Beispiel: Es ist das Service Interface LoginData definiert. Daraus wird die Funktion `requestLoginData(...)` für die anfragende Stelle und die Funktion `handleLoginData(...)` für die angefragte Seite erstellt. Request- und Handle-Funktion enthalten die gleichen Parameter. Soll jetzt auf der angefragten Seite mit den entsprechenden Logindaten geantwortet werden, muss ein anderer Service genutzt werden, beispielsweise `LoginDataResponse(...)`.

In der Regel wird immer nur eine der beiden Funktionalitäten des Interfaces in der jeweiligen Umgebung genutzt, das heißt im implementierten Teil tatsächlich an-

gesprochen. Es sei denn, der Request kann sowohl vom Client als auch vom Server gestellt werden. Ein Beispiel hierfür ist die AsyncException.
Im Folgenden sind die Standardinterfaces aufgeführt und kurz beschrieben.

5.3.5.1 AsyncException

Das Serviceinterface `AsyncException` wird für den Austausch von Fehlermeldungen in beiden Richtungen verwendet. Es wird also sowohl auf dem Server als auch auf dem Client das `requestAsyncException` und das `handleAsyncException` verwendet. Der Service besteht aus zwei Membervariablen, dem Errorcode und der Errormessage.

Der Errorcode enthält eine modulweite Eindeutigkeit. Die Fehlercodes sind in mehrere Bereiche unterteilt: interne, generierte und benutzerdefinierte Fehler. Interne Fehler liegen im Zahlenbereich 0×0001 (1) bis $0 \times 0FFF$ (4095), die generierten Fehler von 0×1000 (4096) bis $0 \times 1FFF$ (8191) und die benutzerdefinierten Fehler von 0×2000 (8192) bis $0 \times FFFF$ (65535). Die folgende Tab. 5.2 listet die definierten Fehlercodes auf:

Die Errormessage ist ein Fehlerbeschreibungstext, über den man ohne den Fehlercode analysieren zu müssen, Rückschlüsse auf die Ursache ziehen kann.

5.3.5.2 Standardrequests

Im Service Request sind Standardrequests definiert, über die der Großteil der gebräuchlichsten Anfragen abgedeckt wird. Als Parameter werden diesem Service eine Request ID (s. Tabelle) und eine Liste von atomaren Datentypen vom Typ short angehängt, in denen bei Bedarf zusätzliche Informationen untergebracht werden können. So kann beispielsweise bei der Anfrage nach der Zieleliste (REQUESTID_DESTLIST) zwischen der Liste der zuletzt gewählten Ziele und der Liste der gespeicherten Ziele unterschieden werden. In der Regel ist der zweite Parameter auf `null` gesetzt.

Die folgende Tab. 5.3 zeigt die derzeit definierten Requests.

Die Antwort auf einen solchen Request hängt von der Geräte- oder Serverimplementierung ab.

Tab. 5.2 CSI Error Codes

Hex	Dez.	Konstante	Beschreibung
0×0000	0	EC_UNKNOWN	Unbekannter Fehler
0×0001	1	EC_UNKNOWNSERVICE	Unbekannter Service
0×0002	2	EC_SESSIONTIMEOUT	Serversession wurde durch einen Timeout beendet
0×0003	3	EC_VERSIONCONFLICT	Verschiedene Service Interface Versionen bei Requester und Responder

5.3 Architektur des CSI

Tab. 5.3 Liste der möglichen Request ID's

Code	Dez.	Konstante	Anfrage nach ...
0 × 01	1	REQUESTID_POSITION	Aktuelle Position
0 × 10	16	REQUESTID_DESTLIST	Zieleliste
0 × 12	18	REQUESTID_ERRORLOG	Diagnosedaten
0 × 13	19	REQUESTID_FAVLIST	Favoriten aus dem Browser
0 × 14	20	REQUESTID_SERVICELOCK	Servicefreischaltung
0 × 15	21	REQUESTID_TUNER	Tunereinstellungen
0 × 20	32	REQUESTID_TRIPSTATE	Kilometerstände und weiteres
0 × 21	33	REQUESTID_ROUTE	Wegpunkte einer Route
0 × 22	34	REQUESTID_CSILOG	Intern geführtes Log
0 × 23	35	REQUESTID_LOCDESC	Location Descriptor
0 × 24	36	REQUESTID_CERTIFICATES	Installierte Zertifikate
0 × F0	240	REQUESTID_NEXTPACKAGE	Nächstes Teilpaket
0 × F1	241	REQUESTID_NAVDEST	Parameter des aktuellen Ziels
0 × F2	242	REQUESTID_BUFFERPACKAGE	Weitere Einträge in der URL Queue (z. B. Fahrtenbuchanwendung mit automatischen Uploads zum Server)

5.3.5.3 Logindatarequest und Logindataresponse

Der Logindatarequest wird für die Authentifizierung des anfragenden Gerätes beim Server benötigt. Hierbei möchte sich das Endgerät mit dem Server verbinden und der Server antwortet als erste Reaktion mit diesem Logindatarequest. Das Endgerät antwortet daraufhin mit einer Logindataresponse, die die Logindaten enthält. Das Verfahren eines Logindatarequests ist später noch genauer beschrieben.

Der Logindatarequest enthält als einzigen Parameter den Logintyp. Abhängig vom Logintyp wird die Datenstruktur in der Antwort mehr oder weniger ausführlich gefüllt. Folgende Logintypen sind derzeit in jedem CSI Modul definiert (Tab. 5.4):
Die Antwort auf einen Logindatarequest enthält den Container Logindata.

Jeder Logindatadatensatz (Listing 5.1 Container Logindata) enthält zunächst den Usernamen und das Passwort. Der Username kann der Benutzername, die Fahrzeug ID oder die Geräte ID sein. Username und Passwort sind Zeichenketten. Inwieweit das Passwort zusätzlich verschlüsselt ist, um möglichen Angriffen von außen entgegen zu wirken, hängt von der server- und clientseitigen Implementierung ab.

Tab. 5.4 Definition der Logintypen

Code	Konstante	Beschreibung
0 × 00	LOGINTYPE_STANDARD	Standard Logindatarequest
0 × 01	LOGINTYPE_SIMPLE	Nur die nötigsten Daten
0 × 02	LOGINTYPE_ENHANCED	Ausführliche Daten des Endgerätes
0 × 03	LOGINTYPE_USERDEFINED	Benutzerdefinierte Daten
0 × FF	LOGINTYPE_TEST	Nur zum Testen

```
Logindata {
    String username;
    String password;
    Int authorization;
    Short gmtOffset;
    PositionContainer position;
    DestinationContainer destination;
}
```

Listing 5.1 Container Logindata

Als nächstes folgt das Autorisierungsflag. Hierin teilt das Gerät mit, ob seit dem letzten Login beispielsweise ein SIM-Kartenwechsel stattgefunden hat. Andere Gerätezustände, die das Autorisierungsflag löschen, sind ein zeitweise stromloses Gerät oder ein durchgeführter Hardware-Reset. Anhand dieses Flags kann der Server festlegen, welche Konfigurationen auf dem Endgerät neu gesetzt werden müssen oder ob eine manuelle Eingabe eines Passwortes oder eine erneute Freischaltung erforderlich ist.

Der Datensatz umfasst weiterhin den GMT Offset, das heißt die Zeitzone, die auf dem Gerät eingestellt ist. Darüber lassen sich sowohl mögliche Logs, als auch serverbasierte Routenberechnungen und Ankunftszeiten (Offboard-Navigation) einordnen.

Die aktuelle Position ist ebenfalls Bestandteil der Logindaten. Zu der aktuellen Position (Listing 5.2) gehören die Geokoordinaten, die aktuelle Geschwindigkeit, die Fahrtrichtung in Grad und der aktuelle Straßentyp, auf dem sich das Fahrzeug befindet. Diese Daten sind in der Datenstruktur PositionContainer festgehalten.

Neben der aktuellen Position werden gegebenenfalls auch die Zielparameter in der Struktur DestinationContainer (Listing 5.3) angegeben. Sie enthalten neben den

```
PositionContainer {
    CoordinateContrainer coordinates;
    Int speed;
    Int bearing;
    Int streetLevel;
}
```

Listing 5.2 PositionContainer

```
DestinationContainer {
    Int statusGuidance;
    CoordinateContainer coordinates;
    Int distance;
    Long eta;
}
```

Listing 5.3 DestinationContainer

5.3 Architektur des CSI   71

Geokoordinaten Informationen über den aktuellen Zustand der Zielführung (inaktiv, berechnend, aktiv, Ziel erreicht oder abgebrochen), die Entfernung zum Ziel und die voraussichtliche Ankunftszeit ETA.

5.3.5.4 PositionResponse

Die Anfrage nach der Position wird aus dem allgemeinen ServiceRequest heraus gestellt. Die Antwort ist die Service PositionResponse. Im Gegensatz zum LogindataResponse werden hier keine Container verwendet, sondern nur auf atomaren Datentypen aufgesetzt. Das hat zwei Gründe. Zum einen soll gezeigt werden, dass auch umfangreiche Daten als einzelne Parameter Teil eines Requests sein können. Zum anderen ist die Frage nach der Position ein Request der in der Regel permanent ausgeführt wird. Der Einsatz von einzelnen atomaren Datentypen ist über eine große Anzahl von Requests gesehen effizienter.

Neben den aktuellen Koordinaten, beschrieben durch die Longitude und Latitude, sind Geschwindigkeit und Fahrtrichtung in Gradangaben Teil der Daten. Es folgt die eingestellte Zeitzone, der Status der Zielführung, der aktuelle Straßentyp und die Zielkoordinaten. Weiter sind die aktuelle Entfernung zum Ziel, die voraussichtliche Ankunftszeit und eine temporäre Session-ID angegeben.

5.3.5.5 Logging

Jedes etwas umfangreichere Modul benötigt eine Möglichkeit des Loggings, das heißt des Mitschreibens von Informationen aus dem Programmablauf. Beim CSI ist ein eingebauter Logger enthalten, der standardmäßig auf der Konsole die aktuellen Aktionen ausgibt.

Über das Interface IExternalLog kann ein eigenes Loggingmodul implementiert werden. Hierüber besteht die Möglichkeit, die erfassten Logdaten über eine Socketverbindung zu senden. Über diese Socketverbindung kann beispielsweise eine Monitorapplikation die Daten gefiltert darstellen oder in eine Datei auf dem ‚horchenden' System schreiben. Über dieses Interface besteht außerdem die Möglichkeit, standardisierte Logging-Mechanismen anzubinden. Ein Beispiel ist hier log4j.

Über einen Loglevel (Tab. 5.5) wird der Umfang der geloggten Informationen gesteuert. In der Entwicklungsphase sind beispielsweise Debugausgaben ge-

Tab. 5.5 Level der verschiedenen Logging-Nachrichten

Name	Wert	Beschreibung
ERROR	0	Nur Fehler werden im Logfile aufgeführt
WARNING	1	Fehlermeldungen und Warnungen werden im Log ausgegeben
INFORMATION	2	Neben den wichtigen Fehler- und Warnmeldungen werden auch Informationen über einzelne Zustände ausgegeben
DEBUG	3	Alle Logausgaben werden mitgeschnitten. Hilfreich um Fehlern auf die Spur zu kommen

wünscht. Nach der Einführung des Systems ‚im Feld' werden nur noch die Fehlermeldungen über Vorfälle benötigt, die das System ernsthaft in Schwierigkeiten bringen können. Im Folgenden ist eine Tabelle aufgeführt, die die möglichen Loglevel wiedergibt.

5.3.5.6 Exceptions

Java Programme leben von der Möglichkeit sogenannte Exceptions als Fehlermeldungen zu verteilen, falls der Programmablauf einen unvorhergesehenen Zustand annimmt. Je nach Fehlerart werden in der Regel eigene Exceptions-Klassen implementiert. So gibt es beispielsweise für Ein- und Ausgaben jeder Art die IOException. Den definierten Excpetion-Klassen können Parameter mitgeben werden, die dann in der Auswertung der Exception zur Verfügung stehen. Auch das CSI enthält eine eigene Exception-Klasse, die CSIException.

CSIException(int code, String scope, String msg)

Diese Exception beinhaltet den Fehlercode, einen Scope und die eigentliche Fehlermeldung in Textform.

Der Scope beschreibt den ungefähren Bereich, in dem der Fehler aufgetreten ist. Somit lässt sich in den ausgegebenen Logs leicht herausfinden, ob es sich beispielsweise um einen Übertragungsfehler, einen Fehler im generierten Bereich, einen Fehler im Kernbereich oder sogar ausserhalb in den Handlern von Nachrichten handelt.

Die Fehlercodes sind in Wertebereiche unterteilt. Mit Hilfe dieser Einteilung kann schon anhand des Nummernbereichs einzelner Fehler die Ursache eingegrenzt werden. Fehlercodes kleiner als 0×1000 lassen auf einen Fehler im CSI Kern schließen, während Fehler mit einer ID zwischen 0×1000 und 0×2000 einen Fehler bei der Enkodierung oder Dekodierung beschreiben. Die möglichen Fehlercodes und Nummernbereiche sind in der folgenden Tab. 5.6 dargestellt.

5.3.5.7 Persistence

Die Persistence (engl. für Langlebigkeit oder Beständigkeit) symbolisiert den Speicher für die Einstellungen und einiger aktuelle Laufzeitparameter des CSI. Hier sind beispielsweise Loggingparameter, Channeleinstellungen und Lastmode enthalten. Sie sind bei Wiedereinschalten des Systems verfügbar, um den letzten Zustand wieder herzustellen. Die Persistence kapselt somit auch eine Konfigurationsdatei oder die Einstellungen beispielsweise über Java Properties.

Hier kann ebenfalls über die Implementierung einer externen Persistence das Auslesen der Parameter umgeleitet werden. Das hierfür benutzte Interface nennt sich IExternalPersistence.

Tab. 5.6 CSI Fehlercodes

Code	Beschreibung
0 × 0001	Senden der Nachricht fehlgeschlagen – kein Sender verfügbar (Channel)
0 × 0002	Senden der Nachricht fehlgeschlagen – kein Channel definiert
0 × 0003	Der Controller ist in der Messagefactory nicht gesetzt
0 × 0004	Die Messagefactory konnte kein Messageobjekt erzeugen
0 × 0005	Fehler beim Lesen von neuen Paketen, weil das angegebene Verzeichnis nicht existiert (Filechannel)
0 × 0006	Fehler beim Starten des Connectors, weil kein Clientsocket instantiiert ist (Clientsocketchannel)
0 × 0007	Clientsocketchannel ist nicht definiert (Clientsocketchannel)
0 × 0008	Die angegebene Hostadresse ist nicht verfügbar (Clientsocketchannel)
0 × 0009	Das Verbinden mit dem Host ist auch nach 10 Versuchen fehlgeschlagen (Clientsocketchannel)
0 × 000A	Das Verbinden mit dem Host ist mit einer ConnectionException beendet worden (Clientsocketchannel)
0 × 000B	Das Verbinden mit dem Host ist durch eine IOException beendet worden (Clientsocketchannel)
0 × 000C	Fehler beim Auslesen einer empfangenen Nachricht. Genauere Beschreibung liegt der Fehlermeldung bei (Clientsocketchannel)
0 × 000D	Das Senden einer Nachricht ist fehlgeschlagen, weil keine Socketverbindung verfügbar ist (Clientsocketchannel)
0 × 000F	Fehler beim Einlesen der Nachricht. Die Nachricht hat eine andere Anzahl an Bytes, als ursprünglich angegeben (Plainsocketchannel)
0 × 000F	Fehler beim Empfangen einer Nachricht (Plainsocketchannel). Nähere Informationen stehen im Fehlertext
0 × 0010	Der Server kann keine weitere Verbindungen mehr akzeptieren, weil die maximale Anzahl erreicht ist (Serverchannelsocket)
0 × 0011	Der Sender kann keinen ChannelSocketServer finden, um die Socketverbindung zu erfragen
0 × 0012	Beim Empfangen einer Nachricht ist ein Fehler aufgetreten (Serverchannelsocket)
0 × 0013	Fehler beim Starten des Serversockets (Serversocketchannel)
0 × 0014	Es ist eine IOException beim Verbinden mit einem Client oder beim Lesen von Informationen aus dem Client aufgetreten (Serversocketchannel)
0 × 1001	Fehler beim Dekodieren einer Nachricht. Die Service ID ist nicht bekannt (GeneratedHandler)
0 × 1002	Fehler beim Dekodieren einer Naxhricht. Es ist keine Handler für diese Nachricht vorhanden (GeneratedHandler)

5.4 CSI – Code Generierung

Der generierte Teil des CSI entsteht aus den Service Interface Beschreibungen. Die Service Interface Beschreibungen sind in XML Dateien definiert. Diese werden üblicherweise mit der Endung *.xcsi* versehen. Als Übersicht und Konfiguration für den Servicegenerator wird ebenfalls eine XML Datei genutzt, die üblicherweise die Endung .xcso (CSI Service Overview) hat.

Mit Hilfe des CSI Generators können aus den Service Interface Beschreibungen die Quellen für Java, C++ und PHP generiert werden. Weitere Programmiersprachen sind in Vorbereitung. In dem folgenden Text wird nur auf die Generierung der Java Quellen eingegangen.

Es werden drei verschiedene Arten von Quellen generiert: die Serviceklassen, die Containerklassen und die Modulklassen.

5.4.1 Serviceklassen

Für jedes Service Interface gibt es genau eine Serviceklasse. Eine Serviceklasse enthält die Kodier- und Dekodiervorschriften, wie die CSI Nachricht verpackt und entpackt werden soll. Des Weiteren sind hier Konstanten des Service, wie ID und Versionskennung, und andere numerische Konstanten (Enumerations) definiert. Über die sogenannten Getter-Methoden können Membervariablen abgefragt werden.

5.4.2 Containerklassen

Die Containerklassen beschreiben Datencontainer, die in den Serviceklassen verwendet werden. Datencontainer werden ebenfalls in den Service Interface Beschreibungen definiert. Sie enthalten neben den Membervariablen die eigenen Kodier- und Dekodiervorschriften.

Ein Container besteht aus einem oder mehreren atomaren Datentypen oder anderen definierten Containern.

Neben einfachen Containerklassen können in den Serviceklassen auch Arrays von Containern verwendet werden.

5.4.3 Modulklassen

Die Modulklassen fassen alle generierten Serviceinterfaces zusammen.

Die generierte Klasse `GeneratedController` enthält alle Funktionen für ausgehende Nachrichten. Für jedes Service Interface gibt es genau eine solche Methode in diesem Controller. Der `GeneratedController` erweitert den entsprechenden Controller aus dem CSI Kernel (s. oben).

Die generierte Klasse `GeneratedHandler` stellt den Gegenpart zum `GeneratedController` auf der anderen Seite des Übertragungskanals dar. Dieser enthält alle Funktionen für eingehende Nachrichten. Für jedes Service Interface gibt es genau eine Callbackmethode in diesem Handler. Die generierte Handlerklasse kann nicht direkt verwendet werden; sie muss abgeleitet und die entsprechenden

Callbackmethoden überschrieben werden. Nur so lassen sich die empfangenen Nachrichten in dem implementierten Teil weiterverarbeiten. Wird eine Methode des `GeneratedHandler` in der abgeleiteten Klasse nicht überschrieben, also implementiert, wird bei Empfang einer entsprechenden Nachricht eine Warnung in das Log geschrieben.

Die generierte Modulklasse `CSIModule` erlaubt den zentralen Zugriff auf das CSI Modul. Über sie werden zu sendende Nachrichten abgesetzt, Versions- und Statusabfragen gemacht, der entsprechende Kanal zum Senden und Empfangen von Nachrichten eingerichtet, sowie das ganze CSI Modul gestartet und gestoppt. Die Klasse `CSIModule` ist sozusagen die ‚Steuerzentrale' des CSI Moduls im System.

5.5 CSI – Manuelle Implementation

Der manuell implementierte Teil ist stark von der Applikation abhängig, die das CSI nutzt und wird daher auch projektspezifischer Teil genannt. Generell kann man aus Sicht des CSI zwei wesentliche Teile unterscheiden: die Applikation und den externen Handler.

5.5.1 Applikation

Die Applikation ruft die Requestmethoden des CSI Moduls auf. Außerdem startet und stoppt die Applikation das CSI und richtet den Channel, also den Übertragungskanal zum Senden und Empfangen von CSI Nachrichten ein.

5.5.2 Externer Handler

Der externe Handler ist vom generierten Handler abgeleitet und enthält die überschriebenen Callbackmethoden. Hier werden die empfangenen Nachrichten weiterverarbeitet.

Diese Callbackmethoden müssen bei der Abarbeitung möglichst schnell wieder verlassen werden, um die Verarbeitung von weiteren Nachrichten zu gewährleisten. Aus diesem Grund übergibt man in diesen Callbackmethoden die empfangenen Informationen in der Regel über eine Queue an Threads, die mit der Weiterverarbeitung betraut sind.

Wird zu lange in solch einer Callbackmethode verweilt, wird der CSI Kernel eine Warnung oder gar eine Fehlermeldung in das Log schreiben. So lassen sich fehlerhaft programmierte Callbackmethoden im Betrieb relativ leicht aufdecken.

5.6 CSI Services Overview Definition (XCSO)

Die Services Overview Definition gilt als Grundlage für den Generator. Hier sind die Services aufgelistet, die generiert werden sollen. Außerdem werden hier Ort und Art des generierten Codes festgelegt.

Diese Übersichtsdatei ist einmalig im Projekt und endet üblicherweise mit der Dateiendung `xcso` (Beispiel: `HelloWorld.xcso`).

Eine Übersichtsdatei kann mit dem im SDK integrierten Service Overview Editor erstellt und bearbeitet werden. Anhand des geringen Umfangs der XML Datei ist als Alternative das Bearbeiten in einem Texteditor unproblematisch.

Wie alle XML Dateien beginnt auch diese mit der Formatbeschreibung. Darauf folgt das Root-Element `CommonServiceOverview`.

Innerhalb des Rootelements sind alle Informationen enthalten, beginnend mit der Versionsangabe (s. auch Listing 5.4). Die Versionsangabe wird bei der Generierung der globalen Klassen mit genutzt. Das CSI Modul bietet Abfragemechanismen, um diese Version auszulesen. Das Format der Versionsangabe folgt den üblichen Konventionen `Major.Minor.Patch`.

Auf die Versionsangabe folgen die Definitionen der Targets. Die Targets sind die generierten Pakete beispielsweise für das mobile Endgerät oder den Server. Jedes Target ist definiert durch den Namen, die Programmiersprache und das Zielverzeichnis. Die Anzahl der Targets ist nicht begrenzt, sinnvoll sind in der Regel allerdings nur ein oder zwei Einträge.

```xml
<?xml version="1.0" encoding="UTF-8"?>
<CommonServiceOverview>

    <Version>2.1.3</Version>

    <Targets>
        <Target name="Client" language="CPP"
                dest="./gen/client_src/"/>
        <Target name="Server" language="Java"
                dest="./gen/server_src/"/>
    </Targets>

    <Filenames>
        <Filename name="buildLog"
                  value="./gen/log/buildlog.txt">
        </Filename>
    </Filenames>

    <Services>
        <Service filename="./ifc/RequestHelloworld.xcsi"/>
        <Service filename="./ifc/ResponseHelloworld.xcsi"/>
        <Service filename="./ifc/ServiceLoginComplete.xcsi"/>
    </Services>
</CommonServiceOverview>
```

Listing 5.4 CSI Services Overview Definition

Das Attribut `name` des Targets wird auf der Konsole und im Log des Generierungsvorgangs ausgegeben. Eine Auswertung der Targetnamen geschieht nicht. Sie dienen lediglich der Orientierung in den Ausgaben.

Das Attribut `language` des Targets kann die folgenden Werte annehmen: `Java`, `CPP` und `PHP`. Entsprechend diesem Wert wird der Code in der entsprechenden Hochsprache generiert.

Über das Attribut `dest` des Targets wird das Zielverzeichnis dieses Pakets festgelegt. Hier können absolute oder relative Pfade angegeben werden. Im letzteren Fall wird von dem Startverzeichnis des Generators ausgegangen.

Des Weiteren ist eine Liste von Dateinamen durch das XML-Element `Filenames` geführt, die für den Generator relevant sind. In der Liste der Dateinamen sucht der Generator nach dem entsprechend Element, beispielsweise mit dem Namen `buildLog` und liest davon den Dateinamen aus. Eine Liste der möglichen Dateinamen ist den aktuellen Dokumentationen im CSI SDK zu entnehmen.

Darauf folgt das XML-Element `Services`. Dies beschreibt die eigentliche Liste der Services, die generiert werden sollen. Jeder Service ist durch eine Servicekonfigurationsdatei spezifiziert, die sogenannte XCSI Datei. Sie enthält alle Informationen, die für die Generierung eines Service Interfaces benötigt werden. Die Angabe des Verzeichnisses kann absolut oder relativ zum Startverzeichnis des Generators erfolgen.

5.7 CSI Service Interface Definition (XCSI)

Die Service Interface Definition ermöglicht eine abstrakte Beschreibung eines Service Interface, die sowohl von Maschinen, als auch vom Menschen lesbar ist. Sie dient als Grundlage für die Generierung der Services und Container.

Werden für Server und Client bei der Generierung des Quellcodes die gleichen Interface Beschreibungen verwendet, so ist gewährleistet, dass auf beiden Seiten die gleichen Kodier- und Dekodiervorschriften angewendet werden, unabhängig von der jeweils verwendeten Programmiersprache des Zielsystems.

Die Service Interface Beschreibung wird im XML Syntax realisiert. Die Beschreibungen werden in Dateien gespeichert, die üblicherweise die Endung *xcsi* haben. Diese Beschreibungsdateien werden mit dem Service Editor bearbeitet, um Fehler und Inkonsistenzen frühzeitig aufzudecken. Aus ihnen werden die Quellen für die entsprechenden Service Interfaces in den gewünschten Programmiersprachen erzeugt. Vor der Generierung der Quellen werden die Beschreibungen verifiziert, das heißt auf eventuelle Fehler und Inkonsistenzen geprüft.

Das Format dieser Service Interface Beschreibung ist XML im UTF-8-Standard. Das entsprechende XML-Element zur Definition von UTF-8 ist immer zu Beginn einer XCSI Datei angeführt.

```xml
<?xml version="1.0" encoding="UTF-8" standalone="no"?>
<CSIServiceDefinitions>

    <Name>SERVICE_BROADCAST_TPEG</Name>
    <Description>Service to broadcast ...</Description>
    <Version>0.0.1</Version>
    <ServiceID>0x5605</ServiceID>

    <Imports>
        [...]
    </Imports>

    <Enumerations>
        [...]
    </Enumerations>

    <Containers>
        [...]
    </Containers>

    <Members>
        [...]
    </Members>
</CSIServiceDefinitions>
```

Listing 5.5 CSI Service Definitionen

Es folgt das Root-Element `CSIServiceDefinition` (Listing 5.5) mit den Standardinformationen des Service als untergeordnete XML-Elemente: `Name`, `Beschreibung`, `Version` und `Service ID`.

Der Serviceinterfacename `Name` wird üblicherweise in Großbuchstaben angegeben. Es werden keine Sonderzeichen verwendet. Leerzeichen werden durch ‚_' (engl. `underscore`) ersetzt. Der Name des Service ist Grundlage für die Benennung der Serviceklasse und der Methoden zum Senden und Empfangen von Nachrichten.

Die Beschreibung `Description` des Serviceinterfaces erscheint in dem generierten Code als Kommentar. Bei generiertem Javacode halten diese Kommentare Einzug in die JavaDocs. Es ist hierbei darauf zu achten, dass Sonderzeichen in HTML üblicher Notation geschrieben werden müssen (Bsp.: ‚ö' wird zu ‚ö'und ‚&' wird zu ‚&'). Die meisten generierten Dokumentationen sind HTML formatiert.

Die Versionsangabe `Version` wird in der Notation <Major>.<Minor>.<Patch> geführt. Majoränderungen sind weder aufwärts- noch abwärtskompatibel. Minor-Änderungen sind abwärtskompatibel, solche Änderungen haben keinen Einfluss, wenn sie mit einer niedrigeren Version (bei gleicher Major-Version) verwendet werden. Patchänderungen sind Bugfixes, die am Interface selbst keine funktionalen Änderungen hervorgerufen haben (Beispiel: Änderungen in der Beschreibung).

Die Angabe der ID `ServiceID` ist die CSI interne Kennung des Service. Diese ID wird in die CSI Nachrichten mit eingebaut und ist verantwortlich für die Verteilung der Nachricht im System. Die Service ID ist ein 32 Bit Wert. Jede Service ID darf im gesamten System nur einmal verwendet werden.

5.7 CSI Service Interface Definition (XCSI)

Tab. 5.7 Identifier der CSI Standardservices

Service ID	Name	Beschreibung
0×0000	RESERVED	Diese ID wird nicht verwendet
0×0001	ASYNC_EXCEPTION	Service für den Austausch von Fehlerinformationen
0×0002	LOGINDATA_REQUEST	Request der Logindaten für die Authentifizierung
0×0003	LOGINDATA_RESPONSE	Die Antwort mit den Logindaten
0×0010	SERVICE_REQUEST	Standardrequests
0×0011	SERVICE_RECEIPT	Quittung als Antwort auf einen Reuqest
0×0012	SERVICE_POSITION	Positionsdaten als Antwort auf Positions Request

Die Service ID's sind in Nummernkreise unterteilt. Die Standardservices besitzen ID's von 0×0000 bis $0 \times 01FF$. Die benutzerdefinierten Services belegen den Bereich ab 0×0200.

Auf die Service ID (Tab. 5.7 zeigt die Standardservices) folgt die Listen der Imports, Enumerations, Containers und Members, die in den folgenden Unterkapiteln beschrieben sind.

5.7.1 Beschreibung der Imports

Die Imports dienen der Verifikation von Service Interfaces und zum Generieren der Include-Anweisungen im generierten C++ Code.

Im Beispiel (Listing 5.6) wird das Serviceinterface ServiceNavigation importiert. Definiert ist es durch die angegebene XCSI Datei. In dieser Servicedefinition müssen die Container und Enumerations definiert sein, die in diesem importierenden Serviceinterface verwendet werden.

Es ist möglich, beliebig viele Servicedefinitionen einzubinden. Es sollte aber der Übersicht wegen darauf geachtet werden, dass die Container und Enumerations, die nur in einem Interface Verwendung finden, auch nur dort definiert werden.

Bei der Angabe der importierten Container oder Enumerations als Datentyp muss der Serviceinterfacename dem eigentlichen Typ vorangestellt werden (s. Listing 5.7). Andernfalls wird eine Fehlermeldung bei der Verifizierung ausgegeben.

```
<Imports>
    <Import file="./ifc/ServiceNavigation.xcsi"/>
</Imports>
```

Listing 5.6 Definition der Imports

```
<Member name="abc" type="ServiceNavigation.GeoCoordinate"/>
```

Listing 5.7 Beispiel eines importierten Datentyps in einer CSI-XML Spezifikation

5.7.2 Beschreibung der Enumerations

Die Beschreibung der Enumerations geschieht wie die der Container und Members in Form einer Liste, in der einzelne Elemente enthalten sind, die wiederum einzelne ID's haben.

In dem Beispiel (Listing 5.8) wird eine Enumeration mit dem Namen ERROR-CODE definiert. Die Namen von Enumerations müssen immer in Großbuchstaben geschrieben werden. Der Verifikator gibt Warnungen aus, wenn das nicht der Fall ist.

Der ERRORCODE hat eine Beschreibung für die Dokumentation des generierten Codes, und eine Liste an Enumeration ID's. Hier sind vier Enumeration ID's definiert, UNKNOWN, UNKNOWNSERVICE, SESSIONTIMEOUT und VERSIONCONFLICT.

Der ersten EnumID ist der Wert 0 zugewiesen. Die Angabe des Wertes kann wie hier in hexadezimaler Schreibweise, aber auch in dezimaler oder in binärer Schreibweise (mit vorangestelltem ‚b') erfolgen.

Der Wert der weiteren EnumID's wird automatisch erzeugt. In der Reihenfolge, in der die Enumerations hier angegeben sind, werden die Werte der Enums inkrementiert. Um die Reihe zu unterbrechen kann einer ID in der Liste wieder ein Wert zugewiesen werden.

Der aus dieser Definition der Enumerations entstehende Javacode sieht dann folgendermaßen aus:

```
<Enums>

  <Enum name="ERRORCODE">

    <EnumID name="UNKNOWN" value="0x00">
      <Description>unknown error</Description>
    </EnumID>

    <EnumID name="UNKNOWNSERVICE">
      <Description>given service ID not supported</Description>
    </EnumID>

    <EnumID name="SESSIONTIMEOUT">
      <Description>server session timeout</Description>
    </EnumID>

    <EnumID name="VERSIONCONFLICT">
      <Description>version does not match</Descirption>
    </EnumID>

  </Enum>

</Enums>
```

Listing 5.8 CSI Enumerationen

5.7 CSI Service Interface Definition (XCSI)

```
/**
 * unknown error
 */
public static final int ERRORCODE_UNKNOWN = 0;

/**
 * given  service ID not supported
 */
public static final int ERRORCODE_UNKNOWNSERVICE = 1;

/**
 * server session timeout
 */
public static final int ERRORCODE_SESSIONTIMEOUT = 2;

/**
 * version does not match
 */
public static final int ERRORCODE_VERSIONCONFLICT = 3;
```

Listing 5.9 Generierter Javacode der Fehlercodes

Die jeweilige Beschreibung der EnumID's wird als Javadoc-Kommentar eingebaut. Der Name der Enumeration wird dem Namen der EnumID's vorangestellt. Und die Werte der Enums werden in Dezimalschreibweise angegeben (s. Listing 5.9.).

5.7.3 Beschreibung der Container

Container, das heißt definierte Datentypen, die in dem Service Interface verwendet werden, müssen innerhalb der Service Interface Definition beschrieben werden, wenn sie nicht über einen Import eingebunden werden. Die Container werden in einer Liste dargestellt, dem XML Element `Containers`. Die Reihenfolge der definierten Container hat keine Auswirkungen auf den entstehenden Sourcecode. Jeder Container ist durch das XML Element `Container` beschrieben und enthält wie ein Service Interface eine Liste an Enumerations und Members.

Im folgenden Beispiel (Listing 5.10) ist exemplarisch der Datencontainer `TpegMessage` dargestellt. `TpegMessage` nutzt neben einer Reihe von atomaren Datentypen auch den hier definierten Container `GeoCoordinate`.

Der Einfachheit halber wurde hier auf Enumerations im Container verzichtet.

TpegMessage beginnt mit dem Member `country` als Zeichenkette, gefolgt von `summary` und `orginator_name`. Den Abschluss bilden die beiden Geokoordinaten-Container `startCoordinate` und `stopCoordinate`.

Aus diesem Fragment der Definition werden für Java zwei Klassen generiert: `TpegMessage` und `GeoCoordinate`. Jede der beiden Klassen enthält die Members als Membervariablen mit entsprechendem Kommentar. Weiterhin hat jede Klasse eine Kodier- und eine Dekodiermethode und entsprechende Getter für

```
[...]

<Containers>

  <Container name="GeoCoordinate">
    <Description>Sample of geo coordinate</Description>
    <Members>
      <Member name="latitude" type="Int32">
        <Description>Latitude of Geocoord</Description>
      </Member>
      <Member name="longitude" type="Int32">
        <Description>Longitude of Geocoord</Description>
      </Member>
    </Members>
  </Container>

  <Container name="TpegMessage">
    <Enums/>
    <Members>
      <Member name="country" type="SStr">
        <Description>Country of originator</Description>
      </Member>
      <Member name="summary" type="SStr">
        <Description>Message summary</Description>
      </Member>
      <Member name="originatorName" type="SStr">
        <Description>name of originator</Description>
      </Member>
      <Member name="startCoordinate" type="GeoCoordinate">
        <Description>Start coord of event</Description>
      </Member>
      <Member name="stopCoordinate" type="GeoCoordinate">
        <Description>End coordinate of event</Description>
      </Member>
    </Members>
  </Container>
</Containers>

[...]
```

Listing 5.10 Datencontainer TpegMessage

die Membervariablen. Im folgenden Beispiel ist der generierte Javacode der Klasse GeoCoordinate dargestellt und einzeln beschrieben.

Die Klasse beginnt wie in Java üblich mit dem Packagenamen (s. Listing 5.11). Hier wird standardmäßig das Package net.opencsi.csi.gen verwendet.

```
package net.opencsi.csi.gen;

import java.io.DataInputStream;
import java.io.IOException;

import net.opencsi.csi.base.CSIContainer;
import net.opencsi.csi.base.CSIException;
import net.opencsi.csi.base.CSIMessageObject;
```

Listing 5.11 Generierter Code der Klasse GeoCoordinate

5.7 CSI Service Interface Definition (XCSI)

```
/**
 * Sample of geo coordinate
 */
public class GeoCoordinate extends CSIContainer {
```

Listing 5.12 Generierter Code der Klasse GeoCoordinate, Teil 2

```
    /**
     * Latitude of Geocoord
     */
    public int latitude = 0;

    /**
     * Longitude of Geocoord
     */
    public int longitude = 0;
```

Listing 5.13 Generierter Code der Klasse GeoCoordinate, Teil 3

Über die entsprechende Konfiguration des Generators lässt sich diese Package-Bezeichnung ändern. Darauf folgen die Imports aus dem Java I/O und aus dem CSI Core.

Die Containerklasse ist von der Basisklasse CSIContainer abgeleitet (Listing 5.12) und erbt somit die gesamte Funktionalität dieser abstrakten Vorlage.

Es folgen die Membervariablen, jeweils mit eingestelltem Kommentar und der Zuweisung des Default-Wertes (Listing 5.13).

Die Dekodiermethode (Listing 5.14) liest direkt aus einer empfangenen Nachricht die beiden Integerwerte latitude und longitude, in der Reihenfolge, wie sie in der Konfiguration angegeben worden sind. Die Dekodiermethode kann eine IOException ausgeben, wenn ein Fehler beim Lesen aus dem Eingangsdatenstrom des implementierten Channels auftritt.

Auf das Dekodieren folgt das Enkodieren (Listing 5.15). Hier werden einer CSI Nachricht die beiden Werte latitude und longitude hinzugefügt. Kommt es hier zu Fehlern können eine IOException oder eine CSIException erzeugt

```
    /**
     * decoding payload data
     */
    public void decode(DataInputStream din) throws IOException {
        latitude = CSIMessageObject.readInt32(din);
        longitude = CSIMessageObject.readInt32(din);
    }
```

Listing 5.14 Generierter Code der Klasse GeoCoordinate, Teil 4

```
/**
 * encoding payload data
 */
public void encode(CSIMessageObject message) throws
        IOException, CSIException {
  message.addInt32(latitude);
  message.addInt32(longitude);
}
```

Listing 5.15 Generierter Code der Klasse GeoCoordinate, Teil 5

```
/**
 * getter for parameter latitude
 */
public int getLatitude() {
   return latitude;
}
/**
 * getter for parameter longitude
 */
public int getLongitude() {
   return longitude;
}
```

Listing 5.16 Generierter Code der Klasse GeoCoordinate, Teil 6

werden. Die `IOExeption` wird ausgegeben, wenn ein Fehler beim Schreiben in den Ausgangsdatenstrom (Outputstream) der Channelimplementierung aufgetreten ist. Die `CSIException` wird erzeugt, wenn ein CSI interner Fehler beim Schreiben auftritt.

Die Getter (Listing 5.16) für die beiden Membervariablen vereinfachen den Zugriff auf die Daten des Containers.

Den Abschluss bildet eine `toString` Methode (Listing 5.17) für die einfache Ausgabe des Containers nebst Inhalt. Die Verwendung ist sinnvoll beispielsweise für das Protokollieren in Logs.

```
/**
 * returns a short description of GeoCoordinate
 */
public String toString() {
   return "GeoCoordinate("
      + latitude + ","
      + longitude + ")";
}
```

Listing 5.17 Generierter Code der Klasse GeoCoordinate, Teil 7

5.7 CSI Service Interface Definition (XCSI)

5.7.4 Beschreibung der Members

Die Members sind die Parameter eines Services oder eines Containers. In ihnen stecken die eigentlichen Informationen für das Kodieren und Dekodieren. Die Members können atomare Datentypen oder definiert Datencontainer sein. Die definierten Datencontainer müssen nicht zwingend in dieser Service Beschreibung enthalten sein, sondern können importiert werden (s. Beschreibung des Imports).

Listing 5.18 zeigt die vier Member.

Der erste Member ist ein Array vom Typ `TpegMessage`. `TpegMessage` ist ein definierter Container, der entweder importiert oder in diesem Serviceinterface definiert wurde. Das Array wird durch die eckigen Klammern hinter der Typbezeichnung symbolisiert. Wird ein solches Array kodiert, wird als erstes die Anzahl der Elemente in den Datenstrom geschrieben. Darauf folgen die einzelnen Elemente, das heißt die Container mit ihrer eigenen Kodierung. Durch Anhängen eines zusätzlichen Datentyps an die Definition kann der Wertebereich der Längenabgabe des Arrays festgelegt werden.

In diesem Fall können maximal 255 Elemente (s. Listing 5.19) kodiert werden[2].

Der zweite Member ist vom Typ `TpegMessage` als einzelner Wert. Auch hier ist zu beachten, dass der Container per Import oder im Serviceinterface selber definiert worden sein muss.

```xml
[...]

<Members>

  <Member name="tpegArray" type="TpegMessage[]">
    <Description>Array of TPEG messages</Description>
  </Member>

  <Member name="tpegMsg" type="TpegMessage">
    <Description>Single TPEG message</Description>
  </Member>

  <Member name="tpegValue" type="Int16">
    <Description>Single TPEG value</Description>
  </Member>

  <Member name="tpegEnum" type="TPEGENUM">
    <Description>Single TPEG enumeration value</Description>
  </Member>

</Members>

[...]
```

Listing 5.18 Beschreibung der Membervariablen im XML-Format

---

[2] Wertebereich eines UByte ist 0 bis 255

```
<Member name="tpegArray" type="TpegMessage[]:UByte">
    <Description>Array of TPEG messages</Description>
</Member>
```

Listing 5.19 Erweiterung der Beschreibung einer Membervariablen im XML-Format

Der dritte Member ist vom Typ `Int16`, also einem atomaren Datentyp. Dieser Datentyp wird in C++ in einen `short int` und in Java in einen `short` abgebildet.

Der letzte Parameter ist vom Typ Enumeration. Die Enumeration muss im Serviceinterface definiert sein oder durch einen Import eingebunden werden. In C++ wird eine Enumeration als `enum` dargstellt. Java kennt in der Version 1.4 noch keine Enumerations. Aus diesem Grund werden Enumerations in generiertem Java-Code als `int` abgebildet.

5.8 Clientenwicklung

Unter Cliententwicklung wird an dieser Stelle die Softwareentwicklung für Mobile Devices, also für die Endgeräte verstanden. Sie bezieht sich hier nur auf den Telematikteil mit CSI-Unterstützung.

Neben dem üblichen ‚Hello World' Usecase werden Standardprozesse vorgestellt, die in der Regel bei jedem CSI Einsatz verwendet werden. Als Counterpart steht der Testserver [CSI03] zur Verfügung. Er wird Testanfragen des Clients beantworten und kann als Referenzserver zum Testen verwendet werden.

Die folgenden Kapitel setzen, wie schon eingangs beschrieben, Kenntnisse in der Programmiersprache Java, sowie eine vollständige Entwicklungsumgebung und das aktuelle CSI SDK für Java voraus.

5.8.1 Hello World

Die erste Applikation mit einem neuen Framework oder einer neuen Programmiersprache ist meist die sogenannte ‚Hello World' Applikation. Diese Standardapplikation wird auch hier zur Veranschaulichung der Anwendungs- und Funktionsweise des Open CSI SDKs verwendet.

Schritt 1: Zusammenstellen des Workspace
Zunächst muss die Eclipse Workspace für die Entwicklung zusammengestellt werden. Nach dem Starten von Eclipse wird in der Regel der Pfad für die Workspace abgefragt (Abb. 5.3).

Anschließend zeigt sich die Eclipse Platform mit einer Willkommensansicht. Hier muss auf das Workbench Symbol geklickt werden. Es erscheint die Workspace mit einem leeren Package Explorer (Abb. 5.4).

5.8 Clientunwicklung

Abb. 5.3 Workspace Launcher für die Verzeichniseingabe

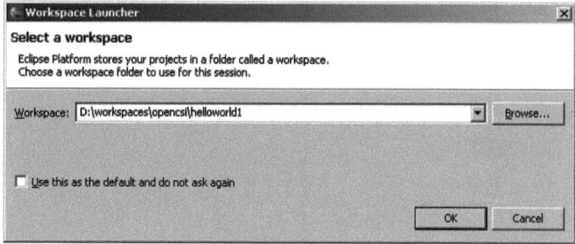

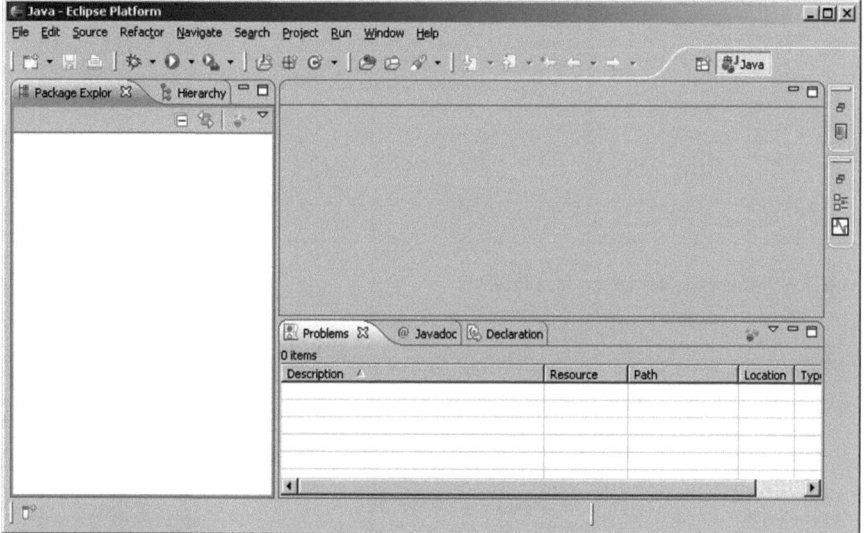

Abb. 5.4 Eclipse Workspace noch ohne Projekte

Abb. 5.5 Eingabe des Projektnamens

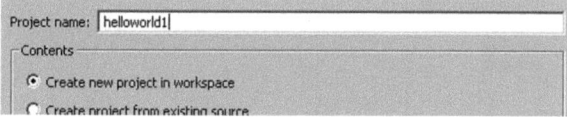

Nun muss das Projekt erzeugt und die entsprechenden Bibliotheken eingebunden werden. Über File / New / Java Project wird ein neues Java-Projekt erstellt. Es erscheint ein Dialog zur Eingabe von Projektnamen (Abb. 5.5), verwendeter Java Runtime, Layout und Working Set. An dieser Stelle ist im Moment nur die Eingabe des Projektnamens ‚helloworld1' nötig.

Nach Schließen des Dialogs wird das Java Projekt automatisch generiert. Es enthält nun zunächst einen Ordner für die Quellen und einen für die verwendeten Bibliotheken. Der Quellenordner ist leer. Der Ordner für die Bibliotheken enthält zunächst nur die Standardbibliotheken der Java Runtime (Abb. 5.6).

Es werden als nächstes die CSI Bibliotheken hinzugefügt und das Java Package für die Testapplikation erzeugt. Für das Hinzufügen der CSI Bibliotheken müssen

88   5 Softwareentwicklung mit dem CSI SDK

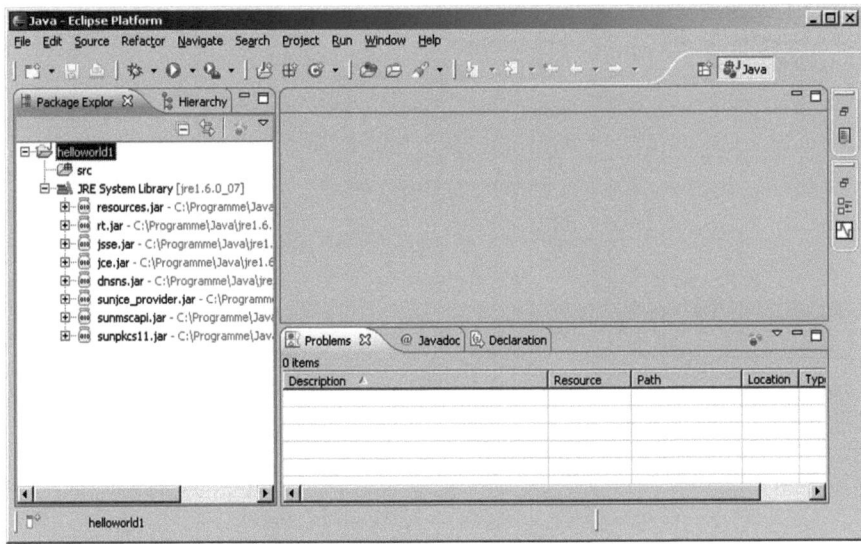

Abb. 5.6 Workspace des leeren Java Projekts

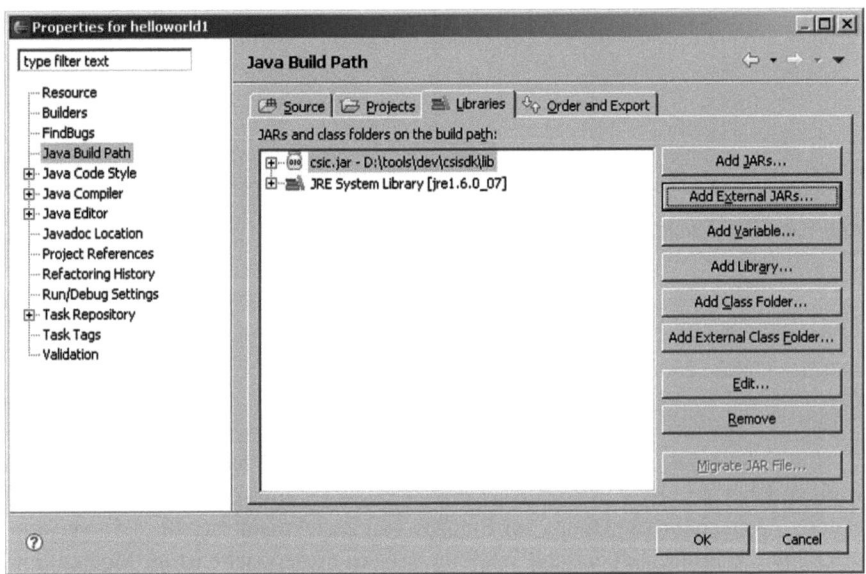

Abb. 5.7 Bearbeiten der Projekteinstellungen

die Projekteinstellungen geändert werden: Rechten Mausklick auf das Projekt, dann im Kontextmenü Properties auswählen (Abb. 5.7).

Unter Java Build Path können auf der Karteikarte Libraries weitere Bibliotheken hinzugefügt werden. An dieser Stelle muss über Add External

5.8 Clientwicklung

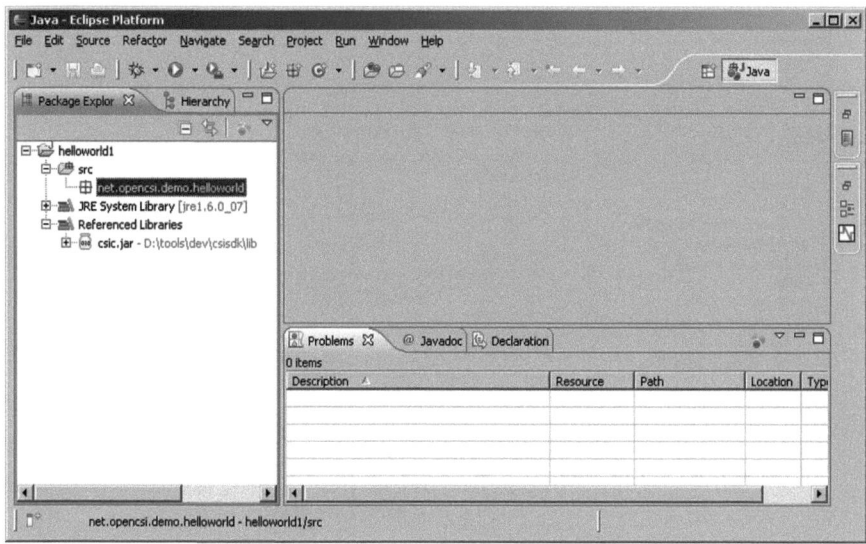

Abb. 5.8 Vorläufig komplette Workspace für die CSI Entwicklung

JARs ... die Open CSI Bibliothek eingebunden werden. Ein Dateidialog ermöglicht die Auswahl von `csic.jar` aus dem Open CSI SDK Verzeichnis. Diese Bibliothek enthält den CSI Kernel und einige Standard Interfaces für die grundlegende Funktionalität.

Nach dem Schließen der Projekteinstellungen muss nun noch das Java Package für die Quellen erzeugt werden. Als Name wurde `net.opencsi.demo.helloworld` entsprechend der Beispiele auf der Homepage gewählt (Abb. 5.8).

Schritt 2: Erstellen eines neuen Services
Der Großteil der Services muss definiert und generiert werden. Ein kleiner Teil der Services, die Standardservices, sind bereits im CSI Kernel enthalten.

Um einen neuen projektspezifischen Service bereitzustellen muss der entsprechende Service zunächst in einer XML Datei definiert werden. Dazu wird in dem Projekt parallel zu dem Quellen-Verzeichnis `/src` noch ein Interface-Verzeichnis `/ifc` erstellt. In diesem Verzeichnis werden die Service Interface Definitionen abgelegt, die in der Regel die Endung *xcsi* haben. Anhand der Dateiendung erkennt Eclipse, dass es sich um CSI Service Interface Definitionen handelt und öffnet sie gegebenenfalls mit dem entsprechenden Service Editor.

In dem Interface-Verzeichnis muss das DTD-Unterverzeichnis eingerichtet werden, das die aus dem CSI SDK entnommene Definitionstabelle `service_description.dtd` enthält.

Nun muss von Hand der Service Overview (Abb. 5.9) mit der Dateiendung xcso erstellt werden. In diesem Overview werden neben den zu generierenden Services der Zielordner, Logfilename und Targetbeschreibung für den Generierungsprozess beschrieben.

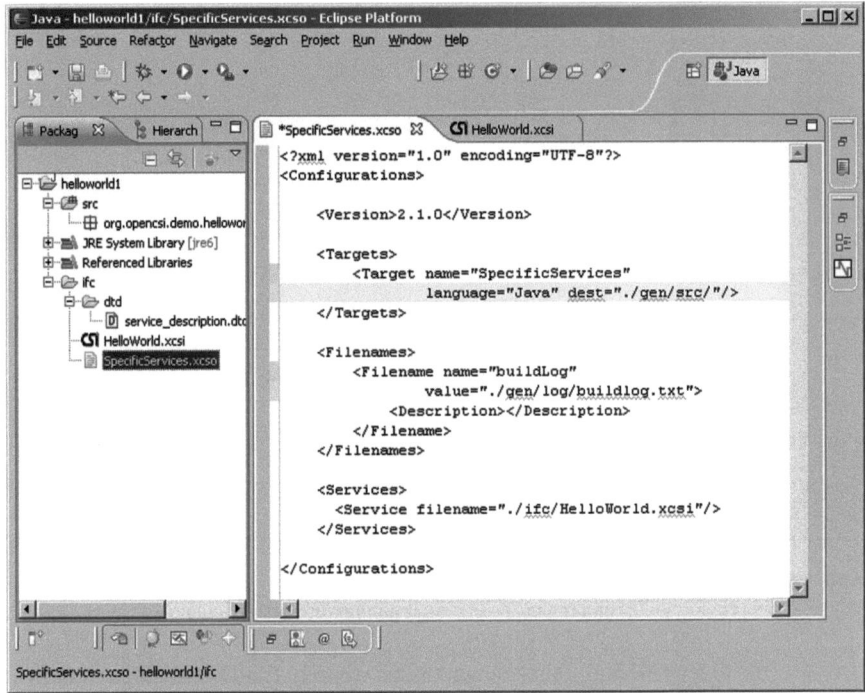

Abb. 5.9 CSI Service Overview

Unter dem Punkt `Services` ist der CSI Service `HelloWorld` mit seinem Dateinamen eingetragen. Alle hier aufgelisteten Services werden in die in den `Target`-Elementen beschriebenen Verzeichnissen gespeichert.

Im nächsten Schritt muss eine neue Service Interface Beschreibung, eine XCSI Datei erstellt werden. Über das Kontextmenü des Interface-Ordners wird der Punkt `New / Other ...` ausgewählt (Abb. 5.10). Der erscheinende Dialog enthält einen Baum, in dem auch der Menüpunkt `CSI / New CSI Service Configuration` enthalten ist. Daraufhin erscheint der Dialog für die Eingabe von `Container`, das heißt dem Zielverzeichnis, dem Dateinamen und dem Servicenamen.

Der Dateiname ist der Name der XCSI Datei. Der Servicename ist der Name des Service, unter dem er immer verfügbar ist. Der Name besteht nur aus Großbuchstaben und enthält keine Sonderzeichen.

Die Definitionsdatei ist nun erstellt und mit Standardwerten versehen (Abb. 5.11). Nun muss sie noch mit Leben gefüllt werden. Der erste Schritt ist die Vergabe der Service ID. Diese ID ist in jedem CSI Datenpaket im Kopf der Nachricht enthalten. Nur anhand dieser ID erkennt die Gegenstelle, um welchen Service es sich handelt und wie er zu dekodieren ist.

Daraus folgt, dass diese ID im System eindeutig sein muss. Wie bereits beschrieben sind die Service IDs unter 0×1000 für interne Dienste reserviert. Für projektspezifische Dienste sollten IDs ab 0×3000 verwendet werden.

5.8 Clientenwicklung

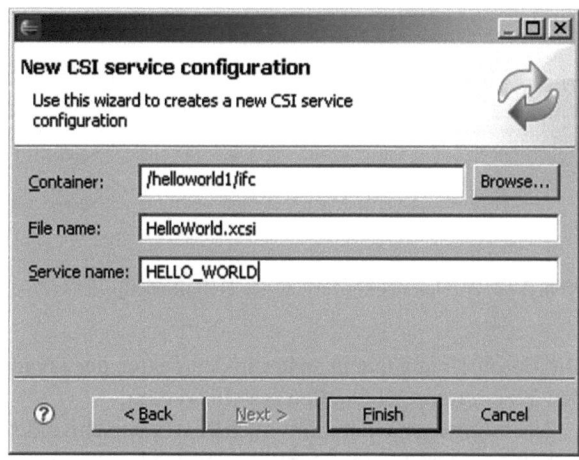

Abb. 5.10 Erstellen einer neuen CSI Service Definition

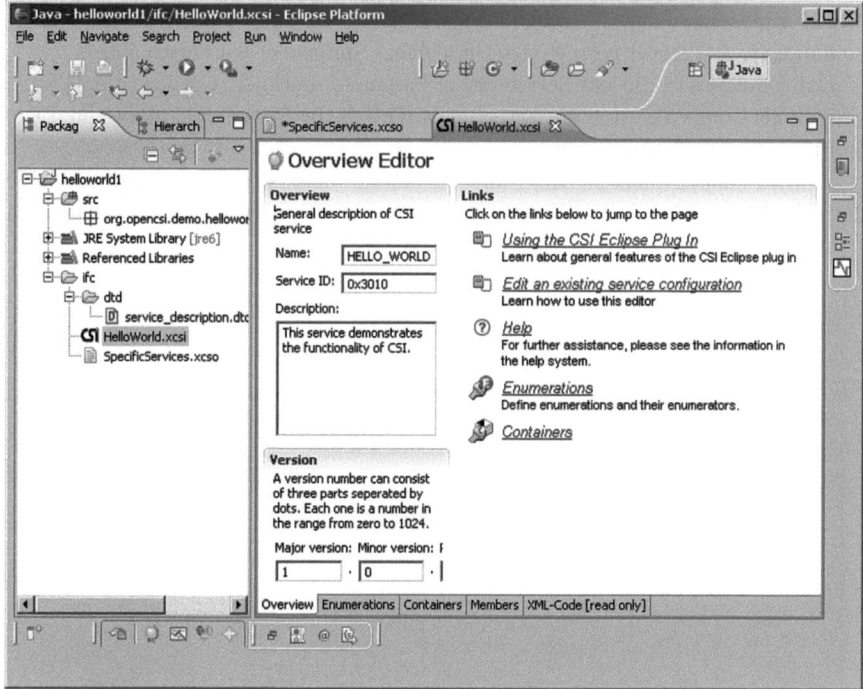

Abb. 5.11 Die CSI Service Interface Definitionen in Eclipse

Im unteren Teil der Eclipse Umgebung werden die Problemmarker (Abb. 5.12) angegeben. Mit der jetzt aktuell generierten Service Definition wird die folgende Warnung angezeigt.

Es wird angemahnt, dass keine Description, also keine Beschreibung des Interfaces vorgenommen worden ist. Diese sollte einen sinnvollen Text enthalten.

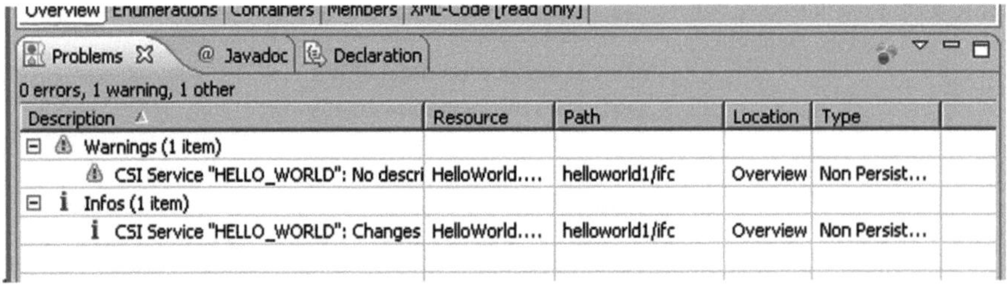

Abb. 5.12 Problemmarker für Service Definitionen

Die Beschreibung taucht später in den Texten der Javadocs wieder auf, die auch aus den generierten CSI Quellen erstellt werden.

Nach Einfügen eines sinnvollen Textes verschwindet diese Warnung und es kann sich den weiteren Parametern des Service Interfaces zugewandt werden. Angenommen der Service soll dem Client eine Möglichkeit bieten, dem Server ein ‚Hello World' zuzusenden und die aktuelle Systemzeit als Parameter mitzuliefern. Außerdem möchte der Server gern wissen, in welcher Sprache er antworten soll.

Dafür müssen in diesem Service zwei Parameter definiert werden: die aktuelle Uhrzeit als Long-Wert und die Sprache als ID. Für die Sprach IDs muss eine Liste an Enumerations definiert werden.

Es wird zunächst auf die Registerkarte ‚Enumerations' gewechselt (Abb. 5.13) und mit rechtem Mausklick über das Kontextmenü eine Sprach ID nach der anderen

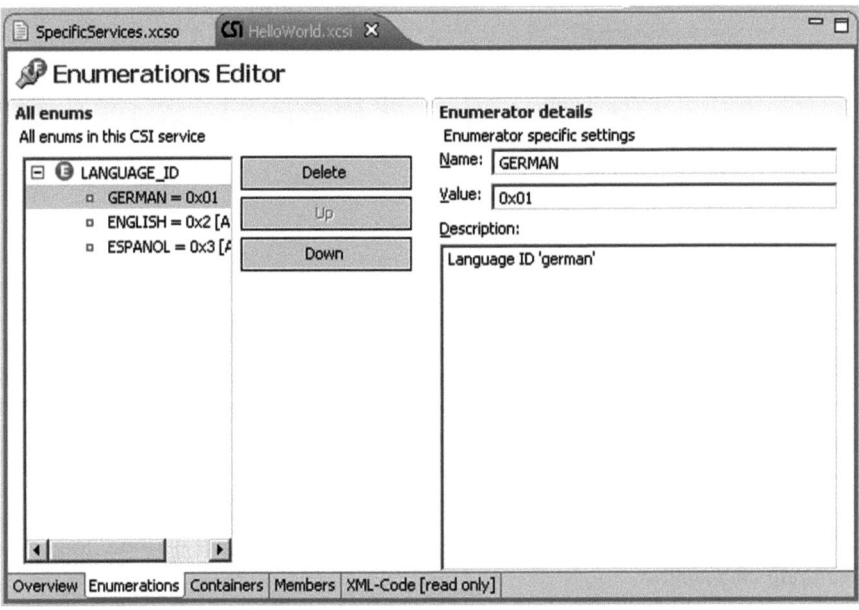

Abb. 5.13 Enumerations in XCSI Datei

5.8 Cliententwicklung

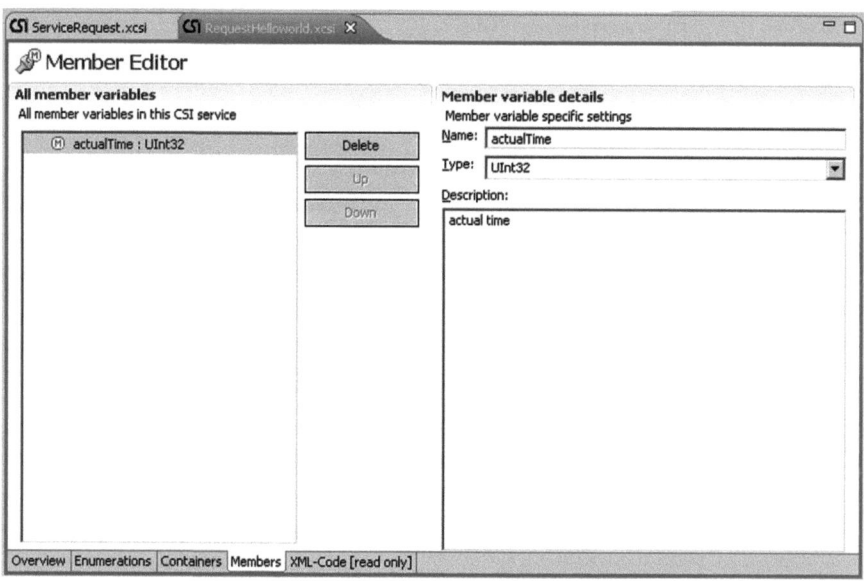

Abb. 5.14 Definition der Membervariablen

hinzugefügt. Bei der ersten ID muss ein Wert angegeben werden, um einen definierten Start für das Inkrementieren der ID's zu setzen. Jeder Eintrag muss neben dem Namen auch eine Beschreibung haben, die in den generierten Quellen sichtbar wird.

Um den Member für die aktuelle Uhrzeit hinzuzufügen, muss in die Karteikarte ‚Members' gewechselt werden. Hier kann nun, ebenfalls mit rechtem Mausklick und Auswahl über das Kontextmenü, die *actualTime* eingefügt werden. Es muss der Name eingegeben, die Beschreibung aus der Dropdown-Liste ausgewählt und eine Beschreibung eingegeben werden (s. auch Abb. 5.14).

In der Dropdown-Liste sind alle atomaren Datentypen enthalten. Jeder hinzugefügte Datencontainer wird dieser Liste angehängt und steht dann ebenfalls zur Auswahl zur Verfügung.

Dieser Service HelloWorld stellt bei dem Server nun die Anfrage mit der aktuellen Uhrzeit in Millisekunden als Parameter.

Schritt 3: Erstellen des Services für die Antwort
Der Server muss auf die erhaltene Anfrage antworten. Dies funktioniert über den Service ResponseHelloworld. Dieser Service ist auf dem Demoserver schon umgesetzt. Um die Antwort verarbeiten zu können, muss er auch hier definiert werden.

Der Service wird wie oben beschrieben neu erstellt. Als Name wird RESPONSE_HELLOWORLD vergeben. Packagename bleibt wie gehabt net.opencsi.gen. Die Service ID wird auf 0 × 2002 gesetzt. Es wird eine Beschreibung angegeben und als Version wird die 1.0.0 verwendet. Alle Schritte sind in Abb. 5.15 nachzuvollziehen.

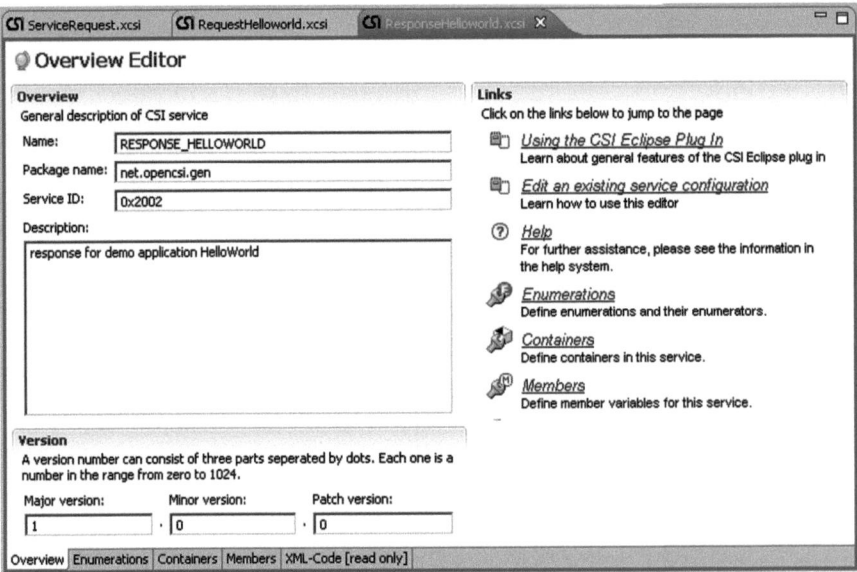

Abb. 5.15 Definition der Overview Service Spezifikation

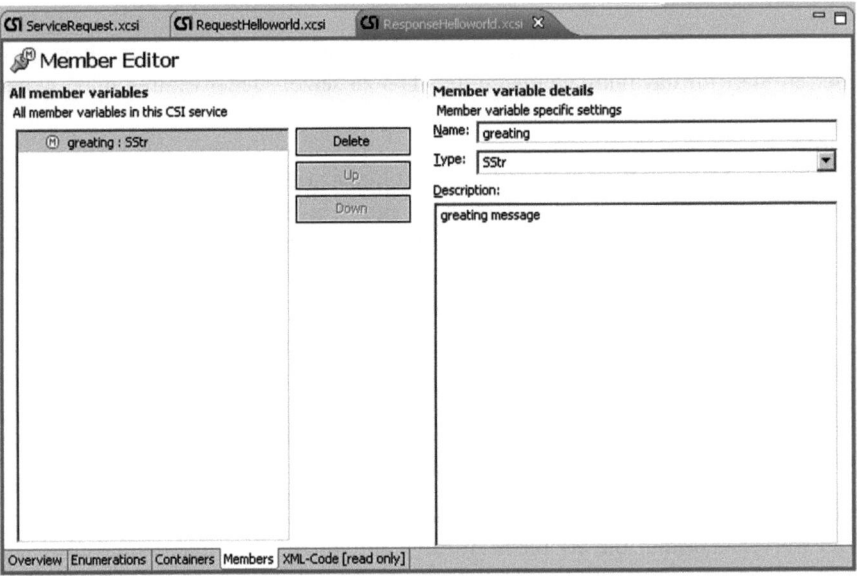

Abb. 5.16 Definition einer Membervariable im CSI-Editor

In der Antwort (Abb. 5.16) ist eine Zeichenkette vom Typ SStr enthalten und wird vom Server in Abhängigkeit zur im Request mitgelieferten Uhrzeit gesetzt. Dieser Member heißt `greating`. Diese Zeichenkette soll dann je nach aktueller Uhrzeit einen entsprechenden Text ausgeben.

Andere Elemente werden hier nicht hinzugefügt.

5.8 Clientwicklung

Schritt 4: Code generieren
Der nächste Schritt ist die Codegenerierung aus den bisher definierten Service Interfaces. Der Codegenerator ist ein externes Werkzeug, das auch in komplette Buildprozesse integriert werden kann. Der geneigte Nutzer von Eclipse kann dieses Werkzeug problemlos in die Liste der ‚External Tools' aufnehmen.

Der Codegenerator befindet sich im SDK im Unterverzeichnis /lib/ und heißt csigen.jar. Die folgenden Schritte sind anschließend notwendig:

- Das Batchfile muss erzeugt werden. Das geschieht mit 'java -cp./lib/csigen.jar;./lib/jdom.jar net.opencsi.tools.generator.Generator.\ifc.\gen' und muss im root ausgeführt weren
- Ein Unterverzeichnis '/ifc' muss existieren, in dem die Interfacedefinitionen liegen
- ein Unterverzeichnis '/lin' muss existieren, in dem das 'csigen.jar' liegt
- start des Batch files
- Projekt in der Workspace aktualisieren
- den Ordner 'gen/src_server/src' als Sourceordner in Projekt angeben

Schritt 5: Erstellen der eigentlichen Applikation
Bisher existiert noch keine wirkliche Applikation. Es sind lediglich die benötigten Bibliotheken und die Interfacedefinitionen vorhanden. Um die Applikation zu erstellen, muss ein Package im Projekt-Sourceordner erzeugt werden. Wir haben es 'net.opencsi.demo.helloworld' genannt.

In diesem Package werden zunächst zwei Klassen erzeugt: HelloWorld (Abb. 5.17) und HelloWorldHandler.

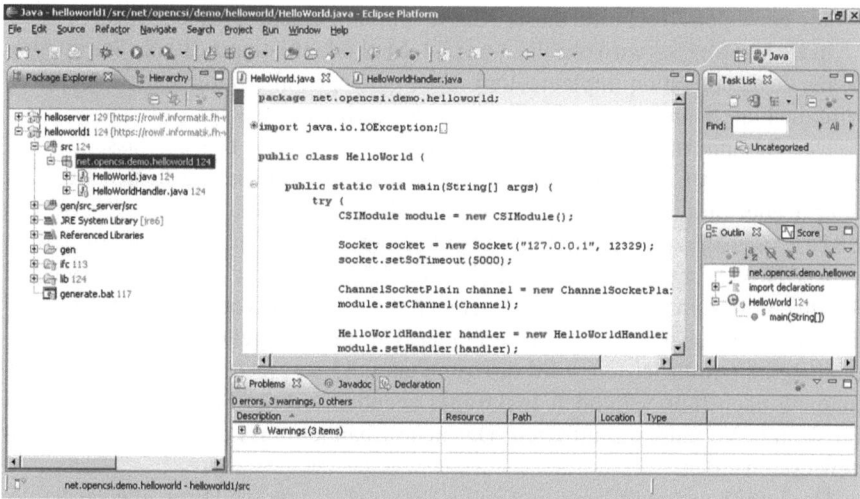

Abb. 5.17 Beispiel HelloWorld im Eclipse-Workspace

```
package net.opencsi.demo.helloworld;

import java.io.IOException;
import java.net.Socket;
import java.net.UnknownHostException;

import net.opencsi.csi.CSIModule;
import net.opencsi.csi.base.CSIException;
import net.opencsi.csi.socket.plain.ChannelSocketPlain;

public class HelloWorld {

  public static void main(String[] args) {
    try {
      CSIModule module = new CSIModule();
```

Listing 5.20 HelloWorld – die Main-Methode

```
      Socket socket = new Socket("127.0.0.1", 12329);
      socket.setSoTimeout(5000);
      ChannelSocketPlain channel =
          new ChannelSocketPlain(socket);
      module.setChannel(channel);
```

Listing 5.21 Definition des CSI-Kommunikationskanals

Die Klasse `HelloWorld` enthält die Applikation, in der die Socketverbindung zum Server aufgebaut, das CSI Modul instantiiert und gestartet und der Request abgesetzt wird.

Die einzelnen Abschnitte dieser Klasse sind im Folgenden beschrieben.

In `HelloWorld` wird nur die `'main'`-Methode (Listing 5.20) als Startmethode der Javaapplikation implementiert. Zum Abfangen aller möglichen Exceptions wird die Funktionalität komplett in einen try-catch-Block gelegt.

Der Beginn ist die Instantiierung des `CSIModule`. Diese Klasse ist Teil des generierten Codes und enthält alle Requestfunktionen, die in den Serviceinterfacedefinitionen beschrieben worden sind. Ausserdem ist diese Klasse von `CSIModuleBase` abgeleitet und vereint einen Großteil der CSI-Funktionalität.

Als zweites muss der Channel (Listing 5.21) definiert werden. Im Beispiel wurde ein Socketchannel gewählt, der sich mit einem ServerSocket auf dem gleichen Rechner über Port 12329 verbindet. Um ein geregeltes Beenden der Verbindung zu gewährleisten, wird der Timeout auf 5 s gesetzt. Damit wird die Verbindung nach fünf Sekunden Inaktivität beendet und der Server ist wieder frei für weitere Verbindungsanfragen. Der neue Channel muss dem CSI Module zugewiesen werden.

Der Empfänger vom Typ `HelloWorldHandler` für die Daten, die der Server sendet, wird instantiiert und ebenfalls dem CSI Module zugewiesen (Listing 5.22).

5.8 Cliententwicklung

```
HelloWorldHandler handler = new HelloWorldHandler();
module.setHandler(handler);
```

Listing 5.22 Festlegung des CSIHandlers im HelloWorld-Beispiel

```
channel.start();
module.start();
```

Listing 5.23 Start des CSI-Moduls und –Channels im HelloWorld-Beispiel

```
module.requestRequestHelloworld(
    System.currentTimeMillis());

Thread.sleep(10000);
```

Listing 5.24 Ablauf des HelloWorld-Beispiels

```
    } catch (UnknownHostException e) {
      e.printStackTrace();
    } catch (IOException e) {
      e.printStackTrace();
    } catch (CSIException e) {
      e.printStackTrace();
    } catch (InterruptedException e) {
      e.printStackTrace();
    }
  }
}
```

Listing 5.25 Abfangen aller möglichen Exceptions im HelloWorld-Beispiel

Nun können sowohl Channel als auch das Module selbst gestartet werden (Listing 5.23). Die entsprechenden Threads werden hochgefahren und das CSI Framework auf dem Client ist aktiv.

Der Request wird über das CSI Module abgesetzt. Danach wartet der Client 10 s auf Antwort und beendet sich dann. Innerhalb dieser 10 s sollte der Server mit ‚Good Morning …' oder ‚Good Evening …' oder ‚Hello World …' geantwortet haben. Der Ablauf wird in Listing 5.24 gezeigt.

Abschließend werden noch möglichen Exceptions abgefangen und hier der Einfachheit halber als Stacktraces ausgegeben (Listing 5.25). Das Handling von Exceptions soll hier nicht verfeinert werden.

```
package net.opencsi.demo.helloworld;

import net.opencsi.csi.base.CSIException;
import net.opencsi.csi.gen.GeneratedHandler;

public class HelloWorldHandler extends GeneratedHandler {

  public void asyncException(int code, String msg)
      throws CSIException {
    log.ERR("generated", String.valueOf(code) + " - " + msg);
  }
```

Listing 5.26 Die zwingend erforderliche Methode „asyncException"

```
    @Override
    public void handleResponseHelloworld(String greating)
        throws CSIException {
      System.out.println(">>> " + greating);
    }

}
```

Listing 5.27 Die Methode handleResponseHelloWorld

Die Klasse `HelloWorldHandler` ist die Empfängerklasse. Sie ist von `GeneratedHanndler` abgeleitet und hier lassen sich alle Callbackmethoden implementieren. Die Callbackmethode asyncException muss implementiert werden.

> Hinweis: Die Methode asyncException ist zwingend erforderlich und muss unbedingt implementiert werden

In der Methode asyncExeption wird lediglich die Fehlermeldung an den Loggingmechanismus des CSI weitergegeben (Listing 5.26). Im Standardfall wird die Meldung auf der Konsole ausgegeben.

Die Methode `handleResponseHelloworld` enthält hier die eigentliche Funktionalität dieses abgeleiteten Handlers (Listing 5.27). Hier landet die empfangene Meldung vom Server und wird als Text ausgegeben.

Auf die gleiche Weise können andere Handlermethoden überschrieben und mit Funktionalität hinterlegt werden. Für jedes Serviceinterface existiert eine Handlermethode.

5.8.2 Der Testserver

Der Testserver steht im Internet zur Verfügung [CSI03] und stellt eine Referenzimplementierung des Servers und somit eine Gegenstelle für die eigenen Entwicklungen dar. Clientapplikationen mit Standardinterfaces können über diesen ihre ersten Gehversuche machen. Weiterhin sind hier die Usecases aus diesem Buch realisiert.

5.8.2.1 Logindatarequest

Der Logindatarequest wird üblicherweise für die Authentifizierung des mobilen Endgerätes beim CSI Server verwendet. Das folgende Sequenzdiagramm zeigt den Ablauf eines möglichen Logins.

Zunächst möchte der Anwender gerne Informationen irgendeiner Art vom CSI Server erfragen. Er teilt dies dem Endgerät mittels Taste oder Sprache mit. Diese Anfrage kann durchaus automatisch im Hintergrund vom System initiiert werden.

Das Endgerät erfragt die Informationen beim CSI Server und stellt dafür die Verbindung her. Der Server kennt das fragende Endgerät zunächst nicht, weil die Verbindung frisch aufgebaut wurde. Aus diesem Grund muss er die Daten durch einen Logindatarequest erfragen. Der Logindatarequest (Abb. 5.18) ist mit einer ID versehen, um den gewünschten Umfang der Daten anzugeben.

Das Gerät sammelt aufgrund dieser Anfrage die benötigten Daten und antwortet mit dem Satz erfragter Informationen. Darunter können neben Geräte ID und möglicher Session ID auch die aktuelle Position und Geschwindigkeit bis hin zum Status der Navigation inklusive Zielinformationen enthalten sein.

Der Server prüft nun die Zugangsberechtigung und antwortet bei erfolgreicher Prüfung mit den gewünschten Daten. Sind die Informationen im Endgerät angekommen, werden sie dem Anwender in geeigneter Form angezeigt.

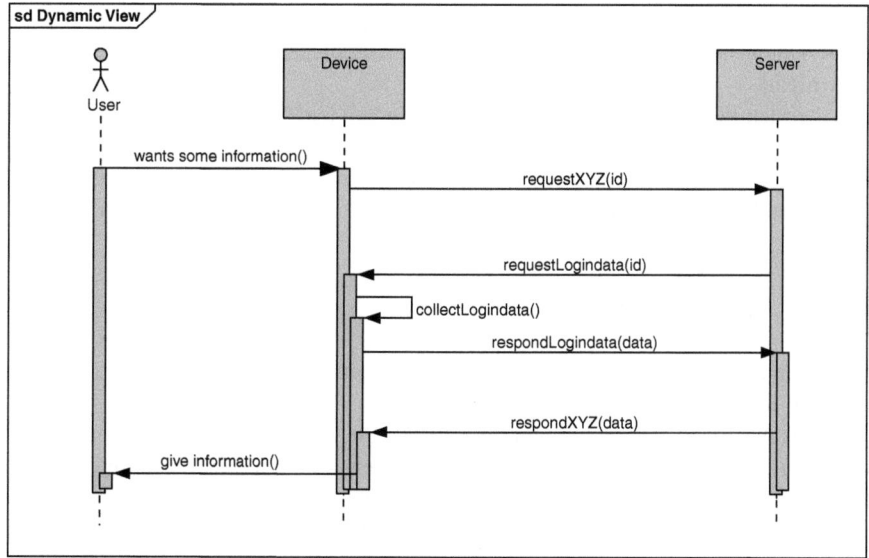

Abb. 5.18 Gebrauch des Logindata Requests

War die Prüfung nicht erfolgreich, wird eine Fehlermeldung, eine `Async-Exception` gesendet. Die AsyncException ist ein CSI Service, der in jedem CSI System enthalten ist. In diesem Fall wird dem Benutzer durch eine Fehlermeldung ebenfalls mitgeteilt, dass der Server geantwortet hat.

5.8.2.2 Positionsrequest

Der Positionsrequest geht zunächst von einer bestehenden Verbindung aus. Das heißt, der Client, also das Endgerät, ist bereits authentifiziert. Ein Positionsrequest wird vom Server dann gemacht, wenn er während eines Abfrageprozesses die aktuelle Position des Endgeräts benötigt.

Ein Beispiel: Ein Autofahrer fährt auf eine viel befahrenen Autobahn in der Hauptverkehrszeit und möchte gerne ständig über die aktuelle Verkehrsdichte in seinem näheren Umkreis unterrichtet sein. Das Gerät loggt sich über einen Logindatarequest bei dem Server ein und fordert nun alle 60 s die aktuelle Verkehrssituation an. Der Server muss nun zunächst erfragen, wo sich das Endgerät befindet. Das geschieht über den Positionsrequest. Anschließend werden die Verkehrsdaten übertragen und auf der Anzeige visualisiert.

5.8.2.3 POI Download

POI steht für `Point of Interest`. Solche POIs sind beispielsweise Hotels, Freizeitparks, Museen, aber auch Parkhäuser, Autobahnkreuze oder persönliche Navigationsziele. Abgesehen von den persönlichen Zielen sind solche POIs in der Regel Bestandteil des Navigationskartenmaterials. Allerdings ändern sich diese Daten in unregelmäßigen Abständen. Aus diesem Grund gibt es den POI Download.

Über den POI Download lassen sich definierte Ziele über die Onlineschnittstelle in das Endgerät bringen. Bei dem hier vorliegenden POI Download des Demoservers werden Ziele aus unterschiedlichen Bereichen innerhalb Europas zur Verfügung gestellt. Eine genaue Liste der Ziele ist dem CSI SDK zu entnehmen.

5.8.2.4 Upload von POIs

Der Upload von POIs beschreibt das Speichern der Ziele in der lokalen Zieleliste auf dem Server.

Nach Anstoßen dieses Uploads wird vom Server zunächst mit einem Logindatarequest geantwortet, um das Gerät zu authentifizieren. Wurde solch eine Authentifizierung bereits vorgenommen, wird dieser Punkt übersprungen. Anschließend fragt der Server nach der POIs mit dem Parameter für die Liste der aktuellen Ziele. Das Gerät muss nun die Daten zusammenpacken und an den Server übertragen.

5.9 Serverentwicklung

Die Serverentwicklung geschieht im Prinzip analog zur Client-Entwicklung. Es sind hier lediglich die Gegebenheiten des Servers zu berücksichtigen. Im Folgenden ist kurz eine alleinstehende Applikation, die über eine Socket-Anbindung verfügt, dargestellt. Eine HTTP Kommunikation innerhalb einer Web-Applikation auf Basis eines Tomcat oder gar eine PHP 5.3 Implementierung sind dem CSI SDK und der CSI Homepage zu entnehmen.

5.9.1 Einfache HelloServer Applikation

Die alleinstehende Applikation wird gestartet und läuft im Hintergrund auf einem Server im LAN oder WAN. Mögliche Endgeräte verbinden sich mit diesem Server über eine reine Socket-Kommunikation. Der Umfang der Implementierung wird so auf ein Minimum beschränkt.

Im Folgenden ist der beispielhafte Quellcode eines Servers abgebildet und beschrieben:

Innerhalb der Main-Klasse (Listing 5.28) wird der Server instanziiert und danach mit der `execute()`-Methode gestartet.

Die `execute()`-Methode instanziiert zunächst das CSIModule innerhalb eines try-catch-Blocks (Listing 5.29).

Anschließend wird ein ServerSocket auf Port 12329 geöffnet und ein entsprechender Timeout für inaktive Verbindungen auf 10 s gesetzt (Listing 5.30). Der nächste Schritt ist das Einrichten eines CSI Channels mit dem ServerSocket als Parameter. Dieser Channel wird dem CSI Modul zugeordnet.

```
public class HelloServer {

    public static void main(String[] args) {

        HelloServer helloServer = new HelloServer();
        helloServer.execute();
    }
```

Listing 5.28 Die Main-Klasse des Servers

```
    public void execute()
    {
        try {
            CSIModule module = new CSIModule();
```

Listing 5.29 Execute-Methode des Beispiel-Servers

```
                ServerSocket serverSocket =
                    new ServerSocket(12329);
                Socket socket = serverSocket.accept();
                socket.setSoTimeout(10000);

                ChannelSocketPlain channel =
                    new ChannelSocketPlain(socket);
                module.setChannel(channel);
```

Listing 5.30 Festlegung des CSIChannels für den Beispiel-Server

```
                HelloServerHandler handler =
                    new HelloServerHandler(module);
                module.setHandler(handler);
```

Listing 5.31 Festlegung des CSIHandlers für den Beispiel-Server

```
                channel.start();
                module.start();

                do
                {
                        Thread.sleep(500);
                } while(handler.isActive());

            } catch (UnknownHostException e) {
                e.printStackTrace();
            } catch (IOException e) {
                e.printStackTrace();
            } catch (InterruptedException e) {
                e.printStackTrace();
            }
        }
```

Listing 5.32 Start des CSI-Moduls und –Channels

Für das Abarbeiten von empfangenen Nachrichten muss ein Handler erstellt werden (Listing 5.31), der später näher beschrieben wird. Auch er wird dem CSI Modul zugewiesen.

Zu guter Letzt werden noch Channel und CSI Modul gestartet und so lange in einer while-Schleife verharrt, bis eine Exception auftritt oder das Programm beendet wird (Listing 5.32). Während dieser Schleife ist der Handler derjenige, der auf eingehende Informationen zu reagieren hat und diese entsprechend an weitere Klassen (oder eine Queue in einem anderen Thread) weiterreicht.

Der `HelloServerHandler` sieht folgendermaßen aus:

Zunächst wird die Handler Klasse als abgeleitete Klasse des generierten Handlers definiert. Der Konstruktor dieser Handlerklasse benötigt wie aus dem Quellcode des *HelloServer* zu erkennen, das CSIModul als Parameter (Listing 5.33).

5.9 Serverentwicklung

```
public class HelloServerHandler extends GeneratedHandler {

    CSIModule module = null;

    public HelloServerHandler(CSIModule module)
    {
            this.module = module;
    }
}
```

Listing 5.33 Die Klasse HelloServerHandler

```
public void asyncException(int code, String msg)
            throws CSIException
    {
            log.ERR(0x2000, "generated",
                String.valueOf(code) + " - " + msg);
    }
```

Listing 5.34 Die Klasse asyncException

```
        public void handleRequestHelloworld(long actualTime)
                throws CSIException
        {
            try {
                    module.requestResponseHelloworld(
                        "Good Morning ...");
            } catch (IOException e) {
                    log.ERR(0x2001, "HelloServer",
                        "failed responding hello world");
            }
        }
}
```

Listing 5.35 Klasse HandleRequestHelloWorld

Die Methode *asyncException* muss immer überschrieben werden (Listing 5.34). In diesem Fall schreibt sie die Fehlerinformationen in das CSI interne Logging-Modul.

Die zweite Handlermethode, die hier definiert ist, ist das Auswerten des Requests Helloworld (Listing 5.35). Als Parameter wird die aktuelle Systemzeit des Anfragenden mitgeliefert. Diese Methode ist eine vorgeschriebene Methode aus dem GeneratedHandler, und wird hier überschrieben. In diesem Fall wird indirekt die Antwortmethode requestResponseHelloworld aus dem GeneratedController aufgerufen, welche der Einfachheit halber immer mit dem Text „Good morning ..." erfolgt. Sollte eine IOException auftreten wird sie als Fehler im Server-Log ausgegeben. CSIExceptions werden vom CSI Modul selber ausgewertet.

5.10 Tooling and Debugging

Das Tooling nimmt neben dem CSI Core den Hauptbestandteil des Software Development Kits ein. Im Folgenden sind die enthaltenen Werkzeuge näher beschrieben.

Begonnen wird mit dem Editor für die Service Interfaces. Ein Editor für den Services Overview ist in Arbeit und Bestandteil folgender CSI SDK Releases. Anschließend werden Verwendung und Konfiguration von Generator und Verifikator beschrieben. Abschließend werden die Eigenheiten der CSIPerspective für Eclipse erklärt.

5.10.1 CSI Service Interface Editor

Der Service Interface Editor zählt zu den Werkzeugen und ermöglicht das einfache Bearbeiten der Service Interface Beschreibungen. Er ist als Eclipse PlugIn realisiert.

Der Service Interface Editor besteht aus fünf Karteikarten für die Darstellung einer Übersicht, die Enumerations, die Container, die Members und zur Kontrolle für die XML Ansicht. Für jedes editierbare Feld in den einzelnen Karteikarten wird nach Eingabe eine Wertüberprüfung gemacht. Erkannte Fehler werden in der Liste der Problemmarker als Warnungen oder Fehlermeldungen dargestellt. Als schnelle Hilfe bei Verständnisproblemen oder zum Aufspüren von Fehlern sind Beschreibungen in Form von Eclipse Cheetsheets angehängt.

Im Folgenden sind die einzelnen Bereiche näher beschrieben.

5.10.1.1 Overview

Der Overview einer Serviceinterfacebeschreibung besteht im Wesentlichen aus der Angabe von Servicenamen, Service ID, Beschreibung und Versionsnummer (s. auch Abb. 5.19).

Der Name des Serviceinterfaces wird in Großbuchstaben angegeben. Syntaktische Trennungen werden durch Unterstriche „_" angegeben. Sonderzeichen sind nicht erlaubt. Der Servicename muss ein zusamenhängender Begriff sein. Treffen einzelne Bedingungen nicht zu, wird dies über den Problemmarker signalisiert. Aus dem Namen RESPONSE_HELLOWORLD wird im generierten Javacode die Klasse ResponseHelloworld erstellt.

Die Service ID unterliegt den Bestimmungen für die Nummernkreise (s. oben). Interne Services haben somit ID's bis $0 \times 01FF$. Bei eigenen Service Interfaces dürfen nur ID's ab 0×0200 verwendet werden.

Die Beschreibung wird wie üblich bei der Generierung der Klasse als Javadoc in die Java-Quellen eingefügt. Bei dem generierten C++ Code wird sie als normale C++ Kommentare eingefügt. In der Beschreibung sollten keine sprachabhängigen Sonderzeichen verwendet werden (beispielsweise Umlaute), sie sollten durch das entsprechende HTML Synonym ersetzt werden. HTML Code ist generell erlaubt.

5.10 Tooling and Debugging

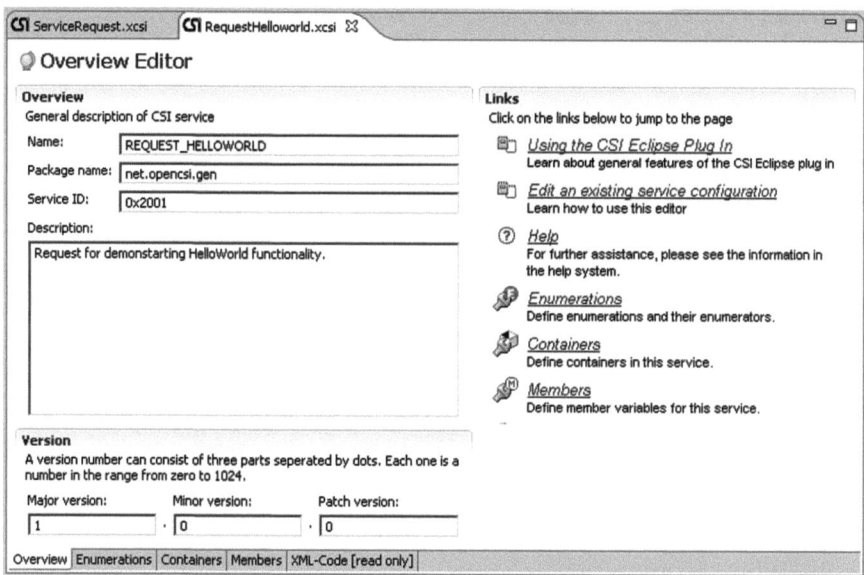

Abb. 5.19 Der Overview im CSI-Editor

Über diesen lassen sich beispielsweise Listen, Tabellen und formatierter Text in die Javadocs generieren.

Für die Verwendung von importierten Datentypen aus anderen Interfacedefinitionen gibt es die Möglichkeit Servicedefinitionen zu importieren. Das geschieht über die entsprechenden Schaltflächen in der Liste zwischen den Feldern Beschreibung und Versionsnummernangabe. Über diesen Button lassen sich die Serviceinterfacedefinitionen aus der Liste der in der XCSO Datei angegebenen Servicedefinitionen auswählen, die hier benötigt werden.

Abschließend wird hier die Versionsnummer angegeben. Sie besteht aus einem Major-, einem Minor- und einem Patchwert. Der Patchwert wird bei Änderungen erhöht, die keine funktionale Bedeutung haben. Dazu zählen beispielsweise Änderungen in den Kommentaren. Die Minorversion wird erhöht, wenn es sich um eine abwärtskompatible Änderung handelt. Das ist zum Beispiel das Hinzufügen eines Containers (aber nicht Members!). Majorversionen werden erhöht, wenn das hieraus generierte Interface nicht mehr mit alten Versionen arbeiten würde. Eine genaue Beschreibung der möglichen Änderungen und der daraus resultierenden Versionsänderungen ist in den *Golden Rules für CSI Service Interface Definitionen* beschrieben, die auf der CSI Homepage zur Verfügung steht.

5.10.1.2 Enumerations

Die Registerkarte Enumerations (Abb. 5.20) stellt alle in diesem Service Interface definierten Enumerations als Baum dar. Jede Enumeration ist ein Element, das die EnumID's als Kindelemente besitzt.

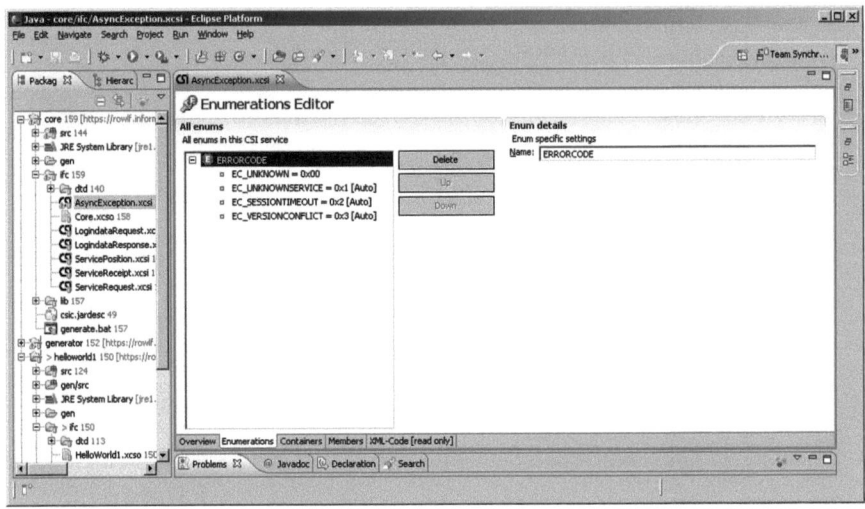

Abb. 5.20 Enumerations im CSI-Editor

Jeder Enumeration muss ein Name zugewiesen werden. Dieser Name wird in Großbuchstaben angegeben und muss aus einem zusammenhängenden Wort bestehen. Jede Enumeration darf nur einmal innerhalb des Serviceinterfaces definiert werden.

Für eine Enumeration kann wie bei allen anderen Elementen eine Beschreibung im HTML Format angehängt werden.

Über einen rechten Mausklick in dem linken Teilfenster werden weitere Enumerations hinzugefügt. Über einen rechten Mausklick auf eine Enumeration können Enumeration ID's hinzugefügt werden. Enumeration ID's bestehen aus Namen, Wert und Beschreibung. Auch hier ist darauf zu achten, dass die Namen nur Großbuchstaben und keine Sonderzeichen enthalten. Der Wert kann in dezimaler, hexadezimaler oder binärer Schreibweise angegeben werden. Bei der hexadezimalen Schreibweise wir dem Wert ein ‚0×' vorangestellt; bei der binären Schreibweise ein ‚b'.

Wird als Wert bei einer Enumeration ID kein Wert angegeben, wird er vom Generator bei der Codegenerierung automatisch gesetzt. In der Reihenfolge der angegebenen Enumeration ID's wird ab dem zuletzt gesetzten Wert hochgezählt.

5.10.1.3 Containers

Die Karteikarte Containers enthält alle in diesem Serviceinterface definierten Container. Für jeden Container können Enumerations gesetzt werden. Und jeder Container enthält Members.

5.10 Tooling and Debugging

Über einen rechten Mausklick lassen sich in dem linken Fenster neue Container definieren. Ein rechter Mausklick auf einen Container ermöglicht das Hinzufügen von Enumerations und Membervariablen. Ein rechter Mausklick auf diese ermöglicht wiederum ein weiteres Bearbeiten dieser Elemente.

Jeder Container kann atomare Datentypen und Container enthalten, die in diesem Serviceinterface definiert worden sind. Es ist auch möglich Container zu nutzen, die in anderen Serviceinterfaces definiert wurden, sofern diese per Import eingebunden worden sind.

5.10.1.4 Members

Unter den Members werden die Parameter des Serviceinterfaces festgelegt. Über einen rechten Mausklick im linken Feld lassen sich neue Members hinzufügen.

Die Details wie Name, Typ und Beschreibung lassen sich bei markiertem Member jeweils auf der rechten Seite bearbeiten.

Abbildung 5.21 zeigt das Member-Panel im CSI-Editor. Der Name eines Members beginnt immer mit einem kleinen Buchstaben, damit man ihn nicht mit einer Containerdefinition verwechselt. Er muss aus einem Wort bestehen und darf keine Sonderzeichen enthalten.

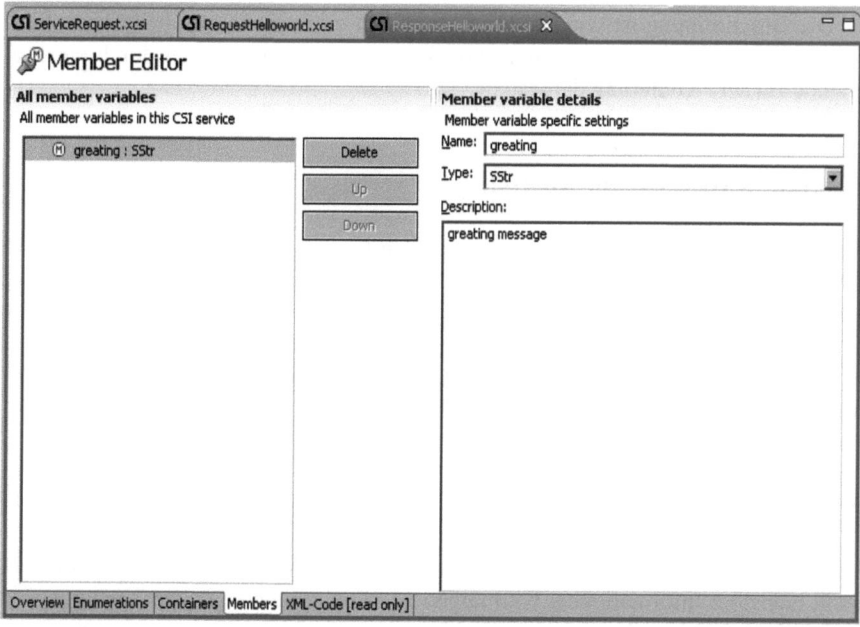

Abb. 5.21 Membervariablen im CSI-Editor

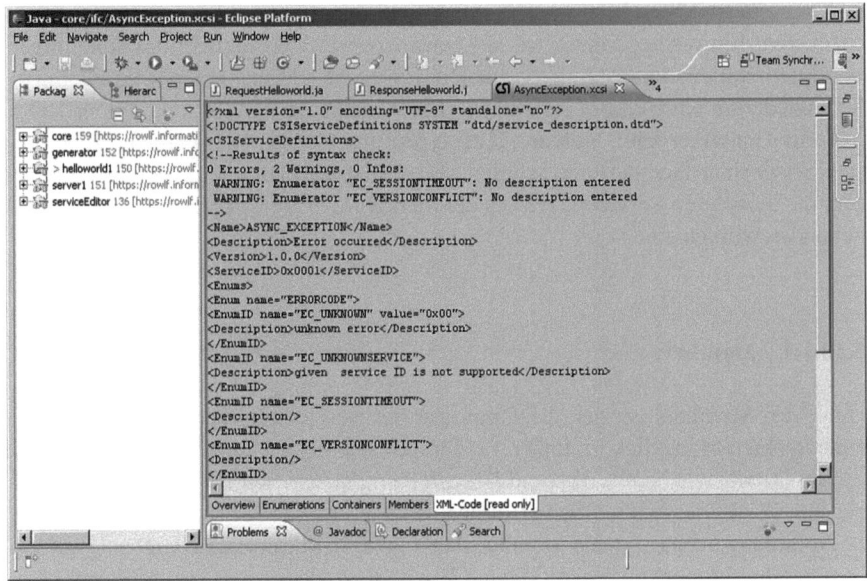

Abb. 5.22 XML-Source View im CSI-Editor

Bei der Einstellung des Typs ist eine Auswahl in der Dropdownliste vorgegeben. In dieser Liste sind alle verfügbaren atomaren Datentypen sowie die im Service definierten Container und importierten Container enthalten.

Die Beschreibung ist wieder HTML konform einzugeben, das heißt ohne Sonderzeichen. Sprachabhängige Sonderzeichen wie Umlaute werden durch entsprechende HTML-Kodierung dargestellt.

5.10.1.5 XML-Code zur Kontrolle

Die letzte Registerkarte (Abb. 5.22) zeigt den (voraussichtlichen) XML Code der Serviceinterfacedefinition. Dieser enthält nach dem Einleiten durch das Root-Tag als Kommentar eine Liste der Fehler, Warnungen und Informationen, die für diese Interfacebeschreibung im Problemmarker dargestellt werden.

Eingeleitet wird diese Information mit einer Summe der jeweiligen Meldungsarten. Auf diesen folgen die einzelnen Meldungen.

5.10.1.6 Problemmarker

Der Problemmarker ist Teil der Eclipse-Umgebung (Abb. 5.23). Das CSI Plug-In stellt hierrüber Informationen, Warnungen und Fehlermeldungen zur Verfügung.

In diesem Fall informiert der Verifier, dass der Name des Serviceinterfaces nicht ausschließlich in Großbuchstaben geschrieben ist. Weiter ist die Ressource,

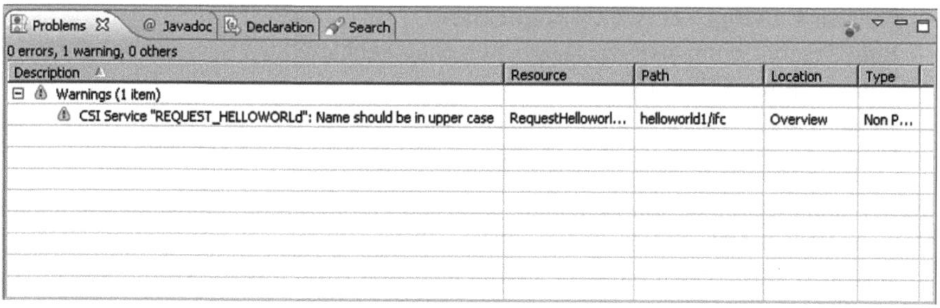

5.10 Tooling and Debugging

Description	Resource	Path	Location	Type
Warnings (1 item)				
CSI Service "REQUEST_HELLOWORLd": Name should be in upper case	RequestHellowort...	helloworld1/ifc	Overview	Non P...

Abb. 5.23 Der Problemmarker aus in der Eclipse-IDE

also die Quelldatei, dazu angegeben, der Pfad, wo sie zu finden ist und die Karteikarte, in der die Warnung auftritt. Genauso werden auch Fehler und Informationen angegeben.

Ein Doppelklick auf diesen Eintrag im Problemmarker führt den Benutzer direkt zu der Stelle, worauf sich die Meldung bezieht.

5.10.1.7 Cheetsheets

Die Cheetsheets erleichtern die Arbeit mit den Interfacedefinitionen durch direkte Hilfestellungen zu den entsprechenden Themen. Auf der Karteikarte Overview sind die Links zu diesen Hilfestellungen zu finden.

Die Online Hilfe (Abb. 5.24) umfasst folgende Dokumente:

- **Using the CSI Eclipse Plug-In**
  Eine Beschreibung, wie man das CSI Eclipse Plug-In benutzt.

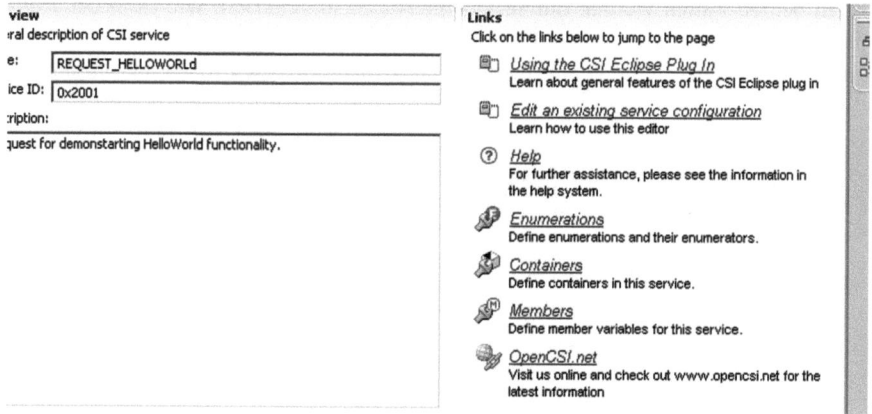

Abb. 5.24 Online-Hilfe im CSI-Editor

- **Edit an Existing Service Configuration**
  Eine Beschreibung über das Bearbeiten einer existierenden Servicekonfiguration in Form einer XCSO Datei.
- **Help**
  Eine Hilfe allgemeine Hilfe zum Thema CSI und Servicedefinitionen.

Weiter sind hier Links zum Erstellen von neuen Enumerations, Containern und Serviceparametern enthalten.

Den Abschluss bildet ein Link auf die Homepage des Open CSI.

5.10.2 Generator

Der Code Generator ist ebenfalls Bestandteil des CSI SDK und erzeugt aus den Service Interface Beschreibungen (XCSI) die jeweiligen CSI Quellen in den gewünschten Programmiersprachen. Derzeit werden hier Java, C++ und PHP unterstützt.

Als Parameter muss dem Generator der Service Overview, die XCSO Datei, übergeben werden. Hier sind die Parameter enthalten, die für die Codegenerator von Bedeutung sind.

Das Starten des Generaors (Listing 5.36) kann in der Kommandozeile oder aus der Eclipseumgebung heraus geschehen.

Zunächst werden im Classpath die verwendeten JAR-Archive `csigen.jar` und `jdom.jar` angegeben. Darauf folgen der Name der ausführenden Klasse und dann die Steuerdatei `Services.xcso`.

Alternativ kann auf Windowssystemen auch das im SDK enthaltene Batchfile aufgerufen werden (Listing 5.37).

Als Konfigurationsfile kann eine beliebige andere XCSO Datei angegeben werden.

Das Starten des Generators aus der Eclipseumgebung heraus geschieht über einen rechten Mausklick auf die entsprechende XCSO Datei.

In beiden Fällen werden die Serviceinterfaces so generiert, wie es in der Konfigurationsdatei angegeben ist. Bei Fehlern im Generierungsprozess wird eine entsprechende Fehlermeldung ausgegeben und in das Log geschrieben. Per Parameter

```
java -cp ./bin/csigen.jar;./bin/jdom.jar
net.opencsi.tools.generator.Generator ./ifc/Services.xcso
```

Listing 5.36 Start des CSI-Generators

```
Generate.bat ./ifc/Services.xcso
```

Listing 5.37 Start des CSI-Generators mit Hilfe einer Batch-Datei

5.10 Tooling and Debugging

kann eingestellt werden, ob der Generierungsprozess damit komplett abgebrochen wird oder ob nur das entsprechende fehlerhafte Serviceinterface fehlen soll.

Wird der Generator aus der Eclipseumgebung heraus gestartet, muss in der Regel der Projectexplorer von Eclipse nach der Codegenerierung aktualisiert werden, damit die generierten Dateien, wenn sie in einem oder mehreren Projekten liegen, dort sichtbar werden.

5.10.3 Verifier

Vor der Generierung der Quellen wird eine Verifizierung der Service Interface Beschreibungen durchgeführt. Diese Beschreibungen können auch manuell für jedes Interface durchgeführt werden, wenn die Bearbeitung einer solchen Konfigurationsdatei abgeschlossen ist.

Die Verifizierung prüft neben dem eigentlichen Format und syntaktischen Angaben auch die Zusammenhänge zwischen den einzelnen Service Interfaces. Dazu gehören zum Beispiel mehrfache Verwendungen ein und derselben Service ID oder eines gleichen Namens beziehungsweise mehrfache Definitionen von einer Containerklasse oder Serviceklasse.

Es wird zwischen der Verifizierung einzelner Service Interface Definitonen und der der Service Overviews unterschieden. Die Verifizierung der Service Interfaces prüft nur einzelne XCSI Dateien und kann keine Abhängigkeiten zu anderen Service Interfaces überprüfen; beispielsweise Namensgleichheit von Containern, Enumerations oder Services, oder Mehrfachverwendung von Service ID's.

Die Überprüfung eines Satzes von Service Interfaces geschieht aus der Kommandozeile heraus gemäß Listing 5.38.

Auch hier werden wie beim Generator nach der Angabe des Classpath die ausführbare Klasse des Verifiers und anschließend die Service Overeview Datei angegeben (Listing 5.39).

Alternativ kann auf Windowssystemen auch das im SDK enthaltene Batchfile (Listing 5.40) aufgerufen werden.

```
java -cp ./bin/csigen.jar;./bin/jdom.jar
net.opencsi.tools.verifier.Verifier ./ifc/Services.xcso
```

Listing 5.38 Start des CSI-Verifizierers von der Kommandozeile

```
Verify.bat ./ifc/Services.xcso
```

Listing 5.39 Start des CSI-Verifizierers mit Hilfe einer Batch-Datei

```
java -cp ./bin/csigen.jar;./bin/jdom.jar
net.opencsi.tools.verifier.Verifier ./ifc/RequestHelloworld.xcsi
```

Listing 5.40 Verifikation der Service Interface Definitionen

```
Verify.bat ./ifc/RequestHelloworld.xcsi
```

Listing 5.41 Verifikation der Service Interface Definitionen mit Hilfe einer Batch-Datei

Für die Prüfung einzelner Service Interface Definitionen wird in diesem Fall als Parameter nicht die Service Overview Datei sondern die Service Interface Definition verwendet.

Auch hier kann alternativ auf Windowssystemen das im SDK enthaltene Batchfile aufgerufen werden (Listing 5.41).

Diese Überprüfung aus der Kommandozeile heraus kann ohne Schwierigkeiten in komplette Buildskripte eingebaut werden.

In der Entwicklungsumgebung Eclipse verwendet man eher die Möglichkeit die Prüfung aus dem Kontextmenue einer XCSI oder XCSO Datei heraus zu starten. In diesem Fall reicht ein rechter Mausklick auf eine Service Interface Definition (.xcsi) oder einen Service Interface Overview (.xcso) und die Prüfung wird gestartet.

Die Überprüfung wird in der Regel auch während des Editierens von Service Interfaces durchgeführt und die Ergebnisse werden über die Problemmarker visualisiert.

5.10.4 CSI Perspective für Eclipse

Die CSI Perspective für Eclipse ist die Workspaceansicht für die Entwicklung von CSI Service Interfaces.

Der Projectexplorer im linken Fenster weicht einer Übersicht von Service Interface Definitionen und dem Service Overview. Diese Ansicht stellt ebenfalls eine Baumstruktur dar.

Das Hauptfenster zeigt in der Regel die Eingabemaske für Service Interface Definitionen oder Overviews. Unter dem Hauptfenster ist der Problemmarker zu finden.

Über entsprechende Icons in der Toolbar lassen sich die Generierungs- oder Verifizierungsvorgänge einfach starten. Auch die Verwendung mit einer Referenzimplementierung als Client Simulation oder Server Simulation ist hier verfügbar.

Ebenfalls über die Toolbar lässt sich die Verbindung aus CSI Kernel, generiertem Code und implementierter Applikation deployen, also für ein Endgerät oder den Server bereitstellen.

5.10.4.1 Durchführung der Codegenerierung

Durch Betätigung des Buttons ‚Generating' in der Toolbar sucht sich die Perspective die Service Overview Datei (.xcso) aus dem Baum und generiert die Service Interfaces und Container, wie sie dort definiert sind.

Findet die Perspective mehr als ein Service Overview, wird eine Messagebox angezeigt. In einer Liste sind alle vorhandenen XCSO Dateien enthalten und der Anwender muss die entsprechende auswählen oder kann den Generierungsvorgang abbrechen.

5.10.4.2 Durchführung der Verifizierung

Die Durchführung der Verifizierung geschieht wie die Generierung abhängig von einer XCSO Datei, wenn die Verifizierung über den Button in der Toolbar gestartet wird. Die Verifizierung geht der Generierung immer automatisch vorran.

Im Gegensatz zur Generierung kann die Verifizierung auch auf einzelne Service Interface Definitionen angewendet werden. Das geschieht wie bereits beschrieben über das Kontextmenü einer XCSI Datei.

5.10.4.3 Verwendung als CSI Simulation

Die Verwendung als CSI Simulation ist der erste Versuch, den generierten Code auszuprobieren. In diesem Fall wird der generierte Code mit dem CSI Core zusammengebracht und in eine CSI Simulation integriert. Diese CSI Simulation stellt eine Verbindung mit dem Referenzserver her und führt die Standardrequests durch.

Die CSI Simulation kann als Client oder als Server Simulation zum Einsatz kommen. In beiden Fällen wird eine Maske dargestellt, in der Requests und Responses zusätzlich simuliert werden können.

Über die Simulation können sowohl händische Tests durch manuelle Auswahl der Requests und Eingabe der Parameter durchgeführt werden als auch JUnittests implementiert werden. Über diese Tests sind Stresstests und Tests mit extremen Wertebereichen realisierbar.

5.10.4.4 Deploy der CSI Software (Core, generierter Teil und Applikation)

Über den Deploy lassen sich die Gesamtheit aus CSI Kernel, generiertem Code und der darum liegenden Applikation an die entsprechende Stelle kopieren, bzw. ‚deployen'.

Bei laufenden Applikation muss an diesen Punkt in der Regel die gesamte Applikation herunter gefahren werden. Bei Systemen auf Basis eines OSGi Frameworks reicht es in der Regel, das neue Bundle zur Verfügung zu stellen. Die Interessenten können dann über einen Request selbst das Update initiieren.

5.10.5 Streamanalyzer

Der Streamanalyzer ist ebenfalls ein Werkzeug, das als Kommandozeilenversion, wie auch als Bestandteil des CSI SDK für Eclipse existiert. Bei der Kommandozeilenversion wird dem Streamanalyzer das empfangene Binary als Parameter in Form eines Dateinamens übergeben. Bei der Eclipsevariante ist der Analysator über das Kontextmenü erreichbar, wenn sich der Fokus auf einer binären CSI Message befindet. Binäre CSI Messages haben in der Regel die Endung „.bcsi'.

Wird der Analysierer von der Kommandozeile aus gestartet, wird eine HTML Datei erzeugt, in der die Analysen enthalten sind. Der Name der Datei ist wie der der CSI Message; allerdings mit der Endung „.html'. Existiert die Datei schon, wird nachgefragt, ob die alte überschrieben werden soll.

Werden Fehler gefunden, werden diesen in der HTML Datei als rote Zeilen dargestellt. Warnungen werden in orange angezeigt und Debuginformationen in grau. Die Analyse stellt die einzelnen Parameter des Headers dar und gibt eine Übersicht des Nutzdatenteils in Form von Größe des Payloads und auf Wunsch des Hexdumps. Den Abschluss bildet die CRC32 Checksumme.

Wird ein CSI Modul gefunden, in dem die generierten Dekoder für dieses Paket in der richtigen Version enthalten sind, wird der Dekoder für das Dekodieren des Nutzdatenteils herangezogen und ebenfalls in der Übersicht dargestellt. Sollte die Versionsnummer unterschiedlich sein, wird hier eine Warnung ausgegeben. Sollte das CSI Modul gar nicht verfügbar sein, dann wird ein kleiner Hinweis in der Ausgabe eingefügt.

Die generierte HTML Datei kann mit jedem Browser angezeigt werden. Stylesheetinformationen sind in dieser Datei integriert, damit der Anwender nicht immer wieder auf die Existenz dieser Informationen angewiesen ist.

Die Eclipsevariante des Streamanalyzers arbeitet im Prinzip genauso. Es wird eine HTML Datei erzeugt, die dann in dem Editor, bzw. in der View der CSI Perspective für Eclipse angezeigt wird.

5.10.6 Stream Creator

Der Streamcreator ist ein Werkzeug zum Erstellen von CSI Nachrichten für Testzwecke. Über eine XML Datei werden ihm die einzelnen Parameter mitgegeben, die für das Erstellen der Nachricht benötigt werden. Die erstellte Nachricht wird als Datei abgelegt.

Im Folgenden ist eine Beispielkonfigurationsdatei für den Streamcreator aufgeführt.

Konfigurationsdateien für den Streamcreator (Listing 5.42) werden üblicherweise mit der Dateiendung „.scsi' versehen. In dieser Konfigurationsdatei existieren die folgenden vier Elementgruppen: Options, Header, Payload und Footer. Der Footer besteht nur aus dem CRC Wert.

5.10 Tooling and Debugging

```
<StreamCreatorInformation>

   <Options>
      <Destination value="./tmp/TestMessage.bcsi"/>
   </Options>

   <Header>
      <Element name="ServiceID" type="UInt16" value="0x0105"/>
      <Element name="Version" type="UInt16" value="0x0202"/>
      <Element name="DeviceID" type="SStr" value=""/>
      <Element name="KeyID" type="SStr" value="keyID"/>
      <Element name="SessionID" type="SStr" value=""/>
      <Element name="LanguageID" type="UByte" value="0x10"/>
      <Element name="Profilename" type="SStr" value="profileA"/>
      <Element name="Reserved" type="UInt32" value="0"/>
      <Element name="SectionID" type="UByte" value="0x11"/>
   </Header>

   <Payload>
      <Element name="par1" type="UInt32" value="1234"/>
      <Element name="par2" type="SStr" value="test"/>
      <Element name="parN" type="UInt16" value="2"/>
      <Element name="parN1" type="SStr" value="Zeile1"/>
      <Element name="parN2" type="SStr" value="Zeile2"/>
   </Payload>

   <CRC value="*"/>
</StreamCreatorInformation>
```

Listing 5.42 Beispiel einer Konfigurationsdatei des CSI Stream Creators

In den **Options** wird die Zieldatei angegeben. Die Unterverzeichnisse werden bei Bedarf erstellt.

Auf die Options folgt die Elementgruppe **Header**. Der Header ist der CSI Nachrichtenheader und ist überall im System gleich, vorausgesetzt er wurde mit dem gleichen Generator gebaut. Der Header besteht aus einer Liste von Elementen. Jedes Element besitzt einen Namen, einen Typ und einen Wert.

Nach dem Header werden die **Payload**-Elemente angegeben. Sie sind von Service zu Service unterschiedlich und machen den Hauptteil der CSI Nachricht aus.

Abschließend wird noch der **CRC** Wert als Footer angehängt. Ist er auf 0 gesetzt, wird er vom Dekoder ignoriert. Ist ein ‚*' angegeben, wird er vom Streamcreator selbst berechnet. Die dritte Möglichkeit ist die Angabe eines konkreten 32 Bit Wertes; beispielsweise für die Überprüfung von Checksummenberechnungen beim Dekoder.

Das **Element** enthält drei Attribute. Der Name des Elements ist nur symbolisch und erscheint nicht in der erstellten CSI Nachricht. Er wird lediglich für die Ausgabe von Fehlern und Warnungen mit herangezogen, damit das Aufspüren der Probleme einfacher wird. Jedes Element besitzt einen Typ, der für die Kodierung der CSI Nachricht wichtig ist. Abhängig von diesem Typ wird der Wert, der im dritten Attribut enthalten ist, kodiert. Der Wert des Elements, das dritte Attribut, muss zu

```
java -cp ./lib/csitools.jar;./lib/jdom.jar
net.opencsi.tools.StreamCreator ./demo/TestService001.scsi
```

Listing 5.43 Aufruf des CSI StreamCreators von der Kommandozeile

```
StreamCreator.bat ./demo/TestService001.scsi
```

Listing 5.44 Aufruf des CSI StreamCreators mit Hilfe einer Batch-Datei

dem Typ des Elements passen. Andernfalls wird eine Warnung und gar eine Fehlermeldung ausgegeben.

Das Ausführen des Streamcreators kann wie bei allen CSI SDK Werkzeugen aus der Kommandozeile heraus (Listing 5.43) oder innerhalb der Eclipseumgebung gestartet werden. Wird der Streamcreator aus der Kommandozeile im Stammverzeichnis des CSI SDKs heraus gestartet, muss die Konfigurationsdatei als Parameter angegeben werden.

Auch für diesen Aufruf gibt es für die Windowsumgebung ein Batchfile (Listing 5.44).

In der Eclipseumgebung reicht ein rechter Mausklick auf eine Streamcreator-Konfigurationsdatei (erkenntlich an der Dateiendung ‚.scsi') und im Kontextmenue kann der Befehl ‚Create CSI Message' ausgewählt werden.

Fehlermeldungen werden auch hier in der Konsole dargestellt. In diesem Fall üblicherweise in der Konsole, die in Eclipse integriert ist.

5.10.7 Control Center

Das Control Center wird erst in der CSI Version 2.2 verfügbar sein. Mit dem Control Center ist es möglich Informationen aus dem verbauten CSI Modul herauszuziehen und das CSI Modul mit bestimmten Informationen zu stimulieren. So lassen sich Testfälle im laufenden Betrieb simulieren und Fehler besser nachvollziehen, als über die normalen Traces.

... csi.controlcenter = 12344 ...

Das Control Center ist im Prinzip ein Teil des CSI Kerns. Mit Start der Applikation kann über den Parameter `csi.controlcenter = 12345` ein HTTP Server im CSI Modul auf Port 12345 gestartet werden. Nur wenn dieser Parameter angegeben ist, wird der Thread auch wirklich gestartet. Andernfalls belastet er das System nicht.

5.10 Tooling and Debugging 117

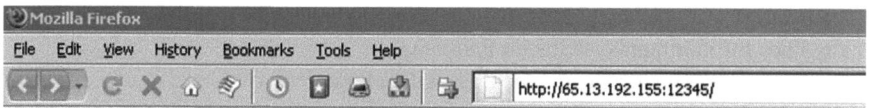

Abb. 5.25 CSI Control Center eines Endgerätes im Browser

Wird das Control Center gestartet, wird ein HTTP Serversocket auf dem angegebenen Port geöffnet. Er steht für eine beliebige Anzahl von Clients zur Verfügung.

Der Benutzer kann sich über diesen Port und die IP Adresse des Gerätes oder der Simulation mit einem Browser verbinden und bekommt als Resultat eine HTML Seite, in der die benötigten Informationen enthalten sind.

Die Ansicht des Control Centers (Abb. 5.25) besteht aus diesen wesentlichen Bereichen: Service Interfaces, Statusbereich, Loggingbereich und Stimulation.

Der Bereich **Service Interfaces** listetet die in dem CSI Paket enthaltenen Service Interfaces inklusive ihrer Version auf. In einer weiteren Spalte wird hier dargestellt, wie oft das Service Interface schon angesprochen worden ist. Sowohl als Request, also als ausgehende Nachricht- als auch als Response, also als eingehende Nachricht.

Der Bereich **Statusbereich** enthält aktuelle Statusinformationen über das CSI Modul. So werden hier beispielsweise

- Informationen über die aktuell verbundenen Clients dargestellt (nur relevant für den Einsatz auf Servern)
- der Logginglevel
- die Anzahl eingehender und ausgehender Nachrichten pro Minute
- die Größe der eingehenden und ausgehenden Nachrichten, jeweils mit Maximal- und Minimalwert
- Größe des freien Speichers im System
- Status der Factories für CSI Nachrichten und Dekoder

Im unteren Bereich der Seite wird im **Loggingbereich** das Trace des CSI ausgegeben. Anhand dieses Logs können aktuelle Aktionen ausgewertet werden. Unterhalb dieses Logs befindet sich ein Button zum Speichern des aktuellen Logs im lokalen Speicher.

Der letzte Bereich ist der **Stimulation** vorbehalten. In diesem Bereich lassen sich CSI Nachrichten, die zuvor mit dem CSI Servicecreator erstellt worden sind in das System einspeisen und die Reaktion darauf auswerten. In diesem Bereich lassen sich auch direkt im CSI Module definierte Services mit den entsprechenden Parametern aufrufen. Dies ist allerdings nur für eine relativ übersichtliche Tiefe der Verschachtelungen von Containertypen möglich. Bei umfangreicheren Nachrichten muss auf den Streamcreator ausgewichen werden.

Die Seite aktualisiert sich alle 500 ms. Die angezeigten Werte sind somit recht aktuell. Dies kann zu Problemen führen, wenn spezielle Usecases auf dem Zielsystem ausgeführt werden. Typische Beispiele hierfür sind die Startupphase oder die gleichzeitige Ausführung der Routenberechnung und Anzeige eines Films innerhalb eines Infotainmentsystems im Fahrzeug.

Um solche Probleme zu umgehen, kann dem Parameter `csi.controlcenter` neben der Portnummer noch eine minimale Updatewartezeit mitgegeben werden.

... csi.controlcenter = 12345;2000 ...

In diesem Fall wird die Seite nur alle 2 Sekunden aktualisiert. Das System steht so nicht mehr unnötig unter Stress. Die Daten im Loggingbereich werden trotzdem alle mitgeschnitten und angezeigt.

Kapitel 6
Beispielapplikationen mit dem CSI SDK

Dieses Kapitel beschreibt exemplarische Applikationen, die das CSI unterstützen und anwenden. Die Anwendungsfälle sind teilweise aus der realen Servicewelt entnommen, teilweise entstammen sie Machbarkeitsstudien aus studentischen Arbeiten.

Begonnen wird mit einer Endgeräte-Simulation, die ein OSGi Framework als Basis verwendet. Die Simulation stellt eine geografische Karte dar, der *Points Of Interest* (POIs) überlagert werden. Diese POIs werden von dem im zweiten Kapitel beschriebenen CSI Demoserver angefragt und übermittelt.

Alle hier beschriebenen Applikationen sollen den Entwicklungsprozess im Bereich der Telematikdienste unter Verwendung des CSI beschreiben und eine Grundlage für eigene Entwicklungen liefern.

6.1 PC-Simulation einer Navigationsanwendung mit CSI-Client

Es wird ein Softwaresystem entwickelt, welches dem Benutzer Informationen visuell darstellen kann. Dieses Softwaresystem soll die Möglichkeiten des CSI vorstellen und es gezielt einsetzen. Aus diesem Grund wird das Softwaresystem als CSI Simulationsclient bezeichnet. Es wird dazu eine Client Anwendung erstellt, die eine Benutzeroberfläche bietet, die die Verwendung des CSI zum Benutzer hin verbirgt und eine einfache Bedienung ermöglicht [TFI01]. Die Informationen, die zur Visualisierung genutzt werden, stammen von einem Server, der parallel zu diesem Client entwickelt wurde.

6.1.1 Analyse

Das Softwaresystem wird auf Basis von OSGi entwickelt und aus mehreren OSGi Bundles bestehen. Diese Maßnahme setzt die Vorzüge des OSGi Frameworks in

Szene. Da die OSGi Alliance selbst keine Implementierung der OSGi Spezifikation in Form eines Frameworks anbietet, wird ein OSGi Framework als Laufzeitumgebung gewählt, das sich Apache Felix nennt.

Der CSI Simulationsclient muss verschiedene Funktionen beherrschen, die die Möglichkeiten des CSI aufzeigen. Die CSI Services, die intern genutzt werden, um die Funktionen des CSI Simulationsclients zu realisieren, werden in den folgenden Abschnitten detailliert beschrieben. An dieser Stelle wird lediglich die durch die CSI Nutzung zur Verfügung stehende Funktionalität erläutert. Der CSI Simulationsclient soll außerdem Funktionen bereitstellen, die nicht direkt mit dem CSI in Verbindung stehen, sondern eine einfache Bedienung ermöglichen.

CSI unabhängige Funktionalität:
- **Kartendarstellung der Points of Interest**
  Diese Funktionalität bildet einen zentralen Punkt des CSI Simulationsclients. Die Grundlage dafür bildet die OpenStreetMap Karte. Die Points of Interest (POIs) werden auf Anfrage vom Server zur Verfügung gestellt. Sie werden mittels spezieller Methoden an der richtigen Position in der Karte eingeblendet. Der Benutzer kann beliebig in der Karte manövrieren.
- **Visualisierung von Verkehrsinformationen oder Ähnlichem**
  Um den Benutzer mit aktuellen Informationen zu versorgen, wird am äußeren Rand der Benutzeroberfläche ein ausblendbares Anzeigefeld platziert. Die Informationen werden als Text dargestellt und in die drei Kategorien Verkehr, Nachrichten und sonstige Meldungen unterteilt. Das Anzeigefeld zeigt, über Reiter zugänglich, jeweils eine der Kategorien an.
- **Baumdarstellung der Points of Interest**
  Das Anzeigefeld für die Informationen zu Verkehr und anderen Meldungen lässt sich mit einem Button zu einem Anzeigefeld für die angeforderten POIs umschalten. Die Darstellung der POIs geschieht in einer Baumstruktur, bei der ein einzelner Point of Interest (POI) ein Blatt und eine Kategorie einen Knoten des Baumes bildet. Die POIs können in der Baumdarstellung einzeln, als Kategorie oder komplett markiert werden und erscheinen dann auf der OpenStreetMap Karte.
- **Schnittstellen zur Benutzerinteraktion**
  Die Benutzeroberfläche bietet über Buttons und über Auswahlfelder die Möglichkeit, Vorgänge einzuleiten, die eine Aktion nach sich ziehen. Solche Aktionen sind zum Beispiel die Anmeldung oder Abmeldung am Server, die Anforderung von POIs oder die Einblendung des Anzeigefeldes für die POIs, beziehungsweise die Informationsmeldungen.
- **Automatisches Abfahren einer Route**
  Die Funktionalität besteht in der Simulation einer Fahrt in einem Kraftfahrzeug entlang einer Strecke, die zuvor mit Hilfe eines GPS Empfängers aufgezeichnet wurde. Die Simulation lässt sich über die Einstellungen in einer Konfigurationsdatei, auf die weiter unten detaillierter eingegangen wird, bedingt steuern. Die zu simulierende Fahrstrecke muss in einem bestimmten Format in einer Datei vorliegen. Der aktuelle Standort wird auf der Karte durch eine sogenannte Motte

6.1 PC-Simulation einer Navigationsanwendung mit CSI-Client

dargestellt, die sich der jeweiligen Fahrtrichtung anpasst. Der Benutzer kann während einer Simulation nicht in der Karte manövrieren, jedoch den Maßstab der Karte (Zoom) verändern.

- **Meldungen an den Benutzer**
  Leider kommt es in manchen Fällen vor, dass ein Vorgang nicht ordnungsgemäß abgeschlossen werden kann. Der Benutzer wird in solch einem Fall in einem Informationsfeld darüber und über die Ursachen, sofern dies möglich ist, informiert. Fehlerfreie Aktionen werden dort ebenfalls signalisiert, sofern die Benutzeroberfläche sonst keine Reaktion zeigen würde. Dieser Fall tritt beim Anmelden am Server ein, da weder die Karte noch ein anderer sichtbarer Teil der Benutzeroberfläche einen Erfolg dieses Vorgangs visualisieren würde. Zur besseren Übersicht werden Erfolgsmeldungen Grün und Fehlermeldungen Rot dargestellt.
- **Initialisierung mittels Konfigurationsdatei**
  Zur Konfiguration des CSI Simulationsclients können bestimmte Einstellungen in einer Konfigurationsdatei vorgenommen werden. Zum Abfahren einer Route wird zum Beispiel die Quelldatei, die die Informationen zur Route enthält, dort angegeben. Trotz Angabe einer Quelldatei kann die Simulationsfahrt jedoch durch einen anderen Parameter deaktiviert werden. Es werden weiterhin Einstellungen für die Benutzeroberfläche und für das CSI gemacht. Falsche Eingaben in der Konfigurationsdatei, die die Datei unbrauchbar machen, veranlassen den CSI Simulationsclient zu einem Start mit seinen Standardeinstellungen.

CSI abhängige Funktionalität
- **Server Anmeldung**
  Der Client stellt an den Server die Anfrage zur Anmeldung. Diese Funktion lässt sich über einen Button auf der Benutzeroberfläche ansprechen. Die Anmeldung ist nötig, da sich ein Client gegenüber dem Server erst authentifizieren muss, bevor er weitere Anfragen an ihn stellen kann. Als Anschluss an die Anmeldung werden automatisch die Kategorien, der auf dem Server verfügbaren POIs mit dem CSI Simulationsclient synchronisiert, um dem Benutzer einen sofortigen Überblick darüber zu verschaffen.
- **Server Abmeldung**
  Der Client stellt an den Server die Anfrage, sich abzumelden. Der Client sollte, sofern er nicht mehr benötigt wird, vom Server abgemeldet werden, damit dieser seine Kapazitäten anderen Clients zur Verfügung stellen kann. Der Abmeldevorgang lässt sich ebenfalls durch einen Button auf der Benutzeroberfläche starten.
- **Points of Interest vom Server beziehen**
  Der Client fordert mit einer Anfrage an den Server POIs an. Dieser Vorgang wird durch die Auswahl einer maximalen Distanz vom aktuellen Standort zu den POIs und durch die Kategoriewahl angestoßen. Die POIs werden nach Kategorien klassifiziert, um eine Vorauswahl treffen zu können. Es ist an dieser Stelle möglich, die POIs aller Kategorien anzufordern. Der Vorgang wird jedoch nur gestartet, wenn aus beiden Auswahlfeldern der Benutzeroberfläche gültige Werte selektiert wurden.

- **Verkehrsinformationen oder Ähnliches vom Server beziehen**
  Diese Funktionalität dient dazu, den Benutzer mit zusätzlichen Informationen zu versorgen. Es bedarf hierbei keiner Anfrage von Seiten des Clients, da diese Informationen ohne sein zutun vom Server übermittelt werden. Dabei adressiert der Server nicht an bestimmte Clients, sondern es wird in einem Broadcastverfahren versandt.
- **Zustand der Navigation an Server übermitteln**
  Dieser Vorgang dient dazu, dem Server den aktuellen Navigationsstatus mitzuteilen. Der Navigationsstatus umfasst dabei den Status der Zielführung, die Verfügbarkeit des GPS Signals und einem Parameter, der Angaben darüber macht, ob der aktuelle Standort erfolgreich auf eine Straße gemappt wurde. Diese Funktionalität bleibt dem Benutzer verborgen, da dieser Vorgang vom Server initialisiert wird und automatisch, ohne Rückmeldungen an die Benutzeroberfläche, bearbeitet wird.

6.1.2 Design

Das Design der Software wurde auf dem Model-View-Controller (MVC) Pattern[1] aufgebaut. Das MVC-Pattern ist ein Architekturmuster zur Strukturierung von Softwareentwicklungen in drei Einheiten beziehungsweise Schichten:

- Präsentation (View)
- Anwendungslogik (Controller)
- Datenmodell (Model)

Die Abhängigkeiten der Schichten sind in der folgenden Abb. 6.1 dargestellt.

Die Präsentation ist für den Benutzer der zentrale Teil der Anwendung. Diese Schicht bildet die Schnittstelle zwischen Benutzer und Anwendung und wird durch

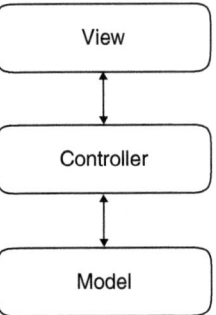

Abb. 6.1 Die Schichten der Model-View-Controller Architektur

---

[1] Pattern ist in der Softwareentwicklung eine Bezeichnung für ein Entwurfsmuster. Ein Entwurfsmuster enthält eine Empfehlung, um ein bestimmtes Problem immer mit der gleichen Herangehensweise zu lösen.

6.1 PC-Simulation einer Navigationsanwendung mit CSI-Client

eine Benutzeroberfläche mit verschiedenen Elementen repräsentiert. Dies können Listen, Buttons, Auswahlmenüs oder andere Elemente sein. Die von der Präsentationsschicht entgegengenommenen Benutzeraktionen werden an die Anwendungslogik weitergeleitet.

Die Anwendungslogik bildet in der Regel den zentralen Teil einer Anwendung. Sie wird oft als Geschäftslogik[2] bezeichnet. Die Abläufe, die das Softwaresystem auszeichnen, sind an dieser Stelle hinterlegt und die Anwendung wird dadurch gesteuert. Die Anwendungslogik kommuniziert mit dem Model und fordert Daten an oder gibt sie weiter.

Das Datenmodell wird in diesem Fall nicht, wie teilweise in der Literatur, als reiner Datenspeicher angesehen. Es ist vielmehr eine komplexe Schnittstelle, die die Daten zur Verfügung stellen kann. Dies geschieht bei entsprechenden Anforderungen der Anwendungslogik.

Das zu entwickelnde Softwaresystem wird nach diesem Architekturmuster implementiert. Es wird dabei jede Schicht von einem OSGi Bundle[3] dargestellt. Diese Art der Implementierung ermöglicht es, die einzelnen Schichten der Model-View-Controller Architektur komplett getrennt voneinander zu entwickeln. Ein weiterer Vorteil ergibt sich durch die Austauschbarkeit und Wiederverwendbarkeit der Schichten. Dieser Vorteil der MVC Architektur wird durch die Implementierung als OSGi Bundles noch verstärkt. Dadurch lassen sich die Bundles beziehungsweise Schichten sogar zur Laufzeit austauschen und gegebenenfalls mehrfach verwenden.

Die Präsentationsschicht wird von einem CSI Bundle übernommen, das im Folgenden CSI Bundle GUI genannt wird. Die Aufgabe dieser Schicht beziehungsweise dieses Bundles ist die Präsentation der Ergebnisse des Softwaresystems und die Interaktion mit dem Benutzer.

Das nächste OSGi Bundle trägt im Folgenden den Namen CSI Bundle Controller. Es bildet die Anwendungslogik des Softwaresystems und steuert maßgeblich die Abläufe.

Das letzte OSGi Bundle wird im Folgenden CSI Bundle Core genannt und repräsentiert die Modelschicht des MVC Architekturmusters.

Abbildung 6.2 verdeutlicht beziehungsweise veranschaulicht noch einmal die Zuordnung der OSGi Bundles zu der Model-View-Controller Architektur.

Die CSI Services spielen bei der Kommunikation zwischen Client und Server die größte Rolle. Im Kapitel 2.2 wurde bereits detailliert auf die Erstellung, Funktion und Bedeutung der CSI Services eingegangen, sodass dieser Abschnitt sich vollkommen der Erklärung der benutzten Services widmen kann.

---

[2] Geschäftslogik wird im Englischen als Business Logic bezeichnet.
[3] Ein OSGi Bundle ist eine Softwareeinheit, die als Datenpaket im zip-Format komprimiert ist und alle wichtigen Bestandteile enthält, die für eine das Bundle benötigt werden: das umschließt ausführbaren Code, benötigte Libraries und ggf. Daten, Bilder usw.

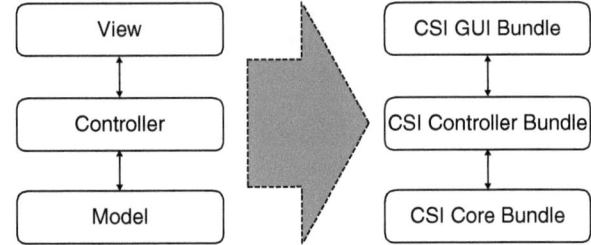

Abb. 6.2 Zuordnung der OSGi Bundles zu der Model-View-Controller Architektur

6.1.3 Definition der Services

Im diesem Abschnitt werden die einzelnen Services beschrieben, die für die Anwendung benötigt werden. Es wurde darauf geachtet, die einzelnen Services möglichst einfach und simpel zu definieren.

6.1.3.1 Allgemeine Services

Die allgemeinen Services sind für sich gültig und sind nicht Bestandteil einer bestimmten Sequenz von Nachrichten zwischen Client und Server.

ServiceBroadcastNewsRSS

Dieser Service wird genutzt, um den Client ohne vorangegangene Kommunikation anzusprechen. Er übermittelt aktuelle Nachrichtenmeldungen im RSS-Format [RSS01] an den Client (Abb. 6.3).

Die Nachrichtenmeldungen sind in dieser Implementierung auf Texte beschränkt (Tab. 6.1) und können zum Beispiel Verkehrsnachrichten, Wetternachrichten oder aktuelle Schlagzeilen von einer externen Quelle sein.

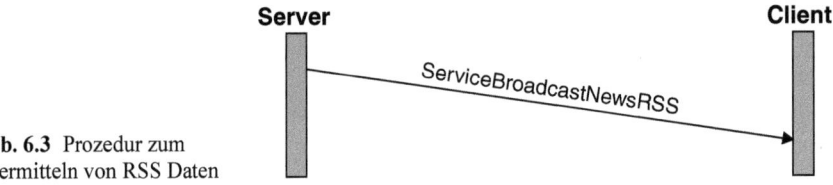

Abb. 6.3 Prozedur zum Übermitteln von RSS Daten

Tab. 6.1 Auflistung der Parameter für den ServiceBroadcastNewsRSS

Parameter	Beschreibung
String Array	Die RSS Daten werden zur Datenübertragung in Stringobjekten gekapselt

6.1 PC-Simulation einer Navigationsanwendung mit CSI-Client

Abb. 6.4 Prozedur zum Übermitteln von TPEG Daten

Tab. 6.2 Auflistung der Parameter für den ServiceBroadcastTPEG

Parameter	Beschreibung
String Array	Es werden TPEG Daten (Verkehrsdaten) übermittelt, die zuvor zur Datenübertragung in String Objekten gekapselt werden

ServiceBroadcastTpeg

Der Dienst ServiceBroadcastTpeg (Abb. 6.4) dient zur Übermittlung von Verkehrsinformationen im Tpeg-Format[4]. Dieser Dienst ist ein Broadcast, das heißt die Informationen werden an den Client ohne vorangegangene Kommunikation übermittelt.

Das ermöglicht die sofortige Übermittlung besonderer Verkehrsnachrichten vom Server an den Client, z. B. wenn Geisterfahrer gemeldet werden müssen (Tab. 6.2).

ServiceBroadcastNewsText

Zur Übertragung von Nachrichtenmeldungen wird die Kommunikation vom Server eingeleitet und dieser Service genutzt (Abb. 6.5).

Im Gegensatz zum Dienst ServiceBroadcastNewsRSS sind diese Nachrichten gänzlich unformatiert (Tab. 6.3).

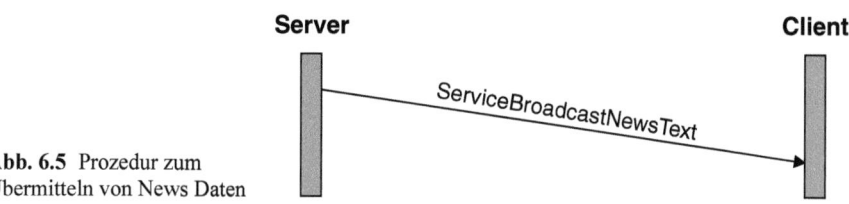

Abb. 6.5 Prozedur zum Übermitteln von News Daten

Tab. 6.3 Auflistung der Parameter für den ServiceBroadcastNewsText

Parameter	Beschreibung
String Array	Es werden Nachrichtenmeldungen in Form von String Objekten übertragen

---

[4] Das TPEG-Format wird von der Traveller Information Services Association (TISA) festgelegt.

Abb. 6.6 Prozedur zum Übermitteln von Fehlern

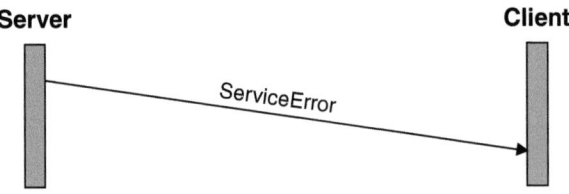

Tab. 6.4 Auflistung der Parameter für den ServiceError

Parameter	Beschreibung
Integer	Die Nummer beziehungsweise der Fehlercode zur Identifizierung des Fehlers
String	Eine Beschreibung des auftretenden Fehlers

ServiceError

Dieser Service dient der Übertragung von Fehlermeldungen vom Server zum Client (Abb. 6.6).

Der Dienst ServiceError ist ein typischer Teilablauf. Er dient zur Übermittlung von Fehlermeldungen vom Server zum Client (Tab. 6.4) und kann jederzeit in einer aktiven Kommunikation vorkommen. Der Client muss jederzeit in der Lage sein, auf Fehlermeldungen reagieren zu können.

6.1.3.2 Services zur Kategorienauskunft

Die folgenden zwei Services (siehe Abb. 6.7) gehören zusammen. Sie treten stets zusammen auf, da der erste Service die Anfrage formuliert und der zweite Service die Antwort darauf liefert. Die folgende Abbildung erläutert diesen Zusammenhang.

Zunächst fragt der Client den Server nach den derzeit verfügbaren Kategorien. Der Server kann im Fehlerfall mit einem ServiceError antworten, aber er wird ohne den Request nicht unabhängig mit einem ServiceResponseCategories antworten.

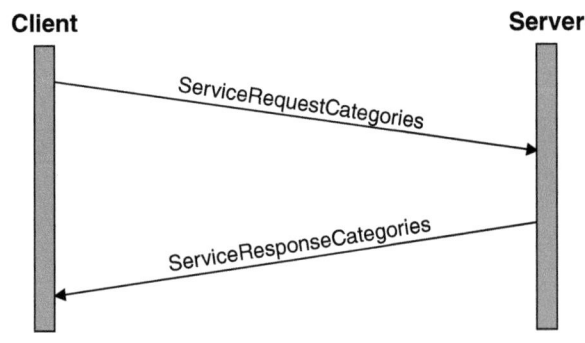

Abb. 6.7 Prozedur zum Abfragen verfügbarer Kategorien

6.1 PC-Simulation einer Navigationsanwendung mit CSI-Client

Tab. 6.5 Auflistung der Parameter für den ServiceResponseCategories

Parameter	Beschreibung
String Array	Die Bezeichnungen der Kategorien werden zur Datenübertragung in String Objekten gekapselt

ServiceRequestCategories

Dieser Service stellt an den Server die Anfrage nach verfügbaren Kategorien. Diese Anfrage an den Server benötigt keine Parameter.

ServiceResponseCategories

Dieser Service liefert als Antwort die auf dem Server verfügbaren Kategorien zurück (Tab. 6.5).

6.1.3.3 Services zum Navigationsstatus

Die folgenden zwei Services (siehe Abb. 6.8) gehören zusammen. Sie treten stets zusammen auf, da der erste Service die Anfrage formuliert und der zweite Service die Antwort darauf liefert. Der Vorgang wird vom Server initiiert und der Client antwortet mit der Statusmeldung.

ServiceRequestNavStatus

Dieser Service stellt an den Client die Anfrage nach dem Status der Navigation. Parameter werden mit dieser Nachricht nicht übertragen.

ServiceResponseNavStatus

Dieser Service liefert als Antwort den Navigationsstatus zurück.

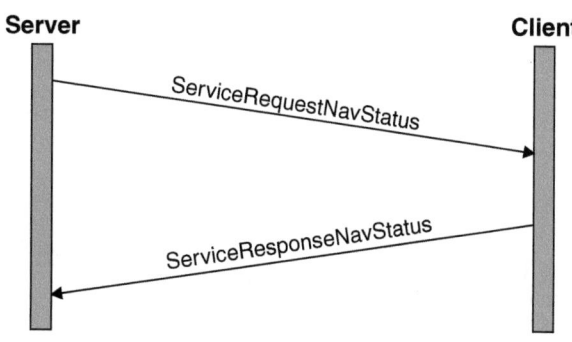

Abb. 6.8 Prozedur zum Abfragen des Navigationsstatus

Tab. 6.6 Auflistung der Parameter für den ServiceResponseNavStatus

Parameter	Beschreibung
Integer	Dieser Parameter gibt Auskunft über den Status der Zielführung
Integer	Dieser Parameter gibt an, ob der aktuelle Standort erfolgreich auf eine Straße gemappt wurde
Integer	Dieser Parameter gibt Auskunft über die Verfügbarkeit eines gültigen GPS Signals

Der Status besteht aus drei Parametern (siehe Tab. 6.6). Der erste Parameter gibt an, ob sich die Navigation gerade in einer aktiven Zielführung befindet. Diese Information ist für den Server besonders wichtig, da er z. B. bei einer aktiven Zielführung nicht nur POIs um den aktuellen Standort, sondern in der Nähe des aktiven Ziels oder entlang der Route anbieten kann.

6.1.3.4 Services zur Point of Interest Auskunft

Die folgenden vier Services (siehe Abb. 6.9) gehören zusammen. Sie bilden eine Sequenz, die stets in der Konstellation, wie es die folgende Abbildung darstellt, auftritt und als Ergebnis verfügbare POIs liefert. Der Vorgang wird in diesem Fall von dem Client gestartet.

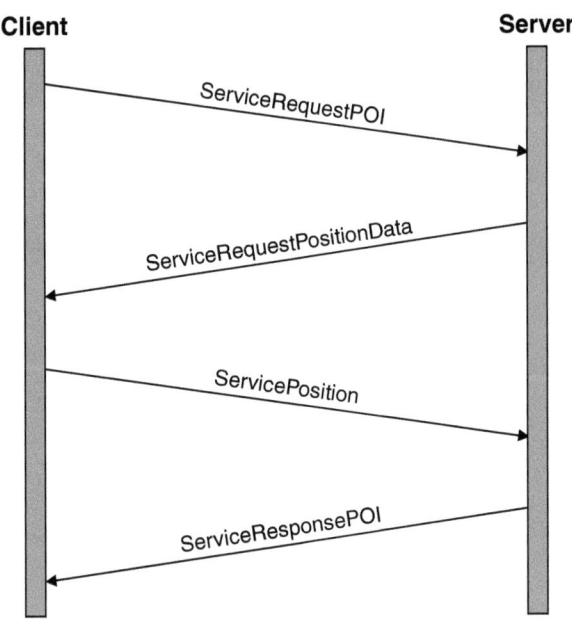

Abb. 6.9 Prozedur zum Abfragen der Points of Interest

6.1 PC-Simulation einer Navigationsanwendung mit CSI-Client

Tab. 6.7 Auflistung der Parameter für den Service RequestPOI

Parameter	Beschreibung
Integer	Es wird der Radius in Metern angegeben, in dem die Points of Interest liegen müssen
Integer	Die Übertragung eines Bildes zu jedem Point of Interest wird über diesen Parameter gesteuert
String	Die Kategorie der Points of Interest wird festgelegt. Es können alle Kategorien angefordert werden

ServiceRequestPOI

An den Server wird die Anfrage nach den verfügbaren POIs gestellt. Die Parameter sind in Tab. 6.7 beschrieben. Der ServiceRequestPOI startet den übergeordneten Vorgang.

ServiceRequestPositionData

Dieser Service geht vom Server aus und stellt an den Client die Anfrage nach der gegenwärtigen Position. Diese Anfrage an den Client ist dann notwendig, wenn der Server derzeit den Status des Client nicht kennt und wird nach dem ServiceRequestPOI ausgelöst. Sind die aktuellen Daten bekannt, kann der Server direkt mit dem ServiceResponsePOI antworten.

Der Server kann die Anfrage der Positionsdaten mehrfach starten. Dies ist erforderlich, wenn die Zeit zwischen der Übermittlung einer POI-Liste und der Auswahl eines einzelnen POIs hinreichend groß ist[5].

ServicePosition

Der ServicePosition ist die Antwort des Client auf die Serveranfrage ServiceRequestPositionData. Wie die Tab. 6.8 zeigt, ist die Liste der Parameter ausführlich genug, um dem Server über die aktuelle Position und das derzeitige Ziel ausreichend zu informieren.

ServiceResponsePOI

Der ServiceResponsePOI dient zur Übermittlung der POI-Informationen vom Server an den Client (Tab. 6.9). Es ist die direkte oder indirekte Antwort auf den ServiceRequestPOI und schließt diesen Anwendungsfall.

---

[5] Siehe Kap. 2 – Beispiel Tankstellensuche.

Tab. 6.8 Auflistung der Parameter für den ServicePosition

Parameter	Beschreibung
Integer	Longitude des derzeitigen Standortes
Integer	Latitude des derzeitigen Standortes
Integer	Die aktuelle Geschwindigkeit
Integer	Das aktuelle Bearing (Himmelsrichtung)
Short	Der aktuelle GMT Offset
Short	Der aktuelle Status der Navigation
Integer	Die Klassifizierung der aktuellen Straße
Integer	Longituide des Navigationsziel
Integer	Latitude des Navigationsziel
Integer	Die Entfernung zum Navigationsziel
Long	Die geschätzte Zeit bis zum Erreichen des Navigationsziels

Tab. 6.9 Auflistung der Parameter für den ServiceResponsePOI

Parameter	Beschreibung
POI Array	Die Points of Interest, die den vorgegebenen Kriterien entsprechen. Ihre Daten werden in einem POI Objekt gekapselt. Auf dieses POI Objekt wird im weiteren Verlauf noch detaillierter eingegangen

6.1.3.5 Services zur Anmeldung eines Clients am Server

Die folgenden vier Services gehören zusammen (Abb. 6.10). Sie bilden eine Sequenz, die stets in der Konstellation, wie in Abb. 3.10 auf Seite 55 dargestellt, auftritt und bei einem erfolgreichen Abschluss und korrekter Autorisierung den Client an dem Server anmeldet.

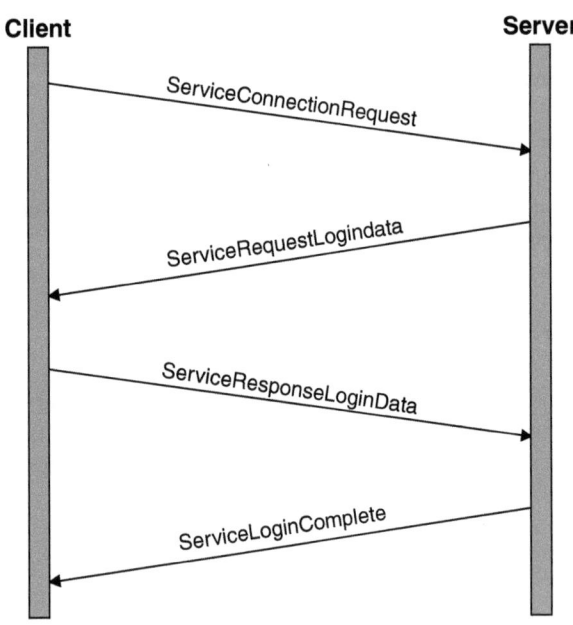

Abb. 6.10 Prozedur zum Anmelden des Clients

6.1 PC-Simulation einer Navigationsanwendung mit CSI-Client

Tab. 6.10 Auflistung der Parameter für den ServiceConnectionRequest

Parameter	Beschreibung
String	Der Name oder die Kennung des Clients

ServiceConnectionRequest

Der ServiceConnectionRequest ist die erste Nachricht vom Client an den Server (Tab. 6.10). Ohne diese Nachricht ist der Client beim Server gänzlich unbekannt. Es ist der initiale Vorgang bei der Kommunikation schlechthin.

ServiceRequestLogindata

Der Server fordert mit diesem Service den Client auf, sich zu authentifizieren. Die Logindaten werden über diesen Weg gesondert angefordert – sie hätten im Gegensatz dazu mit dem ServiceConnectionRequest mitgesendet werden können – dies hat den Vorteil, dass der Server die Logindaten öfter anfragen kann.

Ein mehrfaches Abfragen der Logindaten hat unter bestimmten Bedingungen einen besonderen Sinn. Die mehrfache Authentifizierung wird oft bei Anwendungen gemacht, wenn anschließend sicherheitsrelevante Abläufe, z. B. Überweisungen, gestartet werden. Tabelle 6.11 zeigt die Parameter des Requests.

ServiceResponseLoginData

Der Client antwortet mit den Login Daten auf den vorausgegangenen Service. Die Login Daten sind dabei in den Service gekapselt, sodass keine Parameter notwendig sind.

ServiceLoginComplete

Der Abschluss des Login Vorgangs wird mit diesem Service signalisiert. Tabelle 6.12 zeigt, dass ein Integerwert zur Signalisierung des Status verwendet wird.

Tab. 6.11 Auflistung der Parameter für den ServiceRequestLogindata

Parameter	Beschreibung
Short	Der Typ des Login Vorgangs wird festgelegt
String	Die Identifizierung des Servers

Tab. 6.12 Auflistung der Parameter für den ServiceLoginComplete

Parameter	Beschreibung
Integer	Der Status der Authentifizierung

Abb. 6.11 Prozedur zum Abmelden des Clients

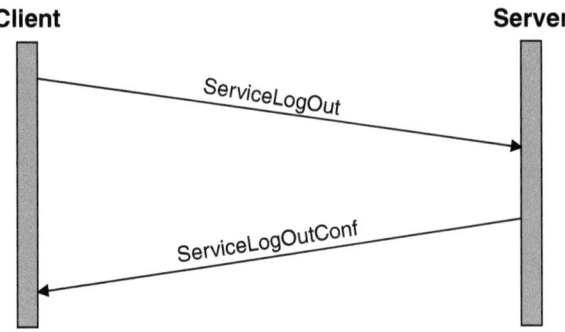

6.1.3.6 Services zur Abmeldung eines Clients am Server

Die folgenden zwei Services (Abb. 6.11) gehören zusammen. Sie treten stets zusammen auf, da der erste Service die Anfrage formuliert und der zweite Service die Anfrage quittiert.

ServiceLogOut

Der Client bringt mit diesem Service seinen Wunsch nach Abmeldung vom Server zum Ausdruck.

ServiceLogOutConf

Der Server quittiert die Abmeldung des Clients vom Server.

6.1.4 Beschreibung der Anwendungsfälle

Die Anwendungsfälle werden mit Hilfe der Use-Case Diagramme dargestellt. Die folgende Abbildung zeigt das Softwaresystem aus einer anderen Sicht. Hier werden die Anwendungsfälle und die Akteure mit ihren Abhängigkeiten dargestellt.

Die beteiligten Akteure sind in unserem Fall der Benutzer des CSI Simulationsclients und der Server, der für die Datenhaltung und Bereitstellung verantwortlich ist. Es werden in dem Anwendungsfalldiagramm (Abb. 6.12) mehrere Anwendungsfälle vorgestellt, auf die im Folgenden kurz eingegangen wird.

- **POI Abfrage**
  Die POI Abfrage, als einer der zentralen Anwendungsfälle, fasst die Prozesse zusammen, um alle POIs mit bestimmten Kriterien dem Benutzer zur Verfügung zu stellen. Dabei weist der Anwendungsfall Abhängigkeiten zu anderen Anwendungsfällen auf, die im weiteren Verlauf noch detaillierter erläutert werden.

6.1 PC-Simulation einer Navigationsanwendung mit CSI-Client 133

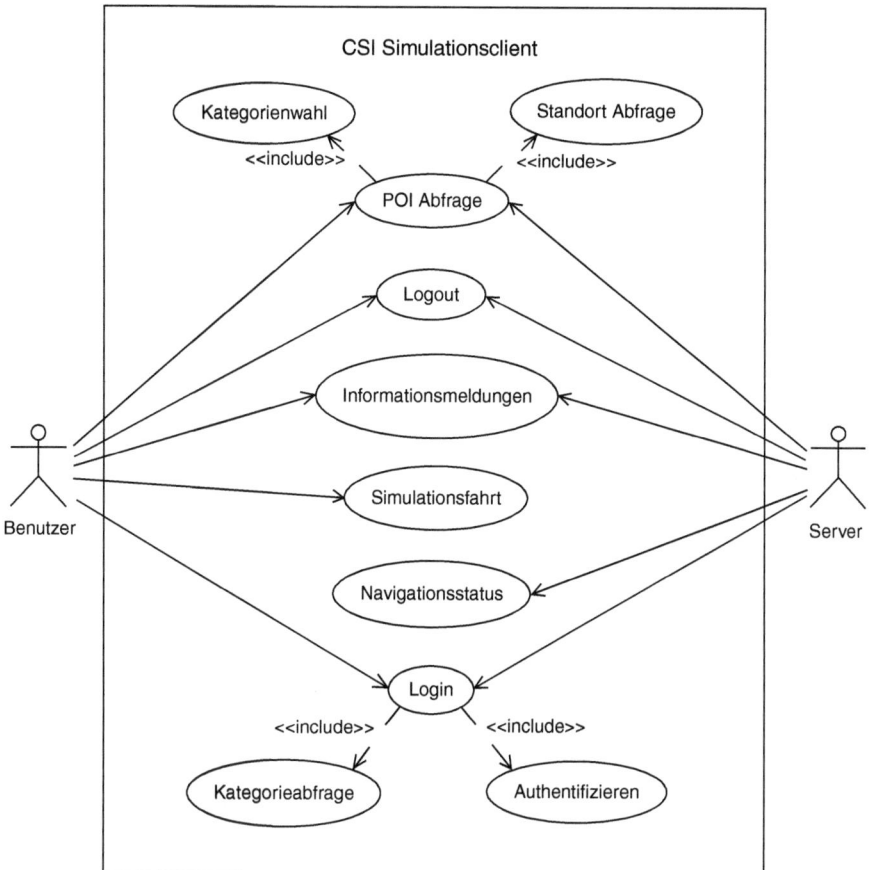

Abb. 6.12 Use-Case Diagramm des Softwaresystems

- **Login**
  Der Login Anwendungsfall steht für alle Vorgänge, die rund um das Anmelden am Server geschehen. Er hat Abhängigkeiten zu den Anwendungsfällen Kategorieabfrage und Authentifizierung. Da die Anwendungsfälle der Abhängigkeiten stets erfüllt werden, sind sie mit dem Schlüsselwort include gekennzeichnet. Bei einem Login Vorgang werden sie also stets ausgeführt.
- **Authentifizieren**
  Die Authentifizierung des CSI Simulationsclients gegen den Server stellt einen Anwendungsfall mit einer include Abhängigkeit zum Login Anwendungsfall dar. Er wird stets eingeleitet, sobald ein Login Vorgang angestoßen wird.
- **Kategorieabfrage**
  Der Anwendungsfall Kategorieabfrage steht zusammenfassend für die Vorgänge, die nötig sind, um die Kategorien der POIs, die auf dem Server zur Verfügung stehen, abzufragen und im Softwaresystem zu speichern. Der Zugriff auf diese Kategorien erfolgt in dem Anwendungsfall Kategoriewahl.

- **Kategoriewahl**
Die Kategoriewahl spiegelt den eben erwähnten Anwendungsfall des Zugriffs auf die bereits im Softwaresystem gespeicherten Kategorien wieder. Dieser Anwendungsfall wird im Zuge einer POI Abfrage immer erfüllt und wird deswegen als include Abhängigkeit modelliert.
- **Standort Abfrage**
Dieser Anwendungsfall ist ebenfalls als include Abhängigkeit zu der POI Abfrage modelliert und ist in diesem Zusammenhang obligatorisch. Es sollen mit diesem Anwendungsfall die Vorgänge zusammengefasst werden, die zur Standortbestimmung nötig sind.
- **Informationsmeldungen**
Die Informationsmeldungen bilden ebenfalls einen Anwendungsfall. Die Visualisierung und Beschaffung der Informationsmeldungen stellt keinen Anwendungsfall dar und wird aus diesem Grund nicht erwähnt.
- **Navigationsstatus**
Die Abfrage des Navigationsstatus wird als Anwendungsfall modelliert, da er eine wichtige Komponente des Softwaresystems darstellt. Die Abhängigkeit besteht jedoch nur serverseitig, da der Anwendungsfall für den Benutzer nicht sichtbar ist. Die Einzelheiten zum Navigationsstatus sind bereits beschrieben worden.
- **Logout**
Dieser Anwendungsfall hat keine Abhängigkeiten zu anderen Anwendungsfällen. Er fasst das Abmelden am Server zusammen. Die Abmeldung kann durch den Benutzer angestoßen werden oder eventuell automatisch durch den Server eingeleitet werden, sobald eine gewisse Zeit seit der letzten Aktivität verstrichen ist.
- **Simulationsfahrt**
Dieser Anwendungsfall steht stellvertretend für alles, was mit dem simulierten Abfahren einer zuvor aufgenommenen Route zu tun hat. Es bestehen keine direkten Abhängigkeiten zu anderen Anwendungsfällen. Die Simulation wird mit Hilfe der OpenStreetMap Karte [OSM01] visualisiert und mittels einer Konfigurationsdatei gesteuert.

6.1.4.1 Servicestruktur

Die Darstellung der Servicestruktur (Abb. 6.13) ist eine weitere Möglichkeit, ein auf OSGi basierendes Softwaresystem zu veranschaulichen. Es stellt die Beziehungen zwischen den Bundles anhand der angebotenen und konsumierten Services dar. Diese Beziehungen zwischen den Bundles des CSI Simulationsclients sind in der folgenden Abbildung dargestellt. Die Abbildung zeigt, welches Bundle Services anbietet und welches Bundle Services konsumiert.

Die Funktionalitäten des CSI werden den anderen Bundles mit Hilfe des Core Bundles zur Verfügung gestellt. Dies wird über die OSGi Service Schnittstelle des Bundles ermöglicht. Auf der anderen Seite wird von dem Bundle der OSGi Service

6.1 PC-Simulation einer Navigationsanwendung mit CSI-Client

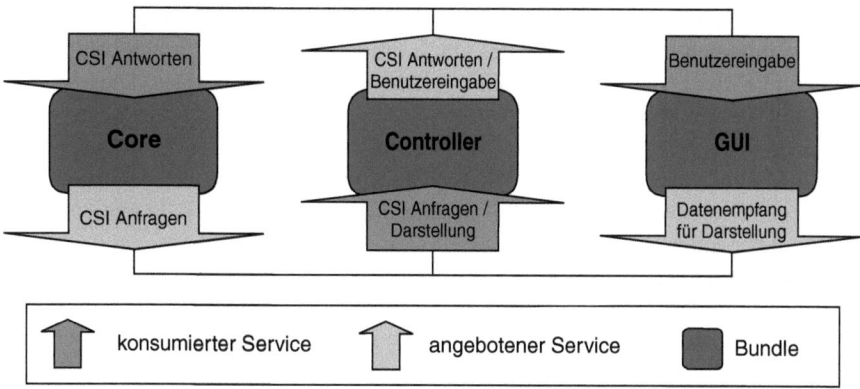

Abb. 6.13 Servicestruktur der Bundles

des Controller Bundles konsumiert. An ihn werden die Ergebnisse, die das CSI liefert, weitergegeben.

Das Controller Bundle bietet einen OSGi Service, der die Ergebnisse des CSI sowie die Benutzereingaben der Benutzeroberfläche entgegennimmt. Diese verschiedenen Aktionen lassen sich innerhalb des angebotenen OSGi Service separat ansprechen. Das Bundle konsumiert den OSGi Service des Core Bundles, indem es auf Benutzereingaben reagiert und gegebenenfalls Anfragen über den OSGi Service des Core Bundles an das CSI stellt. Weiterhin konsumiert es den OSGi Service des GUI Bundles, da Ergebnisse des CSI die beim Controller Bundle ankommen, eine Anpassung der Benutzeroberfläche nötig machen können.

Das GUI Bundle bietet einen OSGi Service an, mit dessen Hilfe sich die Benutzeroberfläche anpassen lässt. Der Service wird von dem Controller Bundle in Anspruch genommen. Die Visualisierung der vom Benutzer angeforderten Daten ist die häufigste Ursache für die Anpassung der Benutzeroberfläche. Es kommt aber vor, dass vom Controller Bundle erkannte Fehler auf der Benutzeroberfläche angezeigt werden. Das Bundle konsumiert den OSGi Service des Controller Bundles, um die Benutzereingaben weiterzuleiten.

6.1.4.2 Klassendiagramme

Wie bereits erwähnt, wird der CSI Simulationsclient in drei OSGi Bundles unterteilt implementiert. Jedem dieser OSGi Bundles liegt ein Klassendiagramm zugrunde. Die Klassendiagramme beziehungsweise die Klassen werden im Folgenden zum besseren Verständnis jeweils kurz erläutert.

Allgemeine Interfaces
- **BundleActivator**

  Das BundleActivator Interface stammt aus der Library des OSGi Frameworks Apache Felix. Dieses Interface muss in einer Klasse eines OSGi Bundles implementiert werden, üblicherweise nennt sich diese Klasse Activator. Es bestimmt die minimalen Anforderungen des OSGi Frameworks an das Bundle. Das Interface gibt zwei Methoden vor, die implementiert werden müssen. Dies ist zum Ersten die Methode `public void start (BundleContext bc)` und zum Zweiten die Methode `public void stop(BundleContext bc)`. Die Methode start wird vom OSGi Framework aufgerufen, um das Bundle zu starten. Die Methode stop wird aufgerufen, wenn das OSGi Framework das Bundle beendet.

- **ServiceTrackerCustomizer**
  Damit eine Klasse als ServiceTrackerCustomizer fungieren kann, muss sie laut OSGi Spezifikation das Interface ServiceTrackerCustomizer implementieren. Das Interface schreibt unter anderem die Implementierung der Methoden `public Object addingService(...)` und `public void removedService(...)` vor. Die Benachrichtigung über aufgetretene Events des beobachteten Services zeigen sich in Form eines Aufrufs einer der Methoden von Seiten des OSGi Frameworks. Meldet sich ein Service bei der Registrierungsdatenbank des OSGi Frameworks an, wird die Methode `addingService` aufgerufen. Die removedService Methode wird hingegen vom OSGi Framework aufgerufen, sobald der Service nicht mehr zur Verfügung steht. Es können daraufhin innerhalb dieser Methode Vorkehrungen getroffen werden, um Zugriffsfehler auf den Service zu vermeiden.

Allgemeine Klasse
- **Die Activator Klasse im Allgemeinen**
  Die Activator Klasse stellt den zentralen Punkt eines OSGi Bundles dar. Das OSGi Framework startet ein Bundle mit dem Aufruf dieser Klasse. Voraussetzung dafür ist die Implementierung des BundleActivator Interfaces. In dem vorausgegangenen OSGi Beispiel wurde die Activator Klasse bereits ausführlich erläutert. Für jedes Bundle wird im Folgenden noch genauer auf die spezielle Bedeutung und die Aufgaben im Kontext des jeweiligen Bundles eingegangen.

CSI Bundle Core Das Bundle implementiert das Common Services Interface. Es wird des Weiteren die Schnittstelle des Bundles implementiert, welche die CSI Funktionalitäten den anderen Bundles als OSGi Service zur Verfügung stellt. In der Abb. 6.14 ist das komplette Klassendiagramm mit Abhängigkeiten zu sehen.

- **CSIModule**
  Dies ist die zentrale Anlaufstelle des CSI. Sobald man Funktionalitäten des CSI nutzen möchte, um zum Beispiel mit einem Server zu kommunizieren, werden die Anfragen über diese Klasse gestellt, da sie die Schnittstelle zur CSI Implementierung ist.
- **Activator**
  Die Activator Klasse startet das CSI, initialisiert es mit den nötigen Parametern, startet die Implementierung des OSGi Services und registriert diese bei dem OSGi Framework. In anderem Zusammenhang werden noch verschiedene Aufgaben der Klasse erläutert.

6.1 PC-Simulation einer Navigationsanwendung mit CSI-Client

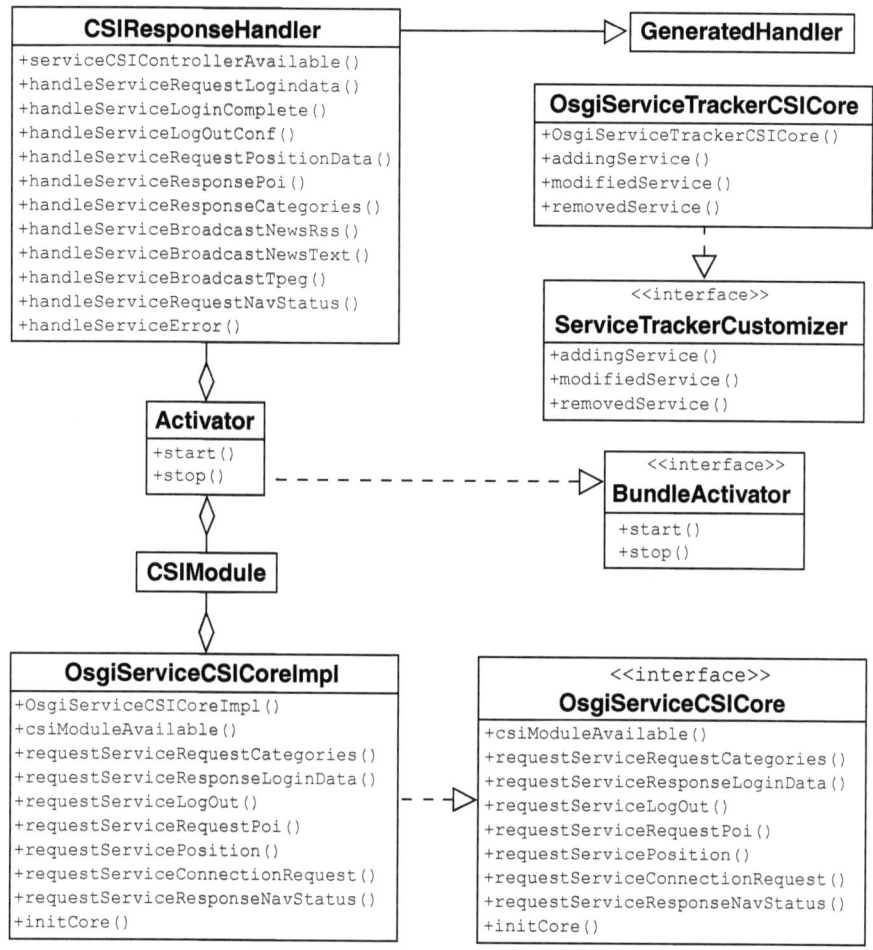

Abb. 6.14 CSI Bundle Core Klassendiagramm

- **GeneratedHandler**
  Die GeneratedHandler Klasse gehört zum CSI. Sie bildet das Gegenstück zur CSIModule Klasse, die Anfragen an den Kommunikationspartner stellt. Ihre Aufgabe ist also die Entgegennahme der Anfragen des Kommunikationspartners. Dies geschieht über Callback-Funktionen.
- **CSIResponseHandler**
  Diese Klasse ist eine Spezialisierung der GeneratedHandler Klasse. Die CSIResponseHandler Klasse ist damit in der Lage, die Callback-Funktionen zu erweitern und zu ihren Gunsten zu verändern. Von dieser Möglichkeit wird Gebrauch gemacht, um auf die Anfragen des Kommunikationspartners spezieller zu reagieren, als dies der GeneratedHandler (lediglich mit einem Hinweis) erledigt. Damit das CSI diese Klasse anstatt des GeneratedHandlers bei Anfragen

anspricht, wird sie dem CSI beim Initialisieren in der Activator Klasse bekannt gemacht.
- **OsgiServiceTrackerCSICore**
  Die Klasse implementiert das Interface ServiceTrackerCustomizer. Sie wird einem ServiceTracker zugewiesen, wodurch sie in der Lage ist, auf die An- oder Abmeldung eines OSGi Services zu reagieren. Diese Zuweisung zu einem ServiceTracker und dessen Start geht in der Activator Klasse von statten. Der OsgiServiceTrackerCSICore ist auf die Überwachung des An- und Abmeldens des vom Controller Bundle zur Verfügung gestellten Services zugeschnitten.
- **OsgiServiceCSICore**
  Das OsgiServiceCSICore Interface beschreibt den Service, der vom Core Bundle zur Verfügung gestellt wird, um mit dem CSI zu kommunizieren.
- **OsgiServiceCSICoreImpl**
  Diese Klasse implementiert das Interface OsgiServiceCSICore. Stellt ein anderes Bundle Anfragen an das Core Bundle münden sie in dieser Klasse. Die Klasse kann diese Anfragen direkt an das CSIModule weiterreichen, da sie eine Referenz darauf hat.

CSI Bundle Controller Das Bundle implementiert die Anwendungslogik des Softwaresystems. Es werden des Weiteren die Schnittstellen des Bundles implementiert und als OSGi Services zur Verfügung gestellt. In Abb. 6.15 ist das komplette Klassendiagramm mit Abhängigkeiten zu sehen.

- **Activator**
  Die Klasse nimmt, wie bei den anderen OSGi Bundles, nötige Initialisierungen vor und registriert den vom Bundle angebotenen OSGi Service beim OSGi Framework. Im Gegensatz zu dem Core Bundle wird aber in dieser Klasse kein ServiceTracker gestartet. Da zwei OSGI Services zu verwalten sind und somit die Komplexität steigt, übernimmt ein OsgiServiceManager diese Aufgabe.
- **OsgiServiceManager**
  Wie bereits erwähnt, werden in dieser Klasse die OSGi Services der anderen beiden OSGi Bundles des Softwaresystems verwaltet. Zur Verwaltung der An- und Abmeldungen der OSGi Services werden ebenfalls ServiceTracker eingesetzt.
- **CSIManager**
  Den Kern des Bundles bildet diese Klasse. Sie implementiert die Anwendungslogik des Softwaresystems. Sie kommuniziert mit dem Core Bundle und dem GUI Bundle. Die Anwendungslogik steuert im Allgemeinen die Einhaltung der Reihenfolge, in der die CSI Services angesprochen werden müssen. Weiterhin werden die Parameter des Softwaresystems an dieser Stelle aus einer Konfigurationsdatei gelesen und an die anderen Bundles, sofern möglich, übermittelt. Zusätzlich werden automatische Aktionen über diese Klasse gesteuert. Zu dieser Gattung gehört zum Beispiel die Abfrage des Navigationsstatus.
- **OsgiServiceCSIController**
  Das OsgiServiceCSIController Interface beschreibt den Service, der vom Controller Bundle zur Verfügung gestellt wird, um mit den anderen Bundles zu kommunizieren.

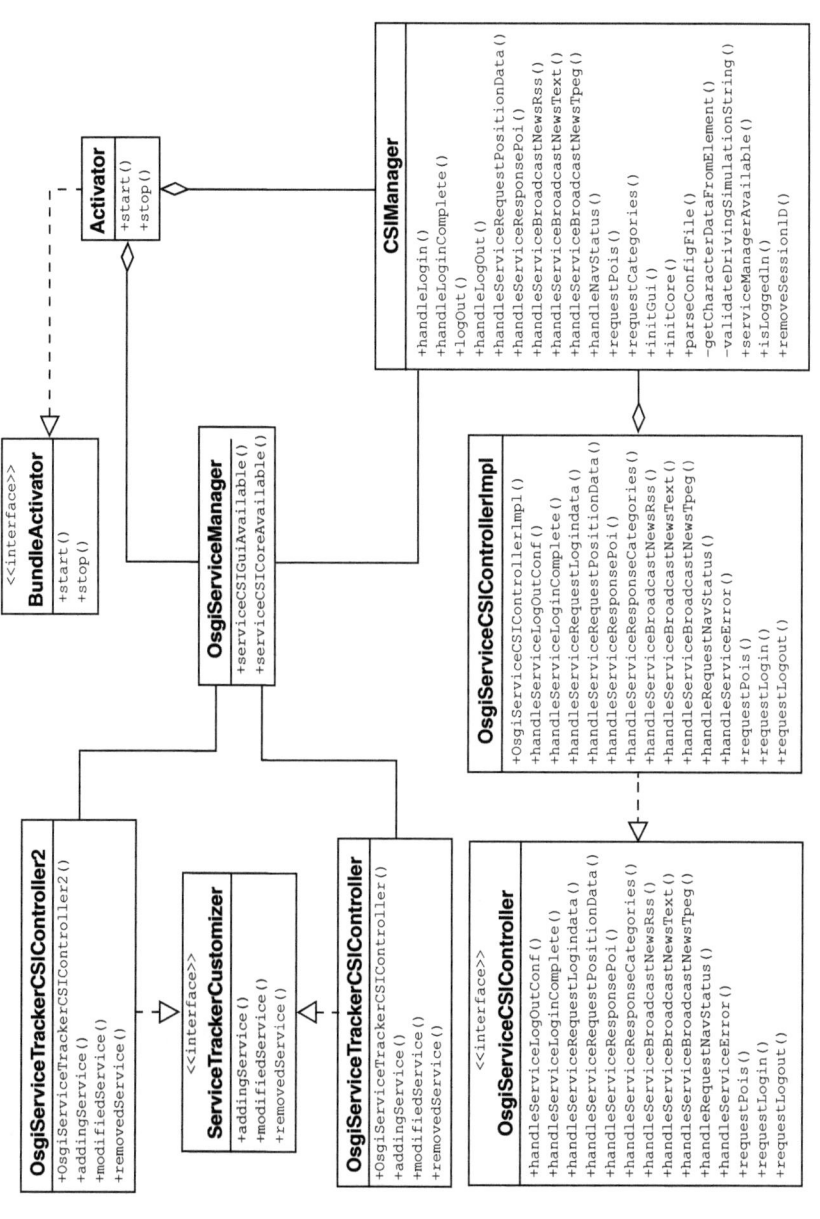

Abb. 6.15 CSI Bundle Controller Klassendiagramm

- **OsgiServiceCSIControllerImpl**
  Diese Klasse implementiert das Interface OsgiServiceCSIController. Stellt ein anderes Bundle Anfragen an das Controller Bundle münden sie in dieser Klasse und werden an den CSIManager weitergeleitet.
- **OsgiServiceTrackerCSIController/OsgiServiceTrackerCSIController2**
  Die Klassen implementieren beide das Interface ServiceTrackerCustomizer. Jede der Klassen wird einem ServiceTracker zugewiesen, wodurch sie in der Lage sind, auf das An- und Abmelden eines OSGi Services zu reagieren. Die Zuweisung der Customizer zu den jeweiligen Service-Trackern geschieht im OsgiServiceManager. Der OsgiServiceTrackerCSIController ist auf die Überwachung des An- und Abmeldens des vom Core Bundle zur Verfügung gestellten Services zugeschnitten und der OsgiServiceTrackerCSIController2 auf den Service des GUI Bundles.

CSI Bundle GUI Das GUI Bundle repräsentiert die Benutzeroberfläche. Die Eingaben des Benutzers werden an das Controller Bundle weitergeleitet. Die Benutzerschnittstelle wird mittels des angebotenen OSGi Services gesteuert. In der nachfolgenden Abb. 6.16 ist das Klassendiagramm mit Abhängigkeiten und den wichtigsten Methoden zu sehen.

- **Activator**
  Die Activator Klasse nimmt, wie bei den anderen OSGi Bundles, nötige Initialisierungen vor und registriert den vom Bundle angebotenen OSGi Service

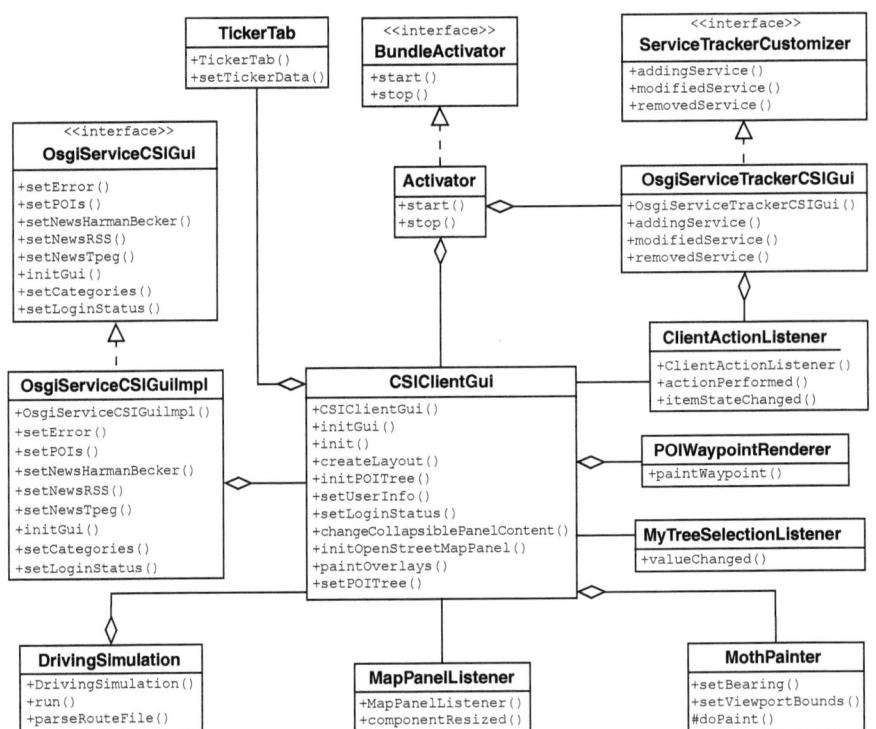

Abb. 6.16 CSI Bundle GUI Klassendiagramm

6.1 PC-Simulation einer Navigationsanwendung mit CSI-Client

beim OSGi Framework. Die Benutzeroberfläche wird initialisiert und gestartet. Es wird außerdem ein ServiceTracker, dem ein ServiceTrackerCustomizer zugewiesen wird, gestartet.

- **CSIClientGui**
  Der Schwerpunkt des GUI Bundles ist die Präsentation der Ergebnisse und die Interaktion mit dem Benutzer. Für diese beiden Dinge legt die CSIClientGui Klasse den Grundstein, da sie die Benutzerschnittstelle darstellt. Es werden Buttons, Auswahlfelder, die OpenStreetMap Karte und andere Anzeigeelemente initialisiert und positioniert. In dieser Klasse werden die Listener1 für die verschiedenen Benutzerinteraktionen gestartet.
- **ClientActionListener**
  Diese Klasse beschreibt einen der eben angesprochenen Listener. Sie ist für die Überwachung der Buttons und der Auswahlfelder zuständig. Der Benutzer betätigt beispielsweise einen Button und der ClientActionListener löst eine Aktion aus.
- **MapPanelListener**
  Ein weiterer Listener ist der MapPanelListener, der die primäre Aufgabe hat, auf Veränderungen an der OpenStreetMap Karte zu reagieren. Die Ursache der Reaktion ist beispielsweise eine Änderung der Skalierung der Karte oder das Einblenden des Anzeigefeldes für Informationsmeldungen beziehungsweise die Baumdarstellung der POIs.
- **MyTreeSelectionListener**
  Dieser Listener tritt in Aktion, sobald Veränderungen an der Baumdarstellung der POIs gemacht werden. Eine mögliche Änderung ist zum Beispiel das Markieren eines Elements des Baumes oder eines Teilbaumes.
- **DrivingSimulation**
  Das automatische Abfahren einer zuvor aufgezeichneten Route wird in dieser Klasse realisiert. Es wird eine Navigationsfahrt simuliert. Die Informationen über die abzufahrende Route sind in einer Datei gespeichert, die zu Beginn der Simulation eingelesen wird. Die Simulationsfahrt beginnt automatisch mit dem Start des Bundles. Dies lässt sich über die allgemeine Konfigurationsdatei steuern.
- **MothPainter**
  Diese Klasse dient der Visualisierung der Simulationsfahrt. Die MothPainter Klasse stellt die Funktion zur Verfügung, den Standort und die Richtung des Fahrzeugs während der Simulation darzustellen. Das Fahrzeug wird dabei durch eine Motte auf der OpenStreetMap Karte dargestellt, wobei Richtungsänderungen zu einer Anpassung der Motte führen.
- **POIWaypointRenderer**
  Die POIWaypointRenderer Klasse dient der Darstellung der angeforderten POIs auf der OpenStreetMap Karte. Sie ist für das Erscheinungsbild sowie die Bezeichnung der POIs verantwortlich.
- **TickerTab**
  Die Visualisierung der Informationsmeldungen bleibt dieser Klasse vorbehalten. Die Funktion und Anordnung des Anzeigefeldes, das die Informationsmeldungen beinhaltet, ist hier implementiert. Jeder Kategorie von Informationsmeldungen wird eine solche Klasse zugeordnet, um sich der Präsentation der jeweiligen Meldungen anzunehmen.

- **OsgiServiceCSIGui**
  Dieses Interface beschreibt den Service, der vom GUI Bundle zur Verfügung gestellt wird, um mit ihm zu kommunizieren.
- **OsgiServiceCSIGuiImpl**
  Von der OsgiServiceCSIGuiImpl Klasse wird das Interface OsgiServiceCSIGui implementiert. Stellt ein anderes Bundle Anfragen oder sendet Daten an das GUI Bundle, münden sie in dieser Klasse. Sie kann diese Daten direkt an die CSIClientGui weiterreichen, um eine schnelle Visualisierung zu gewährleisten.
- **OsgiServiceTrackerCSIGui**
  Die Klasse implementiert das Interface ServiceTrackerCustomizer. Sie wird einem ServiceTracker zugewiesen, wodurch sie in der Lage ist, auf die An- oder Abmeldung eines OSGi Services zu reagieren. Diese Zuweisung zu einem ServiceTracker und dessen Start geht in der Activator Klasse vonstatten. Der OsgiServiceTrackerCSIGui ist auf die Überwachung des An- und Abmeldens des vom Controller Bundle zur Verfügung gestellten Services zugeschnitten.

6.1.5 Implementierung

In den vorausgegangenen Kapiteln wird anschaulich die Funktionsweise und die zugrundeliegende Technik des CSI Simulationsclients erläutert. Im Folgenden wird ein kurzer Blick auf die Implementierung des Softwaresystems geworfen. Der Übersicht halber wird nicht der gesamte Quellcode in diesem Kapitel erklärt und abgedruckt. Die wichtigsten Passagen und Vorgänge werden ausführlich dokumentiert.

6.1.5.1 CSI Bundle Core

Das Core Bundle implementiert die Möglichkeiten des Common Services Interface und stellt die relevanten Funktion als OSGi Service zur Verfügung. Die Integration des CSI in das Core Bundle sowie die Anbindung an die OSGi Service Schnittstelle als zentraler Teil dieses Bundles ist jedoch noch nicht genau bekannt.

Das Klassendiagramm des Core Bundles wurde bereits gezeigt und verdeutlicht die Zusammenhänge zwischen CSI und OSGi Services bereits. Die Klasse CSI Module ist dort nicht mit all ihren Methoden aufgeführt, jedoch wird die Abhängigkeit zu der OsgiServiceCSICoreImpl Klasse sichtbar. Diese Klasse implementiert wiederum die Schnittstelle OsgiServiceCSICore, die letztendlich die Methoden definiert mit deren Hilfe die Bundles untereinander kommunizieren. Bereits während der Designphase wurden die CSI Services zur Kommunikation und Datenübertragung zwischen zwei das CSI implementierenden Softwaresystemen festgelegt. Die CSI Services wurden mit Hilfe des Eclipse Plug-ins generiert und stehen dadurch in der CSI Module Klasse zur Datenübertragung beziehungsweise Kommunikation zur Verfügung. Die Anbindung der zentralen Klasse CSI Module, die stets eine Kommunikation über einen CSI Service einleitet, findet in der Implementierung des OSGi Services des Core Bundles statt. Die definierten Methoden des OSGi

6.1 PC-Simulation einer Navigationsanwendung mit CSI-Client

```
package com.harmanbecker.csi.osgi.serviceInterfaces;
public interface OsgiServiceCSICore {
    ...
    public void requestServiceLogOut();
    ...
}
```

Listing 6.1 Auszug aus dem Interface OsgiServiceCSICore

Services sprechen dabei CSI Services über CSI Module an. Um dies zu verdeutlichen, wird der Abmeldevorgang exemplarisch für die weiteren implementierten Methoden in dem OSGi Service des Core Bundles als Beispiel herangezogen. Der Abmeldevorgang wird mit dem CSI Service ServiceLogOut eingeleitet. Die Beschreibung des CSI Services, sowie der weitere damit in Zusammenhang stehende CSI Service ServiceLogOutConf wurde bereits definiert.

Das Listing 6.1 zeigt die Methode `requestServiceLogOut( )`, die generiert wurde, um den Abmeldevorgang des CSI Simulationsclients vom Server einzuleiten. Der Aufruf der Methode geschieht aus einem anderen Bundle heraus, auf das im weiteren Verlauf des Kapitels noch anhand des Beispiels eingegangen wird. Der Aufruf der Methode landet schließlich in der implementierenden Klasse `OsgiServiceCSICoreImpl` in der gleichnamigen Methode.

Das Listing 6.2 zeigt unter anderem die Implementierung der Klasse `OsgiServiceCSICoreImpl`. Bereits bei der Initialisierung der Klasse wird eine Referenz auf CSI Module übergeben und in einem Attribut gespeichert, wodurch ein direkter Aufruf der CSI Services möglich ist. Anschließend wird die Referenz `modul.requestServiceLogOut( )` genutzt, wobei zur Vermeidung von Laufzeitfehlern der Aufruf in einen try-catch Block eingeschlossen wird. Auftretende Fehler werden hierbei durch entsprechende Fehlermeldungen zum Ausdruck gebracht. Das gleiche Prinzip wird bei den anderen Methoden des OSGi Services des Core Bundles angewandt. Aus diesem Grund wird auf die anderen Methoden nicht mehr detailliert eingegangen. Das Klassendiagramm des Core Bundles stellt jedoch den kompletten OSGi Service des Core Bundles dar.

Die Erklärung der Implementierung des bereitgestellten OSGi Services des Core Bundles ist an dieser Stelle beendet. Im Folgenden soll der konsumierte OSGi Service angesprochen werden. Die zentrale Klasse bildet dabei der CSIResponseHandler. Er ist hauptsächlich für die Weitergabe der Ergebnisse, die das CSI liefert, verantwortlich. Aus dem Abschnitt Service-Struktur geht hervor, dass der OSGi Service des Controller Bundles konsumiert wird. Zur Erklärung der Implementierung wird der im vorausgegangenen erläuterte Abmeldevorgang wieder aufgegriffen. Der Server reagiert auf den ServiceLogOut mit einem ServiceLogOutConf. Die Klasse GeneratedHandler bildet den Gegenpart zu CSI Module, da sie die Anfragen beziehungsweise Antworten des CSI Kommunikationspartners entgegennimmt. Sie wurde bereits bei der CSI Erstellung erzeugt.

Das Listing 6.3 zeigt in der Zeile `public void handleServiceLogOutConf( ) throws CSIException` die generierte Methode des

```
package com.harmanbecker.csi.osgi.core;

import java.io.IOException;
import com.harmanbecker.csi.CSIModule;
import com.harmanbecker.csi.base.*;
import
com.harmanbecker.csi.osgi.serviceInterfaces.OsgiServiceCSICore;

public class OsgiServiceCSICoreImpl implements OsgiServiceCSICore
{
   protected CSIModule modul = null;

   public OsgiServiceCSICoreImpl(CSIModule modul) {
      this.modul = modul;
      ...
   }

   public void requestServiceLogOut() {
      try {
         modul.requestServiceLogOut();
      } catch (CSIException e) {
         printCSIError();
      } catch (IOException e) {
         printIOError();
      }
   }

   ...
}
```

Listing 6.2 Auszug aus der Klasse OsgiServiceCSICoreImpl

```
package com.harmanbecker.csi.gen;

import java.io.IOException;
import com.harmanbecker.csi.base.CSIException;
import com.harmanbecker.csi.base.CSIHandler;
import com.harmanbecker.csi.base.CSIHelpers;
import com.harmanbecker.csi.base.CSIMessageObject;

public abstract class GeneratedHandler extends CSIHandler {

   public void handleServiceLogOutConf() throws CSIException {
      log.WRN("Handler",
            "handle ServiceLogOutConf not implemented");
   }

   ...
}
```

Listing 6.3 Auszug aus der Klasse GeneratedHandler

```
package com.harmanbecker.csi;

import com.harmanbecker.csi.base.CSIException;
import com.harmanbecker.csi.gen.*;
import
com.harmanbecker.csi.osgi.serviceInterfaces.OsgiServiceCSIControll
er;

public class CSIResponseHandler extends GeneratedHandler {

   private OsgiServiceCSIController serviceCSIController = null;

   public void handleServiceLogOutConf() throws CSIException {
      if (serviceCSIControllerAvailable()) {
         serviceCSIController.handleServiceLogOutConf();
      }
   }

   ...
}
```

Listing 6.4 Auszug aus der Klasse CSIResponseHandler

ServiceLogOutConf, die bei dessen Empfang aufgerufen wird. Es wird mittels einer Hilfsklasse `log.WRN` in Zeile 12 eine Meldung ausgegeben. Dieses Verhalten ist nicht ausreichend und die Klasse wird deshalb durch die bereits erwähnte Klasse CSIResponseHandler erweitert.

Die Klasse CSIResponseHandler (Listing 6.4) spezialisiert die Klasse GeneratedHandler. Mit dem Aufruf `handleServiceLogOutConf( )` in Zeile 11 findet sich die erzeugte Methode wieder, wobei über die Referenz serviceCSI-Controller auf den OSGi Service des Controller Bundles zugegriffen und dessen Methode angesprochen wird. In Zeile 12 wird mit `serviceCSIController-Available( )` zuvor die Verfügbarkeit des OSGi Services geprüft, welche vom OsgiServiceTrackerCSICore überwacht wird. Diese spezielle Reaktion auf einen CSI Service ist erst möglich, wenn das CSI über die CSIResponseHandler Klasse unterrichtet wird und sie als Standardhandler aufruft.

Dies geschieht in der start Methode der Activator Klasse (Listing 6.5).

6.1.5.2 CSI Bundle Controller

Das Controller Bundle repräsentiert die Anwendungslogik in dem Model-View-Controller Architekturmuster. Die Anwendungslogik ist in dem gesamten Softwaresystem insofern eine wichtige Komponente, da sie die Steuerung der Vorgänge, die vom Benutzer eingeleitet werden oder automatisiert stattfinden, übernimmt. Startet der Benutzer beispielsweise den Anmeldevorgang, wird dieser durch die Anwendungslogik gesteuert. Dies ist notwendig, da an diesem Vorgang vier CSI Services beteiligt sind und es diese zu koordinieren gilt. Der Benutzer bekommt

```
package com.harmanbecker.csi.osgi.core;

...

public class Activator implements BundleActivator {

   ...

   public void start(BundleContext bc) throws Exception {
      ...
      modul = new CSIModule();
      CSIChannelSocket channel =
         new CSIChannelSocket("79.212.63.24", 50489);
      modul.setChannel(channel);
      handler = new CSIResponseHandler();
      modul.setHandler(handler);
      modul.start();
      ...
   }

   ...
}
```

Listing 6.5 Auszug aus der Klasse Activator des OSGi Bundles Core

zum Abschluss des Vorgangs nur den Erfolg oder Misserfolg des Vorgangs mitgeteilt. Um dieser Komplexität Rechnung zu tragen, wurde sie in das Controller Bundle ausgelagert und nicht in das GUI Bundle oder Core Bundle integriert. Am Beispiel des aus dem vorangegangenen Abschnitt bekannten Abmeldevorgangs soll die Arbeitsweise und die Implementierung der Anwendungslogik veranschaulicht werden. Dazu wird zunächst ein Blick auf den dazu bereitgestellten OSGi Service dieses Bundles geworfen.

Das Listing 6.6 zeigt die zwei Methoden `handleServiceLogOutConf( )` und `requestLogout( )`, die in dem OSGi Service Interface definiert sind und

```
package com.harmanbecker.csi.osgi.serviceInterfaces;

...

public interface OsgiServiceCSIController {

   public void handleServiceLogOutConf();
   public void requestLogout();

   ...
}
```

Listing 6.6 Auszug aus dem Interface OsgiServiceCSIController

6.1 PC-Simulation einer Navigationsanwendung mit CSI-Client

```
package net.opencsi.csi.osgi.controller;

import comnet.opencsi.csi.gen.POI;
import net.opencsi.csi.osgi.serviceInterfaces.*;

public class OsgiServiceCSIControllerImpl
      implements OsgiServiceCSIController {

  private CSIManager csiManager = null;

  public OsgiServiceCSIControllerImpl(CSIManager csiManager) {
     this.csiManager = csiManager;
  }

  public void handleServiceLogOutConf() {
     csiManager.handleLogOut();
  }

  public void requestLogout() {
     csiManager.logOut();
  }
  ...
}
```

Listing 6.7 Auszug aus der Klasse OsgiServiceCSIControllerImpl

mit dem Einleiten des Abmeldevorgangs und dem Bestätigen des Abschlusses des Abmeldevorgangs direkt zusammenhängen. Die beiden Methoden werden jeweils von verschiedenen Bundles angesprochen.

Die `handleServiceLogOutConf( )` Methode wird aus dem Core Bundle heraus aufgerufen. Dem Controller Bundle wird damit die Bestätigung des Abmeldevorgangs mitgeteilt. Der Aufruf der `requestLogout( )` Methode findet wiederum aus dem GUI Bundle statt und leitet den Abmeldevorgang ein. Dies wird in einem der folgenden Abschnitte noch genauer erläutert.

In Listing 6.7 ist die Implementierung der zwei relevanten Methoden `handleServiceLogOutConf( )` und `requestLogout ( )` des OSGi Interfaces zu sehen. Bereits bei der Initialisierung der Klasse muss eine Referenz auf eine Klasse namens CSIManager übergeben werden. Diese Klasse ist für die Ablaufsteuerung beziehungsweise die Anwendungslogik zuständig. Kommt es zu einem Aufruf einer der Methoden des OSGi Services des Bundles, folgt in der Implementierung der Service Schnittstelle ein Aufruf einer passenden Methode der Anwendungslogik repräsentierenden Klasse. Die anderen Methoden des OSGi Services des Bundles verhalten sich bei einem Aufruf äquivalent und werden deswegen nicht weiter erläutert.

Um dem Beispiel weiter zu folgen, muss die zentrale Klasse CSIManager erläutert werden. Dazu sind die relevanten Ausschnitte im Listing 6.8 aufgeführt.

```java
package com.harmanbecker.csi.osgi.controller;

import java.io.File;
import java.util.ArrayList;
import javax.xml.parsers.DocumentBuilder;
import javax.xml.parsers.DocumentBuilderFactory;
import org.w3c.dom.*;
import com.harmanbecker.csi.gen.POI;

public class CSIManager {

    private OsgiServiceManager serviceManager = null;
    private boolean loggedIn = false;

    ...

    public CSIManager(OsgiServiceManager serviceManager) {
        this.serviceManager = serviceManager;
        ...
    }

    public void logOut() {
        if (serviceManager.serviceCSICoreAvailable()) {
            serviceManager.getServiceCSICore().
                requestServiceLogOut();
        }
    }

    public void handleLogOut() {
        this.setLoggedIn(false);
        if (serviceManager.serviceCSIGuiAvailable()) {
            serviceManager.getServiceCSIGui().
                setLoginStatus(false);
        }
    }

    ...
}
```

Listing 6.8 Auszug aus der Klasse CSIManager

Die Anwendungslogik muss zur Laufzeit ständig den Status des Softwaresystems verwalten. Die Verwaltungsinformationen werden zu diesem Zweck in Attributen der Klasse gespeichert. In der Zeile `private boolean loggedIn = false` wird beispielsweise der Anmeldestatus beziehungsweise Abmeldestatus in dem Attribut loggedIn der Klasse gespeichert. Startet der Benutzer den Abmeldevorgang, wird die Methode `requestLogout( )` im OSGi Service des Bundles aufgerufen um von dort die `logOut( )` Methode des CSIManager aufzurufen. An dieser Stelle wird wiederum die Methode `requestServiceLogOut( )` des OSGi Service des Core Bundles aufgerufen.

6.1 PC-Simulation einer Navigationsanwendung mit CSI-Client

Dies geschieht über den serviceManager, der eine Referenz auf den OsgiServiceManager des Bundles darstellt. Dessen Referenz wird bereits beim Start der Klasse über den Konstruktor mit dem Aufruf `this.serviceManager = serviceManager` gesetzt. Die Klasse OsgiServiceManager ist für die Überwachung des An- und Abmeldens der OSGi Services der anderen zwei Bundles verantwortlich und wurde bereits beschrieben. Erhält das CSI im Gegenzug mittels des CSI Services ServiceLogOutConf eine Bestätigung für eine erfolgreiche Abmeldung des CSI Simulationsclients vom Server, wird die Methode `handleServiceLogOutConf( )` des OSGi Services aufgerufen. Dieser Aufruf geschieht im CSIResponseHandler. Er landet dadurch folglich in der Implementierung der Methode. Auch hier kommt wieder der CSIManager ins Spiel, da dessen Methode `handleLogOut( )` über die Referenz in Zeile 15 aufgerufen wird. Dort wiederum wird der Anmeldestatus neu gesetzt. Des Weiteren wird der OSGi Service des GUI Bundles mit dem Aufruf `serviceManager.serviceCSIGuiAvailable( )` in Zeile 31 angesprochen, um dem Benutzer den Abschluss des Vorgangs mitzuteilen. Die Überprüfungen vor den Aufrufen der OSGi Services (Zeile 22 und 30) stellen deren Verfügbarkeit sicher.

Ein weiterer wichtiger Punkt, der von der Anwendungslogik übernommen wird, ist die Initialisierung der anderen zwei Bundles. Jedes Bundle ist selbstständig lauffähig und benötigt im Grunde keine Initialisierung. Stellt man jedoch den Anspruch, in einer zentralen Konfigurationsdatei Einstellungen vorzunehmen und damit alle Bundles zu konfigurieren, muss ein Mechanismus geschaffen werden, der dies ermöglicht. In diesem Fall wurde ein Parser für die Konfigurationsdatei erstellt und in dem Controller Bundle in der Anwendungslogik platziert. Im Listing 6.9 ist ein Auszug der Methode zu sehen, die die Konfiguration aus der Datei liest und in den Attributen der Klasse speichert.

Die Konfigurationsdatei liegt im XML Format vor (Listing 6.10). Durch die XML Struktur wird die Datei übersichtlicher als gewöhnliche Textdateien und es vereinfacht das Einlesen. In nachfolgenden Listing ist die Konfigurationsdatei dargestellt.

Zum Einlesen der Konfigurationsdaten wird zuerst ein DocumentBuilder Objekt erstellt. Dies geschieht mit dem Aufruf `DocumentBuilder builder = DocumentBuilderFactory.newInstance()`. Über dieses Objekt lässt sich die Konfigurationsdatei einlesen und in einem Document Objekt speichern. Darüber kann auf alle Elemente des durch die XML Struktur aufgespannten Baumes zugegriffen werden. Die Initialisierung eines Bundles erfolgt danach mit den gelesenen Daten beim Anmelden des entsprechenden OSGi Services, dessen Überwachung der bereits erwähnte OsgiService-Manager übernimmt. Wird beispielsweise der OSGi Service des GUI Bundles am OSGi Framework angemeldet, wird dies von ihm erkannt und die Methode `initGui( )` des CSIManager aufgerufen.

In Listing 6.11, Zeile 17 ist der Aufruf `serviceManager.getServiceCSIGui( ).initGui(...)` abgebildet. Es werden die gelesenen Parameter übergeben und die Initialisierung ist abgeschlossen. Die Initialisierung des Core Bundles ist äquivalent zu dieser und wird deswegen nicht weiter vertieft.

```java
package com.harmanbecker.csi.osgi.controller;

import java.io.File;
import java.util.ArrayList;
import javax.xml.parsers.DocumentBuilder;
import javax.xml.parsers.DocumentBuilderFactory;
import org.w3c.dom.*;
import com.harmanbecker.csi.gen.POI;

public class CSIManager {

    private OsgiServiceManager serviceManager = null;
    private ArrayList distances = new ArrayList();
    private File congigFile = new File("config.xml");
    private String deviceID = "no dev";
    private String password = "no password";
    private String drivingSimulationString = "false";
    private boolean drivingSimulation = false;
    private String drivingSimulationFile = "no name";

    ...

    public CSIManager(OsgiServiceManager serviceManager) {
        this.serviceManager = serviceManager;
        ...
    }

    public void parseConfigFile() {
        try {
            DocumentBuilder builder =
                DocumentBuilderFactory.newInstance()
                    .newDocumentBuilder();
            Document config = builder.parse(congigFile);
            NodeList distanceNode =
                config.getElementsByTagName("distance");
            distances.clear();
            for (int i = 0; i < distanceNode.getLength(); i++) {
                Element element = (Element) distanceNode.item(i);
                String distanceValue =
                    getCharacterDataFromElement(element);
                distances.add(distanceValue);
            }

            NodeList deviceIDNode =
                config.getElementsByTagName("id");
            deviceID = getCharacterDataFromElement(
                (Element) deviceIDNode.item(0));
            NodeList passwordNode =
                config.getElementsByTagName("password");
            password = getCharacterDataFromElement(
                (Element) passwordNode.item(0));

            NodeList drivingSimulationNode =
                config.getElementsByTagName("drivingsimulation");
            drivingSimulationString =
                getCharacterDataFromElement((Element)
                    drivingSimulationNode.item(0));
            drivingSimulation = validateDrivingSimulationString(
                drivingSimulationString);
            NodeList drivingSimulationFileNode =
                config.getElementsByTagName(
                    "drivingsimulationfile");
            drivingSimulationFile =
                getCharacterDataFromElement((Element)
                    drivingSimulationFileNode.item(0));
        } catch (Exception e) {
            System.out.println(
                "error reading xml file - " +
                "init with standard data!!");
        }
    }

    ...
}
```

Listing 6.9 Auszug aus der Klasse CSIManager

6.1 PC-Simulation einer Navigationsanwendung mit CSI-Client

```xml
<?xml version="1.0"?>
<csisimulationclient-configfile>

   <!-- settings for the GUI OSGI Bundle -->
   <gui>
      <distances>
         <distance>100</distance>
         <distance>500</distance>
         <distance>1000</distance>
         <distance>2000</distance>
         <distance>4000</distance>
         <distance>5000</distance>
         <distance>10000</distance>
      </distances>
      <drivingsimulation>true</drivingsimulation>
      <drivingsimulationfile>route.csv</drivingsimulationfile>
   </gui>

   <!-- settings for the Controller OSGI Bundle -->
   <controller>
      <id>device1</id>
      <password>secretkey1</password>
   </controller>

</csisimulationclient-configfile>
```

Listing 6.10 Konfigurationsdatei des CSI Simulationsclients

```java
package com.harmanbecker.csi.osgi.controller;
import java.io.File;
import java.util.ArrayList;
import javax.xml.parsers.DocumentBuilder;
import javax.xml.parsers.DocumentBuilderFactory;
import org.w3c.dom.*;
import com.harmanbecker.csi.gen.POI;

public class CSIManager {

   private OsgiServiceManager serviceManager = null;
   ...

   public void initGui() {
      if (serviceManager.serviceCSIGuiAvailable()) {
         serviceManager.getServiceCSIGui().initGui(
               distances,
               drivingSimulation,
               drivingSimulationFile);
      }
   }

   ...
}
```

Listing 6.11 Auszug aus der Klasse CSIManager

6.1.5.3 CSI Bundle GUI

Das GUI[6] Bundle stellt für den Benutzer die wichtigste Komponente des Softwaresystems dar. Ohne das GUI Bundle könnte der Benutzer auf keine komfortable Art und Weise mit den anderen zwei Bundles umgehen. Bei der Gestaltung der Benutzeroberfläche stand die OpenStreetMap Karte im Vordergrund. Sie bildet den Hauptteil der Benutzeroberfläche. Das primäre Ziel des Softwaresystems ist die Visualisierung von Geodaten. Die eingebettete Karte eignet sich dafür bestens, da sie sich bequem mittels einer API[7] steuern lässt. Ein weiteres wichtiges Element der Benutzeroberfläche ist die Visualisierung von Informationsmeldungen.

Diese werden in einem dynamischen Anzeigefeld auf der Benutzeroberfläche angezeigt. Das Anzeigefeld kann vom Benutzer gesteuert werden und dient dabei nicht nur für Informationsmeldungen. Die bereits angesprochenen Geodaten werden durch POIs repräsentiert, zu deren kategorisierter Ansicht das Anzeigefeld ebenfalls verwendet wird. Ein Wechsel zwischen den beiden Anzeigemöglichkeiten kann jederzeit vorgenommen werden. Durch die Auswahl bestimmter Elemente in der Anzeige der POIs wird der Karteninhalt dynamisch angepasst.

In der folgenden Liste sind Informationen zu den einzelnen mit Zahlen versehenen Punkten in der Darstellung der Benutzeroberfläche (Abb. 6.17) aufgeführt.

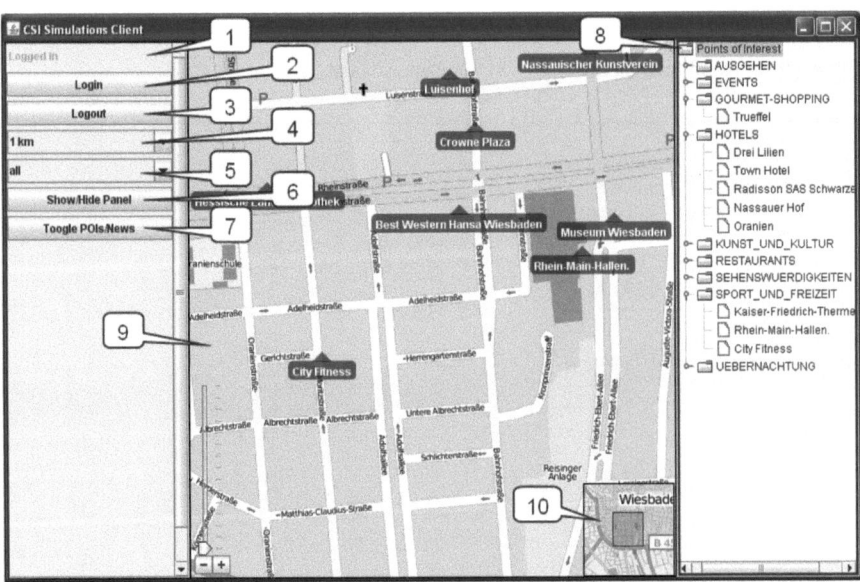

Abb. 6.17 Die Benutzeroberfläche des CSI Simulationsclients

---

[6] GUI bezeichnet das Graphical User Interface, also die Bedienoberfläche der Software.
[7] API bedeutet Application Programming Interface.

6.1 PC-Simulation einer Navigationsanwendung mit CSI-Client

1. Dies ist ein Informationsfeld für den Benutzer. Es wird an dieser Stelle der An- oder Abmeldestatus signalisiert. Bei auftretenden Fehlern oder sonstigen Meldungen wird der Benutzer ebenfalls an dieser Stelle informiert. Zum leichteren Verständnis sind positive Meldungen grün und Fehler rot gekennzeichnet.
2. Dieser Button stellt die Funktion der Anmeldung an dem Server zur Verfügung. Bei der Betätigung wird im Hintergrund die Anmeldung am Server gestartet und nach Abschluss des Vorgangs der Status im Informationsfeld visualisiert. Die Anmeldung ist nötig, da sich ein Client gegenüber dem Server erst authentifizieren muss bevor er weitere Anfragen an ihn stellen kann.
3. Die Betätigung des Buttons leitet den Abmeldevorgang vom Server ein. Der Status des Vorgangs wird nach dessen Abschluss ebenfalls im Informationsfeld angezeigt.
4. Ein Auswahlfeld mit Entfernungsangaben. Zur Umkreissuche der POIs muss in diesem Auswahlfeld eine Entfernungsangabe ausgewählt werden.
5. Ein Auswahlfeld mit den Kategorien der auf dem Server vorhandenen POIs. Die Werte dieses Auswahlfeldes werden nach einem erfolgreichen Anmeldevorgang automatisch mit den auf dem Server vorhandenen Kategorien der POIs synchronisiert. Die getroffene Auswahl wird dann bei einer Suche nach POIs berücksichtigt. Eine POI-Suche wird jedoch erst gestartet, wenn in beiden Auswahlfeldern Werte selektiert sind.
6. Dieser Button steuert das dynamische Ein- und Ausblenden des Anzeigefeldes. Bei einer Betätigung wird zwischen den Zuständen gewechselt.
7. Der Inhaltswechsel des Anzeigefeldes wird mit diesem Button gesteuert. Dieser Wechsel ist sowohl im eingeblendeten als im ausgeblendeten Zustand möglich. Es wird dabei zwischen der kategorisierten Ansicht der angeforderten POIs oder der Darstellung der Informationsmeldungen zu Verkehr, Nachrichten oder Ähnlichem gewechselt.
8. Dies ist das bereits erwähnte Anzeigefeld, das sich dynamisch ein- und ausblenden lässt. Es nimmt entweder die kategorisierte Ansicht der angeforderten POIs auf oder stellt die Informationsmeldungen zu Verkehr, Nachrichten oder Ähnlichem dar. In Tab. 6.13 wird das Anzeigefeld noch einmal detailliert beschrieben.
9. Dies ist die OpenStreetMap Karte, die einen zentralen Teil des Softwaresystems bildet. Die POIs werden mit ihrer Hilfe visualisiert.
10. Eine verkleinerte Übersichtskarte, die auf der OpenStreetMap Karte basiert und nur zur besseren Orientierung beitragen soll. Das rote Viereck markiert dabei den Ausschnitt der Karte, der aktuell angezeigt wird.

In der Abb. 6.18 sind die vier möglichen Ansichten des Anzeigefeldes des CSI Simulationsclients dargestellt. Der Rest der Benutzeroberfläche ist bei den möglichen Ansichten aus Übersichtsgründen weggelassen worden. Es geht in der Abbildung nicht um den Inhalt der verschiedenen Ansichten, da dieser stets wechseln kann, sondern nur um die Darstellungsart der Informationen. Die Tab. 6.13 liefert dazu weitere Informationen.

Der nächste Abschnitt widmet sich der Integration der OpenStreetMap in das GUI Bundle.

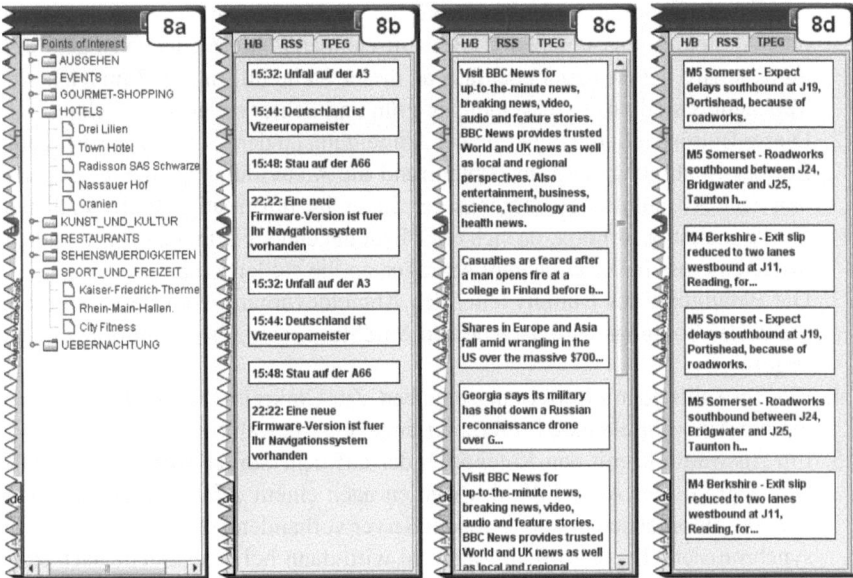

Abb. 6.18 Die verschiedenen Inhalte des Anzeigefeldes der Benutzeroberfläche

Tab. 6.13 Beschreibung der Darstellungsarten in der Benutzeroberfläche

Bereich	Beschreibung
8a	Dies ist die Darstellung der abgefragten und vom Server zur Verfügung gestellten POIs. Die Darstellung geschieht in einer Baumstruktur, bei der ein einzelner POI ein Blatt und eine Kategorie einen Knoten des Baumes bildet. Die POIs können in der Baumdarstellung einzeln, als Kategorie oder komplett markiert werden und erscheinen dann auf der OpenStreetMap Karte
8b	In dieser Ansicht werden die Informationsmeldungen dargestellt, die in keine der anderen beiden Kategorien (Verkehr und Nachrichten) passen. Es wird jeweils eine Meldung in einem weißen Rechteck mit schwarzer Umrandung platziert. Mit einem Klick auf einen der Reiter im oberen Teil des Anzeigefeldes kann man zu den anderen beiden Kategorien der Informationsmeldungen wechseln
8c	Die Informationsmeldungen in dieser Ansicht gehören zur Kategorie der Nachrichten. Dabei werden einzelne Nachrichtenmeldungen ebenfalls in einem weißen Rechteck mit schwarzer Umrandung dargestellt
8d	Diese Ansicht präsentiert dem Benutzer die empfangenen Verkehrsinformationen. Die Darstellung ist äquivalent zu den anderen beiden Informationsmeldungen

Die zentrale Klasse des GUI Bundles ist CSIClientGui. Sie wird von der Activator Klasse `public class Activator implements BundleActivator` des Bundles in Listing 6.12, Zeile 17 mit dem Aufruf `gui = new CSIClientGui ("CSI Simulations Client")` erzeugt. Danach wird die `init( )` Methode der Klasse aufgerufen.

Die CSIClientGui Klasse (Listing 6.13) startet zu Beginn in ihrer init Methode alle Bestandteile, die zur Benutzeroberfläche gehören. Die OpenStreetMap Karte wird in der Klasse durch das Objekt `JXMapKit map = new JXMapKit( )`

6.1 PC-Simulation einer Navigationsanwendung mit CSI-Client

```
package net.opencsi.csi.osgi.gui;

import java.util.Hashtable;
import org.osgi.framework.*;
import org.osgi.util.tracker.ServiceTracker;
import net.opencsi.csi.osgi*;

public class Activator implements BundleActivator {

   protected CSIClientGui gui = null;
   ...

   public void start(BundleContext bc) throws Exception {

      ...
      gui = new CSIClientGui("CSI Simulations Client");
      gui.init();
      ...
   }

   ...
}
```

Listing 6.12 Auszug aus der Klasse Activator des OSGi Bundle GUI

repräsentiert. In dem folgenden Listing wird in der createLayout( ) Methode in Zeile 26 die initOpenStreetMapPanel( ) Methode aufgerufen, die auf dem bereits zum Start der Klasse in Zeile 9 erzeugten map Objekt weitere Einstellungen vornimmt. Die Einstellungen betreffen das initiale Zoomlevel map.setZoom (5), den initialen Kartenmittelpunkt map.setCenterPosition (new GeoPosition(50.0685, 8.266)) und den Standardserver, der die Kartendaten liefert map.setDefaultProvider(JXMapKit.DefaultProviders.OpenStreetMaps). Das map Objekt wird beim Start noch mit vielen weiteren Parametern initialisiert, die durch die API hinter dem Aufruf new JXMapKit ( ) verborgen werden. Diese Standardeinstellungen können ohne Bedenken mit den gemachten Anpassungen beibehalten werden. Um die Karte auf der Benutzeroberfläche anzuzeigen, genügt es das map Objekt, das im Grunde eine Spezialisierung des Java Objekts JPanel1 ist, dem Layout hinzuzufügen. Dazu wird es in Zeile 28 einem inneren Layout (...setLayout(...)) hinzugefügt, welches wiederum dem finalen Layout in Zeile 31 hinzugefügt wird. Letztendlich wird dann in Zeile 33 das finale Layout auf einem Java JFrame2 Objekt mit dem Aufruf this.add(mainPanel) platziert, welches die Benutzeroberfläche repräsentiert. Die CSIClientGui Klasse ist letztendlich nur eine Spezialisierung dieses Java JFrame Objekts. Nicht zu vergessen ist der Listener, der in Zeile 18 zugewiesen wird und die Benutzeraktionen, speziell an der OpenStreetMap Karte, überwacht.

Die Benutzeroberfläche bietet die bereits angesprochenen Funktionen und Bedienelemente. Es handelt sich dabei im Groben um die Buttons, die Auswahlfelder, das Anzeigefeld, das Benutzerinformationsfeld und natürlich die OpenStreetMap Karte. Im folgenden Abschnitt wird auf die Implementierung und Integration dieser

```
package com.harmanbecker.csi.osgi.gui;

import javax.swing.*;
...
public class CSIClientGui extends JFrame {

   private MapPanelListener mapPanelListener = null;
   private JXMapKit map = new JXMapKit();
   private JPanel mainPanel = new JPanel();
   private JPanel mainPanelCenter = new JPanel();
   ...

   public void init() {
      createLayout();
      ...
      mainPanelCenter.addComponentListener(mapPanelListener);
      ...
      this.setVisible(true);
   }

   public void createLayout() {
      ...
      initOpenStreetMapPanel();
      mainPanelCenter.setLayout(new BorderLayout());
      mainPanelCenter.add(BorderLayout.CENTER, map);
      ...
      mainPanel.setLayout(new BorderLayout());
      mainPanel.add(BorderLayout.CENTER, mainPanelCenter);
      ...
      this.add(mainPanel);
   }

   public void initOpenStreetMapPanel() {
      map.setDefaultProvider(
         JXMapKit.DefaultProviders.OpenStreetMaps);
      map.setZoom(5);

      // Wiesbaden als Center
      map.setCenterPosition(new GeoPosition(50.0685, 8.266));
   }
   ...
}
```

Listing 6.13 Auszug aus der Klasse CSIClientGui

Elemente in die Benutzeroberfläche eingegangen. Des Weiteren wird die Reaktion auf Benutzeraktionen erläutert.

Zur Verdeutlichung der Zusammenhänge werden die dafür relevanten Passagen der CSIClientGui Klasse dargestellt.

Die bisherigen Listings haben nicht explizit jedes Objekt erwähnt, da dies schnell den Rahmen sprengen würde und das Listing sich über mehrere Seiten hinziehen

6.1 PC-Simulation einer Navigationsanwendung mit CSI-Client

```
package com.harmanbecker.csi.osgi.gui;

import javax.swing.*;
...

public class CSIClientGui extends JFrame {

   ...

   public CSIClientGui(String name) throws HeadlessException {
      ...
      clientActionListener = new ClientActionListener(this);
      mapPanelListener = new MapPanelListener(this);
   }

   public void init() {
      createLayout();
      ...
      this.buttonLogin.addActionListener(clientActionListener);
      ...
      this.comboBoxCategoryChoice.addItemListener(
         clientActionListener);
      ...
      this.setSize(950, 700);
      this.setDefaultCloseOperation(DISPOSE_ON_CLOSE);
      this.setVisible(true);
   }

   ...
}
```

Listing 6.14 Auszug aus der Klasse CSIClientGui

würde. Der vollständige Quellcode ist für das Verständnis der wichtigsten Funktionen nicht erforderlich.

Beim Start der `CSIClientGui` Klasse (Listing 6.14) wird zu Beginn im Konstruktor der Listener mit dem Aufruf `clientActionListener = new ClientActionListener(this)` gestartet, der die Benutzeraktionen überwacht. In der darauf folgenden Zeile wird der bereits im vorausgegangenen Abschnitt erwähnte Listener `mapPanelListener = new MapPanelListener(this)` der OpenStreetMap-Karte gestartet, der beim Ein- und Ausblenden und Skalieren der Karte in Aktion tritt. Die Bedienelemente werden zur Gestaltung der Benutzeroberfläche alle auf einem Java JPanel Objekt namens mainPanel angeordnet, welches dann im folgenden Listings mit dem Aufruf `this.add(mainPanel)` auf einem spezialisierten Java JFrame Objekt platziert wird. Dieses spezialisierte Objekt stellt die Klasse `CSIClientGui` selbst dar. Nach weiteren Anpassungen bezüglich Größe und Erscheinungsbild wird die Benutzeroberfläche mit `this.setVisible(true)` zur Anzeige gebracht. Dem mainPanel Objekt liegt ein Layoutmanager zugrunde, der die Möglichkeit bietet, die Positionierung von Bedienelementen zu vereinfachen. Grob gesagt, teilt dieser Layoutmanager die Benutzeroberfläche so in einen linken Teil, der die Buttons etc. enthält, einen rechten Teil mit dem dynamischen Anzeigefeld und die Mitte mit der OpenStreetMap Karte ein. Diesen Teileelementen werden wiederum eigene Layoutmanager zugewiesen oder die Bedienelemente direkt positioniert.

Zur beispielhaften Erklärung des Layoutaufbaus wird das Listing 6.15 herangezogen. Dort wird in Zeile 4 mit `controlPanel.add(buttonLogin)` der Login Button, der durch das buttonLogin Objekt repräsentiert wird, dem JPanel controlPanel mittels der add (…) Methode hinzugefügt. Dies ist die normale Vorgehensweise beim Hinzufügen von Bedienelementen. Als weiteres Beispiel und stellvertretend für die weiteren Bedienelemente im linken Teil der Benutzeroberfläche wird noch die Platzierung des Informationsfeldes für den Benutzer in Zeile 3 genannt. Das controlPanel wurde bereits zu Beginn in einem flexiblen Java Jscrollpanel Objekt buttonScrollPane gekapselt, welches in Zeile 6 der finalen Benutzeroberfläche hinzugefügt wird. Der Vorteil dieser Kapselung liegt in der fehlerfreien Darstellung des Layouts bei einer Änderung der Fenstergröße. Das Anzeigefeld,

```
public void createLayout() {

    ...
    controlPanel.add(userStatusInfo);
    controlPanel.add(buttonLogin);
    ...
    mainPanelWest.add(BorderLayout.CENTER, buttonScrollPane);
    ...
    mainPanelCenter.add(BorderLayout.CENTER, map);
    initPOITree();
    poiTreePanel.add(BorderLayout.CENTER, poiTreeScrollPane);
    ...
    collapsiblePanel.add(BorderLayout.CENTER, poiTreePanel);
    ...
    tickerTabsPanel.addTab("H/B", newsHB);
    tickerTabsPanel.addTab("RSS", newsRSS);
    tickerTabsPanel.addTab("TPEG", newsTPEG);
    ...
    mainPanel.add(BorderLayout.WEST, mainPanelWest);
    mainPanel.add(BorderLayout.CENTER, mainPanelCenter);
    mainPanel.add(BorderLayout.EAST, collapsiblePanel);
    ...
    this.add(mainPanel);
}

public void initPOITree() {
    poiTree.addTreeSelectionListener(
        new MyTreeSelectionListener());
    poiTree.setEditable(false);
    ...
}
```

Listing 6.15 Auszug aus der Klasse CSIClientGui

6.1 PC-Simulation einer Navigationsanwendung mit CSI-Client

das entweder die kategorisierte Ansicht der POIs oder die Informationsmeldungen aufnimmt, wird in der Zeile `mainPanel.add(BorderLayout.EAST, collapsiblePanel)` als collapsiblePanel eingebunden. Es ist eine Spezialisierung eines JPanels, das jedoch das animierte Ein- und Ausblenden beherrscht. Diese Funktionalität wird nicht direkt von Java bereitgestellt, sondern stammt aus der API, die von der OpenStreetMap Karte zur Verfügung gestellt wird. Dem collapsiblePanel wird Initial mit dem Aufruf `collapsiblePanel.add(BorderLayout.CENTER, poiTreePanel)` das poiTreePanel hinzugefügt, welches die kategorisierte Ansicht der POIs repräsentiert. Den Wechsel des Inhalts des Anzeigefeldes kann der Benutzer über einen bereits erwähnten Button einleiten.

Der eigentliche Wechsel der Anzeige wird dann in der `changeCollapsiblePanelContent( )` Methode vollzogen. Diese Methode ist im Listing 6.16 dargestellt.

Bei jeder Betätigung des Buttons wird zwischen den beiden Ansichten gewechselt, wobei der aktuelle Zustand in dem Attribut `panelContent` gespeichert wird. Wird beispielsweise von der POI- in die Informationsmeldungs-Ansicht gewechselt, wird der Zweig von Zeile 4 bis 8 in der Fallabfrage durchlaufen. Dabei wird der neue Zustand gesetzt, die vorherige Ansicht mit `collapsiblePanel.removeAll( )` entfernt, die neue Ansicht gesetzt (`collapsiblePanel.add(...)`), die Benutzeroberfläche aktualisiert (`this.validate( )`) und die Methode verlassen. Äquivalent läuft ein Wechsel in die andere Richtung ab. Das tickerTabsPanel Objekt ist ebenfalls eine Art JPanel, kann jedoch mehrere Tabs in Form von einzelnen JPanels aufnehmen. Die Zuweisung der einzelnen Tabs und die

```
public void changeCollapsiblePanelContent() {

    switch (panelContent) {

        case POI_TREE:
            panelContent = TICKER_TABS;
            collapsiblePanel.removeAll();
            collapsiblePanel.add(
                    BorderLayout.CENTER, tickerTabsPanel);
            this.validate();
            break;

        case TICKER_TABS:
            panelContent = POI_TREE;
            collapsiblePanel.removeAll();
            collapsiblePanel.add(
                    BorderLayout.CENTER, poiTreePanel);
            this.validate();
            break;

        default:
            break;
    }
}
```

Listing 6.16 Auszug aus der Klasse CSIClientGui

Integration der OpenStreetMap Karte wird an dieser Stelle nicht weiter erläutert, das folgt in weiteren Abschnitten.

Damit die Benutzeroberfläche auf Benutzeraktionen reagieren kann, existiert die Klasse `ClientActionListener`. Sie ist die zentrale Anlaufstelle, wenn es um Zustandsveränderungen an Buttons oder Auswahlfeldern geht. Die Betätigung eines Buttons oder Auswahlfeldes löst in Java ein Event aus, das an einen angemeldeten Listener weitergeleitet wird. Die ClientActionListener Klasse ist ein solcher Listener und wird an jedes Bedienelement, das überwacht werden soll angemeldet. Die Buttons werden alle angemeldet. Die Auswahlfelder werden ebenfalls angemeldet. Im folgenden Listing ist ein Auszug der ClientActionListener Klasse zu sehen, an dem exemplarisch der Ablauf beim Eintreffen eines Events gezeigt wird.

Betätigt der Benutzer den Logout Button, löst dies ein Event aus und die Methode `actionPerformed(...)` wird aufgerufen (Listing 6.17). Zur Vollständigkeit soll an dieser Stelle noch erwähnt werden, dass der Aufruf vom AWT-Event-Thread, oder Event-Dispatching-Thread genannt, der JVM stammt. In dieser Methode sind Aktionen hinterlegt, die bei bestimmten Events ausgeführt werden sollen. Bei dem Betätigen des Logout Buttons beispielsweise trifft die bedingte Abfrage `if (clientEvent.getActionCommand( ).equalsIgnoreCase(gui.getButtonLogout( ).getActionCommand( )))` zu und die folgenden Anweisungen werden, sofern `serviceAvailable( )` ebenfalls zutrifft, ausgeführt. In Zeile 19 wird die Verfügbarkeit des OSGi Services des Controller Bundles geprüft und zwischen Zeile 20 und 24 wird ein Thread gestartet der diesen OSGi Service nutzt. Es handelt sich bei dem genutzten OSGi Service um die Methode `requestLogout( )`, die bereits bekannt ist. Die Auslagerung in einen eigenen Thread ist sinnvoll, da es zu einem Einfrieren der Benutzeroberfläche kommen kann, sollte die Bearbeitung im Event-Dispatching-Thread zu lange dauern. Die Abarbeitung der Events, die von anderen Buttons herrühren, geschieht genauso und wird deswegen nicht weiter vertieft. Lediglich beim Wechsel des Inhaltes des Anzeigefeldes ist die Bearbeitung eine andere. Später wird, nachdem als Quelle des Events der Button zum Inhaltswechsel des Anzeigefeldes ausgemacht wurde, die bereits erwähnte `changeCollapsiblePanelContent( )` Methode aufgerufen und führt den Wechsel durch.

Bei der Auswahl eines Elements in einem Auswahlfeld wird hingegen die Methode `itemStateChanged(...)`, die ebenfalls zur ClientActionListener Klasse (Listing 6.18) gehört, aufgerufen. Die Methode ist im vorangestellten Listing dargestellt. Dort werden nach etlichen Prüfungen auf Verfügbarkeit des OSGi Services des Controller Bundles und ob eine korrekte und gültige Auswahl getroffen wurde, die Anweisungen zwischen Zeile 5 und 12 ausgeführt. Sie erzeugen einen Thread, der den Vorgang der POI-Abfrage vom Server einleitet. Dazu werden die Parameter zum maximalen Umkreis, zur Kategorie und zur aktuellen Position mit übermittelt.

Die Verwaltung des konsumierten OSGi Services des Controller Bundles obliegt, wie bei den anderen beiden Bundles, einem ServiceTracker, der hier durch die Klasse `OsgiServiceTrackerCSIGui` repräsentiert wird. Er wird in der Activator Klasse des Bundles gestartet und überwacht stets die Verfügbarkeit des OSGi Services des Controller Bundles. Diese Verfügbarkeit wird, wie erwähnt, in

6.1 PC-Simulation einer Navigationsanwendung mit CSI-Client

```
package com.harmanbecker.csi.osgi.gui;

import net.opencsi.csi.osgi.serviceInterfaces.*;
...
public class ClientActionListener
      implements ActionListener, ItemListener {

   OsgiServiceCSIController service = null;
   CSIClientGui gui = null;

   public ClientActionListener(CSIClientGui g) {
      super();
      this.gui = g;
   }

   public void setOsgiServiceCSIController(
         OsgiServiceCSIController service) {
      this.service = service;
   }

   public void actionPerformed(ActionEvent clientEvent) {
      if (clientEvent.getActionCommand().equalsIgnoreCase(
            gui.getButtonLogout().getActionCommand())) {
         if (serviceAvailable()) {
            new Thread(new Runnable() {
               public void run() {
                  service.requestLogout();
               }
            }, "Logout Request Thread").start();
         }
      }
      if (clientEvent.getActionCommand().equalsIgnoreCase(
            gui.getButtonChangeCollapsiblePane().
            getActionCommand())) {
         gui.changeCollapsiblePanelContent();
      }
      ...
   }
   ...
}
```

Listing 6.17 Auszug aus der Klasse ClientActionListener

der ClientActionListener Klasse mittels der Methode `serviceAvailable( )` überprüft. Die Validierung der Gültigkeit basiert vereinfacht gesagt auf einer Prüfung der Referenz auf den OSGi Service, die stets über die Methode `setOsgi-ServiceCSIController(...)` gesetzt wird.

Zum besseren Verständnis zeigt das Listing 6.19 einen Auszug des OSGi Services des GUI Bundles, worin sich unter anderem die Methode `setLoginStatus(boolean loggedIn)` wiederfindet.

Ein Blick auf die Implementierung des OSGi Services in Listing 6.20 enthüllt, dass der Aufruf eben dieser Methode an die gleichnamige Methode der Klasse

```
public void itemStateChanged(ItemEvent e) {
   if (e.getStateChange() == ItemEvent.SELECTED) {
      if (gui.isCategorySelected() && gui.isDistanceSelected()) {
         if (serviceAvailable()) {
            new Thread(new Runnable() {
               public void run() {
                  service.requestPois(gui.getDistance(), gui
                              .getCategory(), gui.getMapCenter()
                              .getLongitude(), gui.getMapCenter()
                              .getLatitude());
               }
            }, "POI Request Thread").start();
         }
      }
   }
}
```

Listing 6.18 Auszug aus der Klasse ClientActionListener

```
Zur Abrundung des Beispiels, das sich in Form der Beschreibung des
Abmeldevorgangs bereits durch die vorangehenden Abschnitte zieht,
fehlt nur noch ein kleiner Teil. Die Betätigung des Logout Buttons
und der darauf folgende Aufruf des OSGi Services des Controller
Bundles wurde in diesem Abschnitt bereits beschrieben. In den
vorausgegangenen Abschnitten wurden dessen Folgen und
Verarbeitungsschritte in den anderen beiden Bundles erläutert. Zum
Abschluss des Beispiels fehlen noch die Vorgänge, die in diesem
Bundle ablaufen, nachdem sie vom Controller Bundle der OSGi
Service des GUI Bundle aufgerufen wurden.
package com.harmanbecker.csi.osgi.serviceInterfaces;
import java.util.ArrayList;
import com.harmanbecker.csi.gen.POI;

public interface OsgiServiceCSIGui {
   public void setPOIs(POI[] pois);
   public void setNewsTpeg(String[] tpegData);
   public void initGui(ArrayList distances, boolean autoDrive,
         String autoDriveFile);
   public void setCategories(String[] categories);
   public void setLoginStatus(boolean loggedIn);
   ...
}
```

Listing 6.19 Auszug aus dem Interface OsgiServiceCSIGui

CSIClientGui mit `gui.setLoginStatus(loggedIn)` weitergeleitet wird (Zeile 13). Die Implementierung des OSGi Services wird, wie bereits bei den anderen beiden Bundles erläutert, in der Activator Klasse gestartet und bei dem OSGi Framework registriert. In diesem Fall wird jedoch noch eine Referenz auf die CSIClientGui Klasse im Konstruktor (`public OsgiServiceCSIGuiImpl(CSIClientGui gui)`) übergeben, um mit eben dieser kommunizieren zu können.

6.1 PC-Simulation einer Navigationsanwendung mit CSI-Client

```
package com.harmanbecker.csi.osgi.gui;
...
public class OsgiServiceCSIGuiImpl implements OsgiServiceCSIGui {

   CSIClientGui gui = null;
   public OsgiServiceCSIGuiImpl(CSIClientGui gui) {
      this.gui = gui;
   }

   public void setLoginStatus(boolean loggedIn) {
      gui.setLoginStatus(loggedIn);
   }

   public void setPOIs(POI[] pois) {
      gui.setPOITree(pois);
   }

   ...
}
```

Listing 6.20 Auszug aus der Klasse OsgiServiceCSIGuiImpl

Die aufgerufene Methode `setLoginStatus(...)` ist in der CSIClientGui Klasse dafür verantwortlich, dass dem Benutzer der Status des Abmeldevorgangs vermittelt wird (Listing 6.21). Dies geschieht mittels des Informationsfeldes.

Das Informationsfeld wird durch das `userStatusInfo` Objekt repräsentiert und ist ein Java Objekt vom Typ JLabel. Im Falle des Abmeldevorganges fällt die bedingte Abfrage `if(loggedIn)` falsch aus und `setUserInfo(...)` wird aufgerufen. In dieser Methode wird letztendlich der Text des Informationsfeldes

```
private JLabel userStatusInfo = new JLabel("");
...
public void setUserInfo(String msg, Color color) {
   userStatusInfo.setText(msg);
   userStatusInfo.setForeground(color);
   userStatusInfo.revalidate();
}
public void setLoginStatus(boolean loggedIn) {
   if (loggedIn) {
      setUserInfo("Logged in", Color.GREEN);
   } else {
      setUserInfo("Logged out", Color.RED);
   }
}
```

Listing 6.21 Auszug aus der Klasse CSIClientGui

aktualisiert und der Benutzer somit über den erfolgreichen Abschluss des Abmeldevorgangs unterrichtet.

Am Beispiel des Abmeldevorgangs ist der komplette Kommunikationsweg unter Einbeziehung aller beteiligten OSGi Bundles, OSGi Services und CSI Services veranschaulicht worden. Die Komplexität dieses Beispiels lässt erahnen, warum nicht jeder Vorgang in dieser Ausführlichkeit beschrieben werden kann. Es wurde zusätzlich aufgezeigt, dass die Verwendung eines OSGi Frameworks viele Erleichterungen bei der Entwicklung eines komplexen Softwaresystems bringt.

6.1.5.4 Die OpenStreetMap Overlays

Es wurde schon mehrfach erwähnt, dass die OpenStreetMap Karte zur Darstellung der vom Server abgefragten POIs genutzt wird, jedoch noch nicht der darunter liegende Mechanismus. Dieser Abschnitt widmet sich der Implementierung dieser Funktionalität.

Zum grundsätzlichen Verständnis ist zu erwähnen, dass die POIs über die Karte geblendet werden und nicht schon im Vorfeld Teil der OpenStreetMap Karte sind. Für diesen Mechanismus ist der Begriff Overlay gebräuchlich. Der OpenStreetMap Karte können ein oder mehrere Overlays hinzugefügt werden, die den optischen Eindruck erwecken, die Karte selbst enthalte bereits die Informationen. Die eingezeichneten POIs hängen dabei von der Auswahl des Benutzers in der kategorisierten Ansicht im Anzeigefeld ab, wobei standardmäßig die POIs aller Kategorien angezeigt werden. Natürlich können maximal die POIs angezeigt werden, die die Kriterien der Auswahlfelder erfüllen. Leitet der Benutzer eine POI-Abfrage ein, wird vom Server ein Ergebnis mit allen angeforderten POIs geliefert, das vom GUI Bundle dabei mittels der Methode `setPOIs(...)` in dem angebotenen OSGi Service entgegengenommen wird. Nach einer Weiterleitung in der Implementierungsklasse des Services wird die Methode `setPOITree(...)` der CSIClientGui Klasse (Listing 6.22) aufgerufen und stellt die POIs in dem Anzeigefeld in einer kategorisierten Baumstruktur dar.

Dazu wird zu Beginn ein Objekt erzeugt, das die verschiedenen Kategorien aufnimmt. Überträgt der Server einen POI, dessen Kategorie noch nicht in dem Objekt erfasst ist, wird ein neuer Knoten `newParentNode = new DefaultMutableTreeNode(...)`, der die Kategorie repräsentiert, der Baumstruktur hinzugefügt und die Kategorie und ein Verweis auf den Knoten in dem Objekt. Das Vorhandensein der Kategorie wird mit dem Aufruf `if(!categories.containsKey(pois[index].category))` überprüft. Sollte die Kategorie in dem Objekt schon vorhanden sein, wird über den Verweis auf den Knoten in dem Objekt, der POI in die Baumstruktur eingefügt.

Das Einzeichnen der POIs in die OpenStreetMap Karte wird wiederum von einer anderen Komponente übernommen. Der Ursprung dieses Verhaltens liegt an der Tatsache, dass nur die im Anzeigefeld ausgewählten POIs angezeigt werden. Es besteht die Möglichkeit, zwischen drei verschiedenen Anzeigemodi zu wechseln. Entweder werden alle POIs aller Kategorien, einer Kategorie oder ein einzelner

6.1 PC-Simulation einer Navigationsanwendung mit CSI-Client 165

```
public void setPOITree(POI[] pois) {
   ...
   Hashtable categories = new Hashtable();

   if (null != pois) {
      if (0 < pois.length) {
         for (int index = 0; index < pois.length; index++) {

            if (!categories.containsKey(pois[index].category)) {
               DefaultMutableTreeNode newParentNode =
                  new DefaultMutableTreeNode(
                     pois[index].category);
               categories.put(
                  new String(pois[index].category),
                  newParentNode);
               poiTreeModel.insertNodeInto(
                  newParentNode, poiTreeRoot,
                  poiTreeRoot.getChildCount());
               poiTreeModel.insertNodeInto(
                  getNewNode(pois[index]),
                  newParentNode, newParentNode.getChildCount());
            } else {
               DefaultMutableTreeNode parent =
                  (DefaultMutableTreeNode) categories.get(
                     pois[index].category);
               poiTreeModel.insertNodeInto(
                  getNewNode(pois[index]),
                  parent, parent.getChildCount());
            }
         }
      } else {
         poiTreeRoot.setUserObject("No POIs to display");
      }
   }
   ...
}
```

Listing 6.22 Auszug aus der Klasse CSIClientGui

POI angezeigt. Zur Steuerung dieses Mechanismus bietet das TreeModel1 einen sogenannten TreeSelectionListener an, der eine Spezialisierung eines allgemeinen Listeners ist. Er reagiert speziell auf Veränderungen an der Baumstruktur. Im Listing 6.23 ist dessen entscheidende Methode valueChanged(...) dargestellt, die bei einer Selektion eines Elements aufgerufen wird.

Exemplarisch zur Erklärung des Einzeichnens auf der OpenStreetMap Karte wird die Selektion einer ganzen Kategorie von POIs im Anzeigefeld beschrieben. Beim Aufruf der Methode, ebenfalls durch den Event-Dispatching-Thread, ist zunächst nicht klar, welches Element des Baumes selektiert wurde. Die Fallunterscheidung in Zeile 8 prüft zuerst, ob das selektierte Element die Wurzel des Baumes poiTreeRoot ist. Ist dies nicht der Fall, überprüft die Fallunterscheidung in der Zeile if (node.isLeaf( )) ob das Element ein Blatt des Baumes beziehungsweise ein

```
public void valueChanged(TreeSelectionEvent event) {
   DefaultMutableTreeNode node = (DefaultMutableTreeNode)
         poiTree.getLastSelectedPathComponent();
   ...

   Set waypoints = new HashSet();
   poiPainter.setRenderer(poiRenderer);

   if (node == poiTreeRoot) {
      // alle POIs selektiert
      ...
   } else {
      if (node.isLeaf()) {
         // ein POI selektiert
         ...
      } else {
         // ein Kategorie von POIs selektiert
         for (int childs = 0;
               childs < node.getChildCount(); childs++) {
            DefaultMutableTreeNode childNode =
                  (DefaultMutableTreeNode)
                     node.getChildAt(childs);
            POIEntry poi = (POIEntry) childNode.getUserObject();
            waypoints.add(new POIWaypoint(((double) poi.latitude)
                  / ((double) 1000000), ((double) poi.longitude)
                  / ((double) 1000000), poi.name));
         }
         poiRenderer.setCategoryColor(
               poiTreeRoot.getIndex(node) + 1);
      }
   }

   poiPainter.setWaypoints(waypoints);
   paintOverlays();
}
```

Listing 6.23 Auszug aus der Klasse MyTreeSelectionListener

einzelner POI ist oder ob es sich um einen Knoten handelt. Bei einem Knoten, also der Selektion einer ganzen Kategorie von POIs, wird über dessen Elemente iteriert und sie werden in das HashSet1 waypoints aufgenommen. Die Objekte des HashSets repräsentieren dabei letztendlich die POIs mit allen ihren Informationen. Zum Abschluss wird das zusammengestellte HashSet in Zeile 28 dem poiPainter `poiPainter.setWaypoints(waypoints)` zugewiesen und die Methode `paintOverlays( )` aufgerufen, die im folgenden Abschnitt noch detaillierter erläutert wird.

6.1.5.5 Die simulierte Navigationsfahrt

Das simulierte Abfahren einer zuvor aufgezeichneten Route basiert, wie das Zeichnen der POIs, auf einem Overlay. Dieses zusätzliche Overlay wird ausschließlich

6.1 PC-Simulation einer Navigationsanwendung mit CSI-Client

```java
package com.harmanbecker.csi.osgi.gui;

import org.jdesktop.swingx.painter.AbstractPainter;
...
public class MothPainter extends AbstractPainter {

   private int xPoint = 0;
   private int yPoint = 0;
   private int bearing = 0;
   ...

   public void setViewportBounds(int width, int height) {
      xPoint = width/2;
      yPoint = height/2;
   }

   public void setBearing(int b) {
      bearing = b;
   }

   protected void doPaint(Graphics2D g, Object arg1,
         int arg2, int arg3) {
      Paint p = g.getPaint();
      g.setPaint(Color.BLACK);
      g.rotate(getRotationRadiant(bearing), xPoint, yPoint);
      g.drawOval(xPoint - (radius/2), yPoint - (radius/2),
            radius, radius);
      Polygon poly = new Polygon();
      poly.addPoint(xPoint + width, yPoint + radius);
      poly.addPoint(xPoint - width, yPoint + radius);
      poly.addPoint(xPoint, yPoint - radius);
      g.fillPolygon(poly);
      g.rotate(-getRotationRadiant(bearing), -xPoint, -yPoint);
      g.setPaint(p);
   }
   ...
}
```

Listing 6.24 Auszug aus der Klasse MothPainter

bei einer Simulationsfahrt über die Karte projiziert und zur Darstellung einer Motte verwendet.

Das Listing 6.24 zeigt, wie das Zeichnen der Motte von statten geht. Exemplarisch lässt sich daran die grundsätzliche Funktionsweise des Erstellens eines Overlays erkennen. In diesem speziellen Fall muss beim Zeichnen nicht nur die Position in der Karte berücksichtigt werden, sondern die Ausrichtung der Motte. Die Ausrichtung, die einen Winkel zwischen 0 und 360 Grad annehmen kann, wird über das Klassenattribut bearing bestimmt, welches über die Methode setBearing(...) aktualisiert werden kann. Die Klasse spezialisiert weiterhin die Methode doPaint(...) der AbstractPainter Klasse, die von der OpenStreetMap API

```
...
32,50.0730528,8.1994008,178.00,09/02/2008 10:19:44
AM,0.360,0.017,263.00,61.65
3 33,50.0730784,8.1996392,179.00,09/02/2008 10:19:45
AM,0.377,0.017,263.00,62.06
34,50.0731008,8.1998816,180.00,09/02/2008 10:19:46
AM,0.394,0.017,264.00,62.88
5 35,50.0731232,8.2001248,180.00,09/02/2008 10:19:47
AM,0.412,0.018,264.00,63.08
36,50.0731456,8.2003680,181.00,09/02/2008 10:19:48
AM,0.429,0.018,264.00,63.08
7 37,50.0731744,8.2006152,182.00,09/02/2008 10:19:49
AM,0.447,0.018,263.00,64.50
38,50.0732000,8.2008608,183.00,09/02/2008 10:19:50
AM,0.465,0.018,264.00,63.88
9 ...
```

Listing 6.25 Beschreibung einer Route für die simulierte Navigationsfahrt (Auszug)

zur Verfügung gestellt wird. Sie führt die eigentlichen Zeichenoperationen aus. Zur Darstellung der Motte[8] wird mit drawOval(...) ein Kreis erstellt. Der Kreis wird von einem Dreieck überlagert, das mit seiner Spitze die Fahrtrichtung des simulierten Kraftfahrzeugs angibt. Das Polygon, das mit Polygon poly = new Polygon( ) erstellt und in den weiteren 3 Zeilen um die richtigen Punkte erweitert wird, stellt dieses Dreieck dar. Das Zeichnen der Dreiecksspitze in Fahrtrichtung wird anschließend noch realisiert. Bei einer simulierten Navigationsfahrt wird diese Klasse beziehungsweise deren doPaint( ) Methode periodisch aufgerufen. Der Aufruf geschieht dabei aus der DrivingSimulation Klasse heraus, die die eigentliche Navigationsfahrt implementiert. Die abzufahrende Route wird dabei zuvor aus einer Datei (Listing 6.25) mit Hilfe der Methode parseRouteFile( ) in Listing 6.26 eingelesen.

Die Datei mit der abzufahrenden Route wird sequentiell (Zeile für Zeile) bis zum Ende eingelesen. Dies wird unter Zuhilfenahme eines BufferedReaders und eines FileReaders gemacht. Sie werden beide von der Java API zur Verfügung gestellt. Dem FileReader wird mit BufferedReader inputData = new BufferedReader(new FileReader(routeFile)) als Parameter die Datei mit der Beschreibung der Simulationsfahrt übergeben, damit dieser auf die Ressource zugreifen kann. Der BufferedReader ist für die Zwischenspeicherung des Dateiinhaltes verantwortlich, da über ihn im Folgenden auf die Daten zugegriffen wird. Der Zugriff auf jeweils eine Datenzeile erfolgt in einer Schleife (while((line = inputData.readLine( ))!= null)), solange Daten vorhanden sind. Die gelesene Zeile wird dann anhand der Trennzeichen aufgeteilt und die Daten in ein DetailedGeoPosition Objekt gespeichert. Die Daten umfassen hier die aktuelle Position des Fahrzeugs, die Fahrtrichtung und die Geschwindigkeit. Alle

---

[8] Die Motte bezeichnet die eigene Position in dem Display des Navigationssystems.

6.1 PC-Simulation einer Navigationsanwendung mit CSI-Client

```
public boolean parseRouteFile() {
   try {
      BufferedReader inputData = new BufferedReader(
         new FileReader(routeFile));
      String line = new String();
      try {
         while ((line = inputData.readLine()) != null) {
            String Elements[] = line.split(",");
            if (Elements.length >= 9) {
               points.add(new DetailedGeoPosition(
                  Double.parseDouble(Elements[1]),
                  Double.parseDouble(Elements[2]),
                  (int)Double.parseDouble(Elements[7]),
                  (int)Double.parseDouble(Elements[8])));
            }
         }
      } finally {
         inputData.close();
      }
   } catch (Exception e) {
      System.out.println("Error parsing Route File!");
      return false;
   }

   return true;
}
```

Listing 6.26 Auszug aus der Klasse DrivingSimulation

DetailedGeoPosition Objekte werden wiederum in einem Array namens `points` gespeichert. Sobald die Datei ohne Fehler eingelesen ist, wird sie mit `inputData.close( )` geschlossen und die simulierte Navigationsfahrt durch die positive Rückmeldung der Methode gestartet. Kommt es zu einem unvorhergesehenen Fehler beim Einlesen der Datei, wird der Vorgang abgebrochen und eine negative Rückmeldung gegeben.

Das Listing 6.27 zeigt den Kern der simulierten Navigationsfahrt. Damit der Eindruck einer Simulation gelingt, muss die Karte und die Motte ständig an die aktuelle Fahrzeugposition angepasst werden. Zur Anpassung der Karte wird die Position des Fahrzeugs stets in der Kartenmitte gehalten, was eine Verschiebung der Karte zur Folge haben kann. Diese Anpassung des Kartenmittelpunkts geschieht in der Zeile: `gui.getMap( ).setCenterPosition(((DetailedGeoPosition) points.get(i)).geo)`.

Ändert sich zusätzlich die Fahrtrichtung des Fahrzeugs, im Vergleich zur vorausgegangenen Position, wird die Ausrichtung der Motte im `MothPainter` aktualisiert. Die Abfrage `if(oldBearing ! = actualPoint.bearing)` stellt eine solche Änderung fest. Nach einer frei konfigurierbaren Wartezeit, die den Thread mit `Thread.sleep(WAITINGTIME)` pausieren lässt, beginnt die Anpassung von neuem und die simulierte Navigationsfahrt entsteht. Nach einer Anpassung der Fahrtrichtung in der MothPainter Klasse wird noch die Methode

```
package com.harmanbecker.csi.osgi.gui;

...

public class DrivingSimulation implements Runnable {
   private volatile boolean active = true;
   ...

   public DrivingSimulation(CSIClientGui g, String file) {
      this.gui = g;
      this.routeFile = file;
   }

   public void run() {

      int i = 0;
      DetailedGeoPosition actualPoint = null;

      if (parseRouteFile()) {

         while (active) {

            try {
               actualPoint = (DetailedGeoPosition) points.get(i);
               gui.getMap().setCenterPosition(
                     ((DetailedGeoPosition)points.get(i)).geo);
               int t = oldBearing - actualPoint.bearing;
               if (oldBearing != actualPoint.bearing) {
                  gui.getMothPainter().setBearing(
                        actualPoint.bearing);
                  gui.paintOverlays();
                  oldBearing = actualPoint.bearing;
               }
               i++;
            } catch (IndexOutOfBoundsException e) {
               i = 0;
            }

            try {
               Thread.sleep(WAITINGTIME);
            } catch (InterruptedException e) {
               break;
            }
         }
         System.out.println("Driving Simulation stopped");
      } else {
         gui.setdrivingSimulationRunning(false);
         gui.initOverlayPainters();
         gui.paintOverlays();
      }
   }
   ...
}
```

Listing 6.27 Auszug aus der Klasse DrivingSimulation

6.1 PC-Simulation einer Navigationsanwendung mit CSI-Client

```
public synchronized void paintOverlays() {
   if (!drivingSimulationRunning) {
      map.getMainMap().setOverlayPainter(poiPainter);
   } else {
      ...
      map.getMainMap().setOverlayPainter(manyPainters);
   }
}
```

Listing 6.28 Auszug aus der Klasse CSIClientGui

`paintOverlays` der CSIClientGui aufgerufen. Sie ist aus Gründen der Vollständigkeit noch einmal abgebildet.

Ihre zentrale Aufgabe ist die Steuerung der Overlays (Listing 6.28). Diese Steuerung und die Synchronisation ist nötig, da Benutzeraktionen den Aufruf der Methode aus verschiedenen Threads heraus nötig machen können. In dem einfachen Fall, dass keine Navigationsfahrt simuliert wird und die Abfrage in Zeile 2 somit negativ ausfällt, wird das Zeichnen des Overlays der POIs gestartet. Hat der Benutzer jedoch eine simulierte Navigationsfahrt gestartet, muss zusätzlich noch die Motte gezeichnet werden, die sich in einem weiteren Overlay befindet. Zur Darstellung beider Overlays sind sie in einem `manyPainters` Objekt zusammengefasst, das in der Lage ist beide Overlays über der Karte zu platzieren. Von dieser Technik wird in Zeile 6 Gebrauch gemacht.

6.1.5.6 Die Anzeige der Informationsmeldungen

In den vorausgegangenen Kapiteln war schon oft von dem Anzeigefeld für die Informationsmeldungen die Rede. Es soll die technische Implementierung veranschaulicht werden. Die eigentliche Darstellung des Anzeigefeldes wurde bereits erläutert.

Wie bereits erwähnt, wird ein Tab des Anzeigefeldes für die Informationsmeldungen von einem Java JPanel repräsentiert. Die Klasse TickerTab (Listing 6.29) ist eine Spezialisierung eines Java JScrollPane Objekts, welches ebenfalls in einem Java JPanel untergebracht werden kann. In dem Fall der Anzeige der Informationsmeldungen wird für jede Kategorie von Meldungen ein eigenes TickerTab Objekt erzeugt und jeweils einem Tab. Der Vorteil eines JScrollPane ist die variablere Anzeige. Liegen beispielsweise viele Informationsmeldungen einer Kategorie vor, kann in einem Tab ein Balken zum Scrollen (verschieben des Inhaltes) angezeigt und benutzt werden wohingegen die anderen Tabs davon unberührt bleiben.

Bei der Initialisierung der Klasse wird im Konstruktor mit der Zuweisung mit `setViewportView(tickerContainer)` genau die beschriebene Flexibilität erreicht, da ein Java JPanel Objekt in dem JScrollPane Objekt platziert wird.

Diesem JPanel Objekt wurde in der vorherigen Zeile ein Java JLabel zugewiesen, welches die eigentlichen Meldungen darstellt. Die darzustellenden Informationen werden mittels der Methode `setTickerData(...)` übergeben. Der Aufruf

```
package com.harmanbecker.csi.osgi.gui;

import java.awt.FlowLayout;
import javax.*;

public class TickerTab extends JScrollPane {
   JPanel tickerContainer = new JPanel();
   JLabel tickerData = new JLabel("");
   int width = 0;

   public TickerTab(int width) {
      tickerContainer.add(tickerData);
      setViewportView(tickerContainer);
      ...
   }

   public void setTickerData(String[] data) {
      ...
      for (int index = 0; index < data.length; index++) {
         htmlData = htmlData + tableTagBegin
               + tableRowBegin + data[index]
               + tableRowEnd + tableTagEnd + newLine;
      }
      htmlData = htmlData + htmlHeaderTagEnd;
      if (data.length == 0) {
         initTickerData();
      } else {
         tickerData.setText(htmlData);
      }
   }
   ...
}
```

Listing 6.29 Auszug aus der Klasse TickerTab

dieser Methode geschieht letztendlich von dem Controller Bundle aus. Wurde die Methode aufgerufen, werden die Informationsmeldungen, die in einem Array gespeichert sind, mit weiteren Darstellungsinformationen versehen (setTickerData(String [ ] data)...) und dem JLabel Objekt zugewiesen, das den Text zur Anzeige bringt. Zu einer Anzeige kommt es jedoch nur, wenn die Abfrage if (data.length == 0) bescheinigt, dass das übergebene Array mit den Informationsmeldungen wirklich mindestens eine Meldung enthielt. Sollte dies nicht der Fall gewesen sein, wird eine Meldung zur Anzeige gebracht, die darauf hinweist, dass keine Informationsmeldungen dieser Kategorie vorliegen.

6.1.5.7 OSGi-Framework

Das OSGi Framework dient als Laufzeitumgebung des vorgestellten Softwaresystems. Einführend wurde bereits auf die Eigenschaften und Vorteile eines OSGi Frameworks hingewiesen. Die im Laufe Kapitels entwickelten Bundles können in

6.1 PC-Simulation einer Navigationsanwendung mit CSI-Client   173

das verwendete OSGi Framework Apache Felix installiert und von diesem ausgeführt werden. Es stehen dafür zwei verschiedene Methoden zur Verfügung. Zum Ersten kann das Installieren und Starten der Bundles manuell und zum zweiten automatisiert geschehen. Es wird im Folgenden auf beide Möglichkeiten eingegangen und an den entwickelten Bundles veranschaulicht.

6.1.5.8 Eigenständiges OSGi-Framework

Nach dem Abschluss der Installation des OSGi Frameworks Apache Felix ergibt sich eine Verzeichnisstruktur, die in dem Installationsverzeichnis das bundle Verzeichnis beinhaltet. Mit Hilfe dieser Standardinstallation kann das OSGi Framework von dem Installationsverzeichnis aus, über eine Eingabekonsole bereits gestartet werden.
Dazu gibt man lediglich den Befehl

> java -jar bin/felix.jar

ein und das OSGi Framework wird gestartet. Zum Starten des CSI Simulationsclients müssen dessen Bundles in das zu Beginn erwähnte bundle Verzeichnis kopiert werden und etwaige Konfigurationsdateien im Installationsverzeichnis platziert werden. Bei einer simulierten Navigationsfahrt wird die dazu benötigte Datei ebenfalls im Installationsverzeichnis vorausgesetzt. Sobald alle Vorbereitungen getroffen sind, kann mit der Installation der Bundles im OSGi Framework begonnen werden. Die Installation ist dabei gleichbedeutend mit einer Auflösung der Abhängigkeiten unter den Bundles und dem zur Verfügung stellen der benötigten Ressourcen in Form von Java Libraries. Zur Installation des Core Bundles wird im gestarteten OSGi Framework folgender Befehl über die Eingabekonsole eingegeben

> install file:bundle/CSISimClient_Osgi_Core.jar

und mit der Enter Taste bestätigt. Der Befehl wird jetzt noch mit angepassten Bundle-Namen für die verbleibenden Bundles wiederholt und jeweils vom OSGi Framework mit einem zugewiesenen Bundle Identifier quittiert. Dieser Identifier wird im Folgenden für den Start der Bundles benötigt. Nach einem erfolgreichen Start des Bundles wird der Zustand von RESOLVED zu ACTIVE übergehen. Die Eingabe, um ein Bundle zu starten, setzt sich aus einem Befehl und dem zugewiesenen Bundle Identifier zusammen. Lautet der Bundle Identifier beispielsweise 8, startet die Eingabe

> start 8

das Bundle mit diesem Identifier. Sobald alle Bundles des CSI Simulationsclients gestartet sind, stehen alle Funktionalitäten zur Verfügung, wobei die in den Bundles integrierte dynamische Verwaltung der OSGi Services eine bestimmte Startreihenfolge der Bundles überflüssig macht. Der CSI Simulationsclient lässt sich mit dem OSGi Framework mittels der Eingabe shutdown über die Eingabekonsole beenden. Die Vorteile des OSGi Frameworks lassen sich natürlich an dieser Stelle nutzen. Es existieren dazu eine Reihe von Befehlen, von denen nur die zwei Wichtigsten, stop und update, an dieser Stelle erwähnt werden sollen. Der Befehl stop wird in Zusammenhang mit dem Bundle Identifier genutzt, um ein Bundle im OSGi Framework zu stoppen ohne dabei die anderen Bundles zu beeinflussen. Ein Stück weiter geht der update Befehl, der ein gestartetes Bundle beendet und deinstalliert. Weiterhin wird das Bundle beziehungsweise dessen neue Version automatisch installiert und sofort gestartet. Der update Befehl ist somit optimal, wenn zur Laufzeit eines Bundles eine Aktualisierung vorgenommen werden soll.

6.1.5.9   Integriertes OSGi-Framework

Ein OSGi Framework ist eine eigenständige Laufzeitumgebung für die entwickelten Bundles. Ein Problem ist jedoch, dass nicht überall, wo der CSI Simulationsclient ausgeführt werden soll, ein OSGi Framework zur Verfügung steht und eine manuelle Installation und der Start der einzelnen Bundles einige Zeit in Anspruch nimmt. Diese Problematik lässt sich glücklicherweise umgehen, ohne auf die bereits genannten Vorteile zu verzichten.

Ziel ist die Realisierung eines kompletten Starts des CSI Simulationsclients im Kontext des OSGi Frameworks. Dabei soll die Bedienung möglichst einfach sein, jedoch die Vorteile eines OSGi Frameworks erhalten bleiben. Um dies zu erreichen, müssen die entwickelten Bundles automatisch gestartet werden. Ein automatischer Start der Bundles ist jedoch erst möglich, sobald das Framework einsatzbereit ist. Das OSGi Framework Apache Felix bietet leider nicht die Möglichkeit, diesen Zeitpunkt genau zu bestimmen. Es existiert jedoch für solch einen Zweck ein Werkzeug, das ebenfalls Teil des Frameworks ist, mit dem sich diese Variante realisieren lässt. Es handelt sich dabei um die Klasse AutoActivator. Dahinter verbirgt sich die Möglichkeit, dem Framework direkt bei dessen Start die zu installierenden und zu startenden Bundles mitzuteilen. Damit diese Methode genutzt werden kann, wird das OSGi Framework in eine Java Applikation integriert, die die nötigen Einstellungen vornimmt und das OSGi Framework startet. Im folgenden Listing ist die Java Applikation dargestellt.

Der automatische Start des OSGi Frameworks mit der korrekten Initialisierung erleichtert die Benutzung des Frameworks ungemein (Listing 6.30). Die Basis beziehungsweise die Eingabekonsole, um mit dem OSGi Framework kommunizieren zu können, bleibt jedoch erhalten. Diese Kommunikationsschnittstelle des Framework ist ebenfalls als Bundle realisiert, dessen automatischer Start in der Zeile `"file:org.apache.felix.shell-1.0.1.jar"` und `"file:org.apache.felix.shell.tui-1.0.1.jar"` im vorangestellten Listing vorgemerkt wird. In den Zeilen 12 bis 14 sind die im Laufe des Kapitels selbst entwickelten Bundles `CSISimClient_Osgi_Core.jar`, `CSISimClient_Osgi_Controller.jar` und `CSISimClient_Osgi_Gui.jar` aufgezählt. Sie werden dadurch ebenfalls für die automatische Installation und den Start vorgemerkt, sobald das Framework einsatzbereit ist. Das OSGi Framework wird in der Zeile `Felix felix = new Felix (configMap, list)` initialisiert und mit `felix.start( )` gestartet. Bei der Initialisierung wird die zuvor erstellte Konfiguration als Parameter list übergeben, nachdem sie mit einem AutoActivator versehen wurde (`list.add(new AutoActivator(configMap))`). Als

```java
package com.harmanbecker.csi.osgi;

import org.apache.felix.main.AutoActivator;
...

public class HostApplication {

   public static void main(String[] argv) throws Exception {
      ...
      Map configMap = new StringMap(false);
      configMap.put(AutoActivator.AUTO_START_PROP + ".1",
            "file:org.apache.felix.shell-1.0.1.jar "
          + "file:org.apache.felix.shell.tui-1.0.1.jar "
          + "file:CSISimClient_Osgi_Core.jar "
          + "file:CSISimClient_Osgi_Controller.jar "
          + "file:CSISimClient_Osgi_Gui.jar");
      List list = new ArrayList();
      list.add(new AutoActivator(configMap));

      try {
         Felix felix = new Felix(configMap, list);
         felix.start();
      } catch (Exception ex) {
         System.err.println(
               "Probleme beim Starten des OSGi Frameworks!");
         ex.printStackTrace();
         System.exit(-1);
      }
   }
   ...
}
```

Listing 6.30 Initialisierung und Start des OSGi Frameworks Apache Felix

Basis für den AutoActivator dienen die zuvor beschriebenen Einstellungen bezüglich der zu startenden Bundles. Das Kennzeichen `AutoActivator.AUTO_START_PROP` hilft dem AutoActivator bei der Zuordnung der Einstellungen. Es kennzeichnet in diesem Fall die genannten Bundles als automatisch zu installierende und zu startende. Zum Starten des CSI Simulationsclients reicht ein einfacher Aufruf der Java Applikation, die das OSGi Framework beinhaltet.

6.2 Demoserver mit CSI-Server

Als Referenzserver für die vorher beschriebene Client Simulation eines Endgerätes wurde ein Demoserver entworfen, der die gleichen Service Interfaces bedient wie der Client. Für die Beantwortung von Anfragen durchsucht der Demoserver seine Datenbank nach passenden Ergebnissen und gibt eine Liste an Navigationszielen, Nachrichten oder Verkehrsinformationen zurück, die der Client dann darstellen kann.

Die Server-Anwendung dient als Informationsquelle für Clients, die Kommunikation erfolgt über das CSI. Des Weiteren wird eine webbasierte JSF-Anwendung entwickelt, damit die vom Server benötigten Daten komfortabel verwaltet werden können. In beiden Fällen erfolgt die Implementierung in der Programmiersprache Java.

Der Demoserver [BSA01] wird über ein Webfrontend konfiguriert, das hier aber nicht Thema des Buches sein ist.

6.2.1 Analyse

Der anknüpfende Analyse-Teil beschäftigt sich mit den Anforderungen, die an die zukünftige Applikation gestellt werden und welche Ziele zu erreichen sind.

Im folgenden Abschnitt wird die Anforderungsermittlung mit Hilfe von UseCase Diagrammen vorgenommen. Mit ihnen können die Beziehungen zwischen Akteuren und Systemanwendungsfällen übersichtlich dargestellt werden. Dabei befinden sich die Akteure im äußeren Bereich und können bestimmte Aktionen im Inneren des Systems ausführen. Zu sehen sind jeweils ein UseCase Diagramm für die CSI-Server-Applikation (Abb. 6.19) und eins für die CSIServerDbAdmin-Applikation (Abb. 6.20).

6.2.1.1 Anwendungsfälle des CSI-Servers

Akteure
- **Client**
  Der Client stellt jedes beliebige Programm dar, das im Besitz einer Device-ID ist, welches über das CSI kommuniziert. Dabei ist egal, welche Hardware dem Programm unterliegt.
- **Administrator**
  Als Administrator gilt jeder Akteur, der Administrationsrechte für den CSI-Server besitzt und Zugriff auf den Server hat. Das kann vor Ort oder über das Internet per SSH der Fall sein.

Anwendungsfälle
- **Verbindung herstellen**
  Clients können sich über zwei verschiedene Übertragungskanäle zum Server verbinden. Mögliche Kanäle sind über TCP, damit eine Verbindung über das Internet möglich ist oder eine lokale Verbindung über einen Datenträger (z. B. Festplatte)
- **TPEG-Broadcast empfangen**
  Verschiedene Verkehrsinformationen wie zum Beispiel Staumeldungen, Unfälle oder Informationen über vereiste Brücken können über den TPEG-Broadcast empfangen werden.

6.2 Demoserver mit CSI-Server

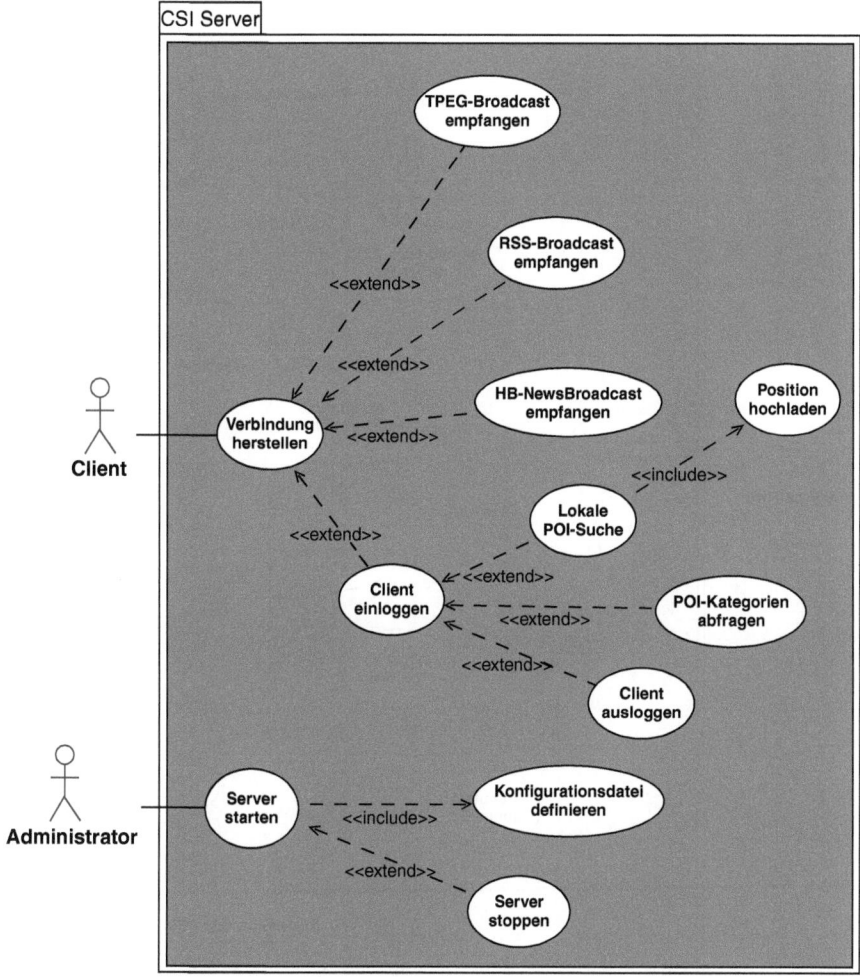

Abb. 6.19 UseCase Diagramm – CSI Server

- **RSS-Broadcast empfangen**
  Vom Provider ausgewählte Nachrichten aus Webseiten über Politik, Sport und Wirtschaft sind über den RSS-Broadcast vom CSI-Server zu empfangen.
- **HB-News-Broadcast empfangen**
  Wichtige Mitteilungen des Providers, beispielsweise über neue Sicherheitsupdates für Clients, werden über den HB-News-Broadcast verbreitet.
- **Client einloggen**
  Damit ein Client Zugriff auf Services bekommt, die vom CSI-Server zur Verfügung gestellt werden, muss er sich vorher mit seiner Device-ID und dem dazugehörigen Passwort beim Server anmelden.

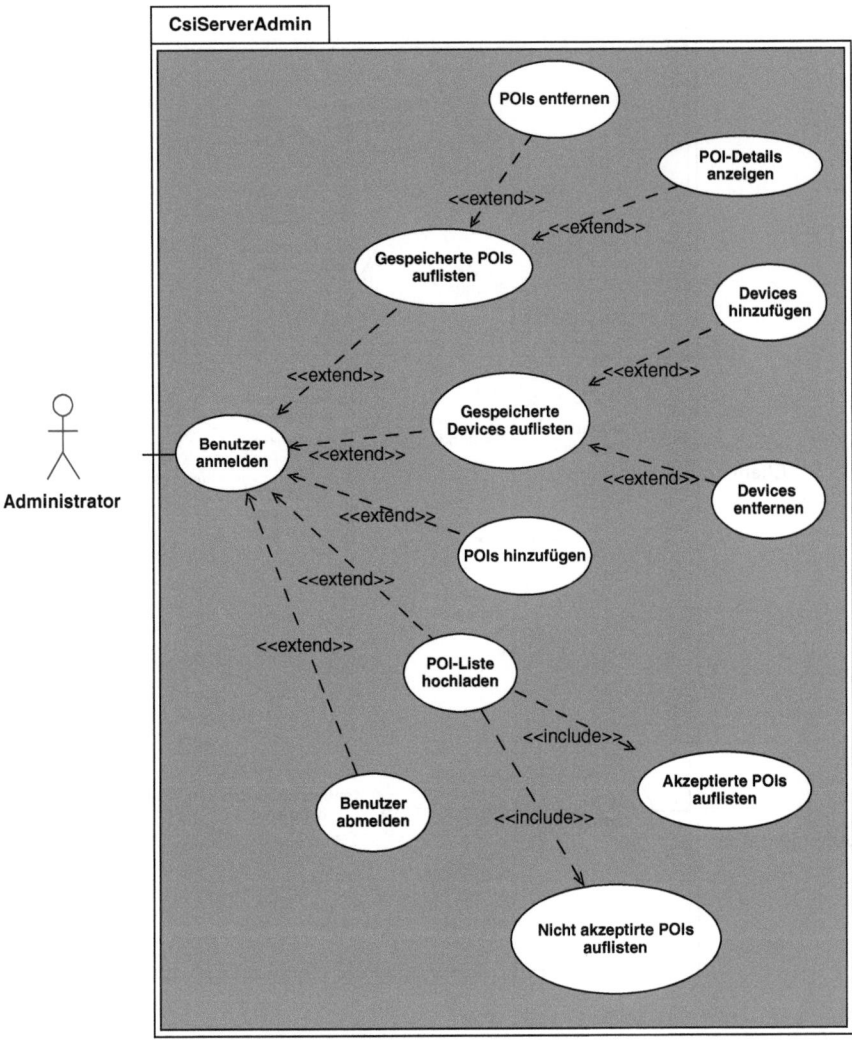

Abb. 6.20 Use Case Diagramm – CSI Serveradmin

- **Position hochladen**
  Die aktuelle Position des Clients kann dem Server in WGS-84 Koordinaten mitgeteilt werden.
- **Lokale POI-Suche**
  Basierend auf POI-Daten, die in einer relationalen Datenbank gespeichert sind, ist eine Umkreissuche durchführbar, die in Bezug auf die aktuellen Position des Clients umliegende POIs zurück gibt.
- **POI-Kategorien abfragen**
  POIs unterliegen immer eine bestimmten Kategorie. Da während der Laufzeit neue POIs und somit neue Kategorien hinzu kommen können, kann jederzeit eine vollständige Liste der Kategorien angefordert werden.

6.2 Demoserver mit CSI-Server

- **Client ausloggen**
  Um eine Session auf dem Server zu beenden, kann der Client sich vom ihm abmelden.
- **Server starten**
  Der Server kann manuell gestartet werden.
- **Konfigurationsdatei definieren**
  Damit die Konfiguration dynamisch bleibt, kann eine Konfigurationsdatei beim Starten des Servers mit angegeben werden.
- **Server Stoppen**
  Zum Beenden, kann der Server gestoppt werden.

6.2.1.2 Anwendungsfälle des CSI-Serveradmin

Akteur
- **Administrator**
  Für den CSI-Serveradmin ist nur der Administrator als Akteur vorgesehen. Er hat das Recht, Nutzdaten des CSI-Servers zu verändern, zu löschen oder neue hinzuzufügen.

Anwendungsfälle
- **Benutzer anmelden**
  Der Administrator kann sich über einen Browser im CSI-Serveradmin anmelden, damit ihm weitere Funktionen im Webinterface zur Verfügung stehen.
- **Gespeicherte POIs auflisten**
  POIs werden in einer Tabelle angezeigt, die sich über mehrere Seiten erstrecken kann. Buttons bieten dem Administrator Funktionen zum Wechseln der angezeigten Seiten.
- **POIs entfernen**
  Über einen Link kann der Administrator POI-Daten aus der Datenbank entfernen.
- **POI-Details anzeigen**
  Nähere Details sind über die Detail-Ansicht ablesbar. Neben Informationen über den Point Of Interest gibt es eine OpenStreetMap-Ansicht, die die WGS-84 Koordinaten grafisch auf einer Landkarte anzeigt. Die Zoomstufe ist dabei frei veränderbar.
- **Gespeicherte Devices auflisten**
  Eine Liste der registrierten Devices ist unter dieser Option zu finden, dazugehörige Passwörter werden aber nicht angezeigt.
- **Devices hinzufügen**
  Neue Device-IDs und Passwörter können über ein Formular in die Datenbank geschrieben werden.
- **Devices entfernen**
  Device-IDs, die nicht mehr benötigt werden, können über das Webinterface entfernt werden.

- **POIs hinzufügen**
  Interessante Koordinaten können manuell in ein Formular eingegeben und gespeichert werden.
- **POI-Liste hochladen**
  Sollen große Mengen an POIs in die Datenbank eingefügt werden, ist das über die Uploadfunktion möglich. Textdateien die sich im Harman/Becker-CSV Format befinden, werden auf den Server geladen, von dort ausgelesen und in die Datenbank geschrieben.
- **Akzeptierte POIs auflisten**
  Sind die hochgeladenen Daten im richtigen Format und noch nicht in der Datenbank enthalten, werden sie eingefügt und im Webinterface angezeigt.
- **Nicht akzeptierte POIs auflisten**
  Befinden sich bestimmte Zeilen der Textdatei nicht in dem richtigen Format, enthalten sie Fehler, oder sind sie schon in der Datenbank vorhanden, dann werden sie in die Liste der nicht akzeptierten POI eingefügt.
- **Benutzer abmelden**
  Die Session des Benutzers wird beendet, sobald sich dieser abmeldet.

6.2.2 Design

Basierend auf dem Analyse-Teil wird als nächstes auf die Planung des Soft- und Hardware-Designs der Applikation eingegangen.

6.2.2.1 Soft- und Hardwareverteilung

Die dynamische Zuordnung von Soft- und Hardwarekomponenten zueinander wird in den folgenden beiden Deployment-Diagrammen aufgeführt. Das erste Diagramm zeigt die Konfiguration während der Phase der Diplomarbeit und das zweite Diagramm enthält die denkbare Konfiguration im Produktiveinsatz.

An Hand des Deployment-Diagramms in Abb. 6.21 ist zu erkennen, dass alle vom Server benötigten Programme auf einer Hardwareplattform untergebracht sind. Als Betriebssystem ist die Linux-Distribution Ubuntu installiert. Da bis auf die Datenbank alle Programme auf Java basieren, muss auf dem Betriebssystem eine Java Virtual Machine aktiv sein, die dem gelben äußeren Block entspricht. Unter ihr laufen vier weitere Programme: der CSIServer, der CSIConfigGenerator, der GlassFish-Server[9] und die webbasierte Anwendung CSIServerDbAdmin.

Zur Konfiguration des CSIServers dient die Datei csiConfig.xml, sie muss auf dem gleichen System vorhanden sein, da sie bei jedem Start vom CSIServer eingelesen wird. Falls sie noch nicht existiert, kann sie über den lokal vorhandenen

---

[9] GlassFish ist ein Open-Source-Projekt eines Java EE Server von Sun Microsystems.

6.2 Demoserver mit CSI-Server 181

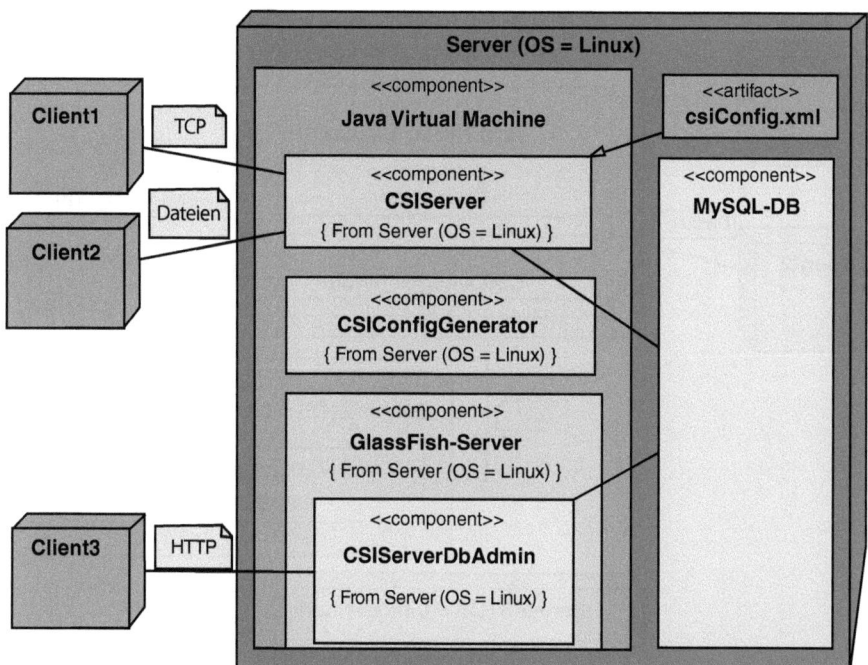

Abb. 6.21 Deployment-Diagramm Server

CSIConfigGenerator generiert werden. Clients die auf anderen Geräten laufen, wie auf der linken Seite des Bilds zu sehen, kommunizieren mit dem CSIServer über Datenträger oder eine TCP-Verbindung. Für die Datenhaltung ist der Server mit der relationalen Datenbank MySQL verbunden. Von einem externen Computer aus können Clients (hier Client3) über eine HTTP-Verbindung auf die webbasierte Anwendung CSIServerDbAdmin zugreifen, die in einem GlassFish-Server ausgeführt wird.

Zuvor wurde die Verteilung von Hard- und Software während der Entwicklungsphase erläutert. Das Deployment-Diagramm zur Verteilung der Softwarekomponenten auf dem Server zeigt in Abb. 6.22, wie die CSI-Serverumgebung zum Einsatz kommen soll.

Der erste Server dient als Datenversorger für die Clients, die POI-, Wetter- oder sonstige Informationen anfragen. Auf einem anderen unabhängigen Server läuft eine MySQL-Datenbank, die über eine TCP-Verbindung zum CSIServer und zur webbasierten CSIServerDbAdmin Anwendung verbunden ist. Der dritte Server beinhaltet den Webserver mit der CSIServerDbAdmin Applikation, über den der Administrator mit Client3 über HTTP die Daten der Datenbank verwaltet.

6.2.2.2 Klassenmodelle

Die folgende Klassendiagramme zeigen, wie die Umsetzung der beschriebenen Anwendungsfälle aus softwarearchitektionischer Sicht durchgeführt wird.

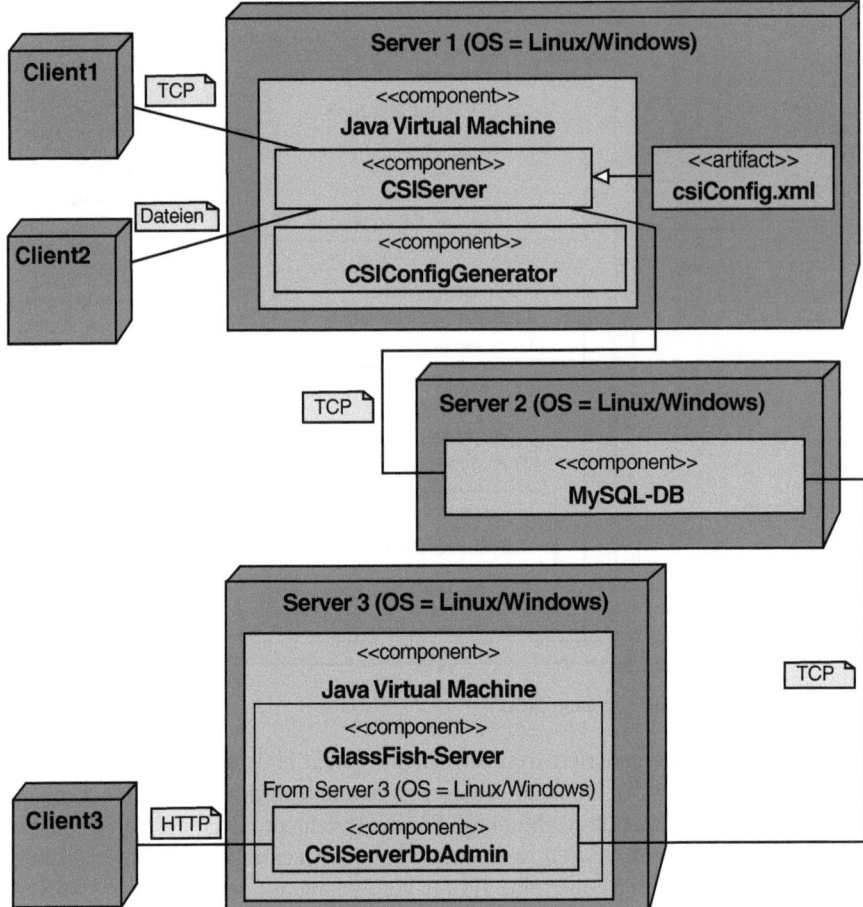

Abb. 6.22 Deployment-Diagramm zur Verteilung der Softwarekomponenten auf dem Server

CSIServer-Klassen

Das Klassendiagramm (Abb. 6.23) gibt eine Übersicht über die implementierten Klassen der CSIServer-Applikation. Aufgeführt sind bis auf zwei Ausnahmen (generiert: CSIModule, Basis: CSILog) nur manuell implementierte Klassen des CSI-Servers, jedoch keine Service- und Container-Klassen so wie CSI-Basisklassen, die für die Funktionalität der Anwendung notwendig sind. Des Weiteren wurde zu Gunsten der Übersichtlichkeit auf die Auflistung von Attributen und Methoden verzichtet, dafür werden die Klassen im folgenden Abschnitt zum besseren Verständnis näher erläutert.

CSIServer Die CSI-Serverklasse stellt die Basisklasse der Applikation dar. Sie enthält die Main-Funktion, von wo aus alle anderen Module gestartet werden.

6.2 Demoserver mit CSI-Server

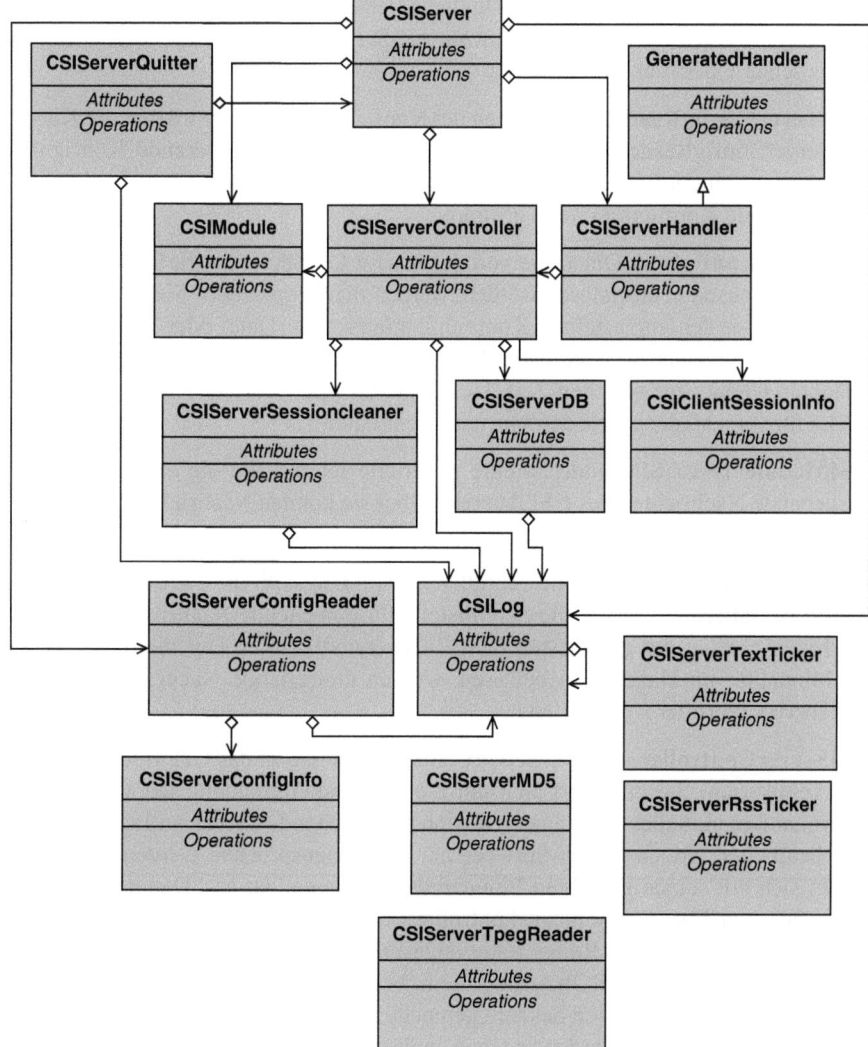

Abb. 6.23 Klassen-Diagramm CSIServer

Sie bekommt über die Kommandozeile den Pfad der einzulesenden Konfigurationsdatei übergeben, um mit den enthaltenen Parametern den Server einzustellen. Die Konfiguration des CSI wird in dieser Klasse vorgenommen, damit die Kommunikation mit Clients möglich ist. Clients müssen nicht beim Server angemeldet, sondern nur mit ihm verbunden sein, um Broadcast-Nachrichten zu empfangen. Deshalb erfolgt der Nachrichtenversand aus der CSIServer-Klasse. Als Broadcast-Nachrichten können Text-, RSS- oder TPEG-Nachrichten verschickt werden.

CSIServerQuitter Der CSIServerQuitter ist eine Klasse, die auf Benutzereingaben reagiert. Über sie kann der Benutzer den Server bei Bedarf beenden oder den Status seiner Clients abfragen.

CSIServerConfigReader Das Parsen der Konfigurationsdatei wird von der Klasse CSIServerConfigReader übernommen. Sie liest die XML-basierende Konfigurationsdatei ein und gibt die enthaltenen Informationen an den CSIServer weiter, der entsprechende Konfigurationen vornimmt.

CSIServerConfigInfo Daten die von der Klasse CSIServerConfigReader aus der Konfigurationsdatei ausgelesen werden, werden hier gespeichert. Sie enthält Informationen über den eingestellten Kommunikationskanal (Datei oder TCP) des Servers, die Länge einer Session, deren Kontrollintervall und die Anzahl der maximal erlaubten Clients zur gleichen Zeit. Des Weiteren sind in dieser Klasse Pfade und URLs für verschiedene Broadcastvarianten enthalten.

CSIModule Das CSIModule ist eine generierte Klasse, die die Schnittstelle für ausgehende Nachrichten des CSI darstellt. Über sie können Nachrichten an die Clients des Servers geschickt werden.

CSIServerHandler Die zweite Schnittstelle zum CSI stellt die CSIServerHandler-Klasse dar, allerdings ist sie die Schnittstelle für eingehende Nachrichten. Sie erbt die Eigenschaften der generierten Klasse GeneratedHandler. Um möglichst keine Funktionalität im Handler zu belassen, werden eintreffende Nachrichten an den CSIServerController weitergeleitet.

CSIServerController Die CSIServerController-Klasse ist das Gehirn der CSIServer-Applikation. Sie kümmert sich um die An- und Abmeldung der Clients und verwaltet ihre aktuellen Sitzungen (Sessions). Eingehende Serviceanfragen werden hier bearbeitet, jedoch dürfen Services nur dann angesprochen werden, wenn der Client sich mit seinen korrekten Benutzerdaten angemeldet hat. Damit der Server keine falschen Daten verschickt, kontrolliert die Klasse zusätzlich, dass die CSI-Services in der richtigen Reihenfolge angesprochen werden. Ein solcher Service kann beispielsweise eine POI-Anfrage sein, bei der dem Server erst die Suchkriterien und die aktuelle Position bekannt gemacht werden muss, um danach eine lokale POI-Suche einzuleiten. Werden Services in der falschen Reihenfolge angesprochen oder gibt es dort Probleme, wird eine Fehlermeldung an die Clients zurückgeschickt.

CSIServerMD5 Anhand einer Session-ID kann der Server seine Clients unterscheiden. Die CSIServerMD5-Klasse generiert aus gewissen Eingabeparametern eine Session-ID durch Zuhilfenahme des MD5-Algorithmus. Er erzeugt einen 128-Bit Hashwert, um die Wahrscheinlichkeit doppelt vorkommender Session-IDs möglichst gering zu halten.

CSIServerSessionCleaner Diese Klasse kontrolliert in regelmäßigen Abständen die Liste laufender Sessions. Waren Clients für zu lange inaktiv, werden ihre Sessions aus der Liste gelöscht. Wie lange ein Client inaktiv sein darf, ist über die Server-Konfigurationsdatei einstellbar.

6.2 Demoserver mit CSI-Server

CSIClientSessionInfo Informationen über die Session eines Clients sind in der CSIClientSessionInfo-Klasse enthalten. Darunter fallen zum Einen die Device-ID und Session-ID des Clients und zum Anderen die Zeit der letzten Anfrage oder welchen CSI-Service der Client zuletzt genutzt hat. Temporäre Daten werden im Sessionobjekt festgehalten, damit Daten zuvor genutzter Services weiter verarbeitet werden können.

CSIServerDB Die Klasse CSIServerDB ist für Datenbankabfragen zuständig. Sie bietet beispielsweise Methoden zum Verbindungsaufbau mit einer MySQL-Datenbank, Methoden um die Devicedaten zu erfragen oder eine Umkreissuche durchzuführen.

CSILog CSILog ist eine Basisklasse des CSI-Kerns. Mit ihr werden Logeinträge geschrieben oder Debuginformationen ausgegeben.

CSIServerTextTicker Firmenspezifische Nachrichten können über die Klasse CSIServerTextTicker verschickt werden. Sie dient zum Einlesen einer Textdatei, deren Informationen an verbundene Clients geschickt werden sollen.

CSIServerRssTicker Diese Klasse dient zum Auslesen von RSS-Sheets, die im Internet veröffentlicht werden oder lokal auf dem Dateisystem zu finden sind.

CSIServerTpegReader Verkehrsdaten eines TPEG-Providers die im tpegML-Format vorliegen, können mit dieser Klasse ausgelesen werden.

CSIServerDbAdmin-Klassen

In der Abb. 6.24 sind die Klassen der CSIServerDbAdmin-Anwendung zu sehen. Klassennamen, die mit einem kleinen Buchstaben anfangen, sind als JSPs realisiert und bilden die View. Beans und andere Java-Klassen fangen mit einem Großbuchstaben an und entsprechen dem Model. Welche Klassen zusammen arbeiten machen ihre Assoziationen erkennbar. Die Assoziationen entsprechen in diesem Diagramm aber nicht dem Ort ihrer Instantiierung, sondern zeigen von welchen Beans die JSPs ihre Daten erhalten. Die eigentliche Instantiierung der JSPs, Beans und des FacesServlets erfolgt JSF-intern. Das FacesServlet wird von den JSF-Bibliotheken zur Verfügung gestellt und ist zur Vollständigkeit des MVC-Musters mit aufgeführt.

Folgende Klassen werden aufgezeigt:

login.jsp Die login JSP bietet dem Benutzer eine grafische Weboberfläche, um seine Anmeldedaten in ein Formular einzutragen und an den Server zu schicken.

Userbean Die eingegebenen Benutzerdaten des Administrators werden von der Userbean kontrolliert und wenn der Anmeldevorgang erfolgreich verlief, wird ihm der Eintritt zum CSIServerDbAdmin gewährt.

listAllPOI.jsp In der Datenbank gespeicherte POIs werden übersichtlich auf dieser JSP aufgelistet. Über Buttons kann zwischen einzelnen Seiten geblättert werden,

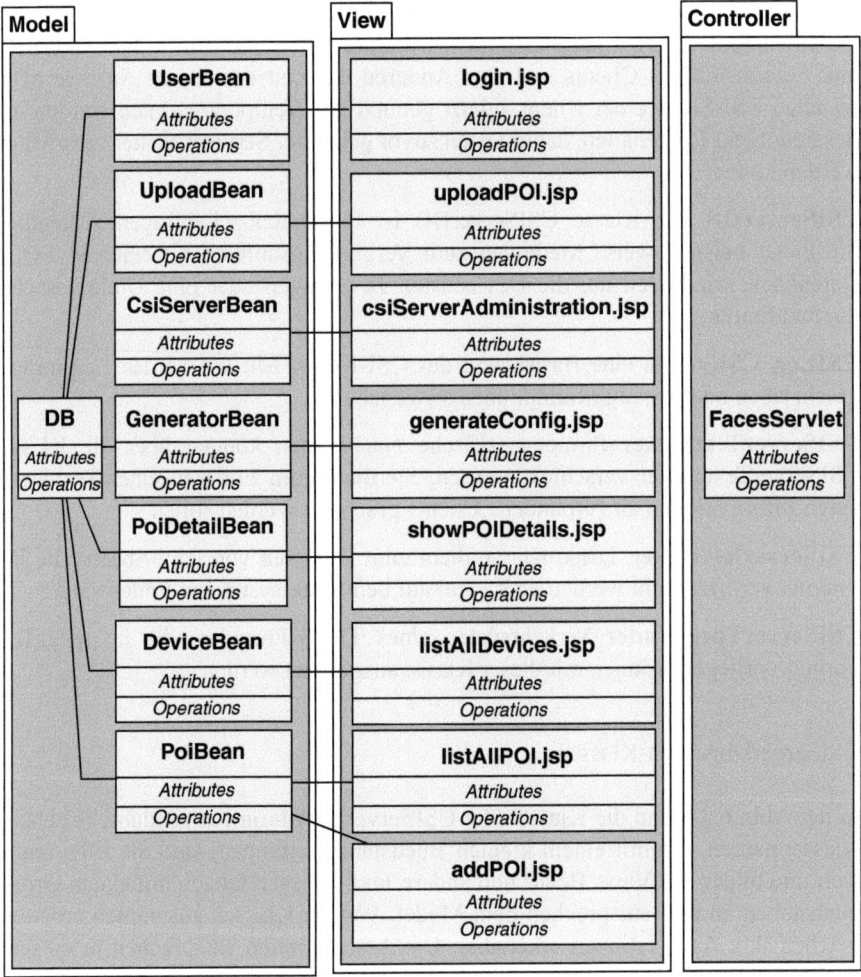

Abb. 6.24 Klassen-Diagramm CSIServerDbAdmin

es werden immer 10 POIs auf einer Seite angezeigt. Von hier aus können POIs über einen Link gelöscht werden.

addPOI.jsp Neue POIs können mit dieser JSP in das System eingepflegt werden.

PoiBean Die PoiBean wird von den eben genannten beiden JSPs genutzt. Sie besitzt Methoden um POIs aus der Datenbank zu lesen, neue hinzuzufügen oder alte zu entfernen. Des Weiteren ist in ihr die Logik enthalten, damit in der listAllPOI-JSP zwischen verschiedenen POI-Seiten geblättert werden kann.

showPOIDetails.jsp Die POI-Details-JSP zeigt Details über eine ausgewählte POI. Es werden alle gespeicherten Daten in einer Liste angezeigt und im Bereich darunter eine OpenStreetMap, die einen Marker an die dazugehörigen Koordinaten zeichnet. Die OpenStreetMap besitzt Buttons, um die Karte zu verschieben oder

6.2 Demoserver mit CSI-Server

in ihr zu zoomen. Auf der rechten Seite der Karte können neben der Standardkarte zwei weitere ausgewählt werden, so dass die Straßendarstellung als SVG-Grafik erfolgt, oder nur Radwege angezeigt werden.

PoiDetailBean Diese Bean besorgt die Daten aus der Datenbank, die für die Detailansicht notwendig sind und bereitet sie entsprechend auf.

csiServerAdministration.jsp Die csiServerAdministration-JSP ist die Willkommensseite der Webanwendung, auf der die Begrüßung des Nutzers nach erfolgreicher Anmeldung im Administrationsportal erfolgt.

CsiServerBean Diese Bean gehört zur vorher erwähnten JSP und ist für den Fall, dass der Inhalt der Willkommensseite zukünftig dynamisch generiert werden soll, vorsorgend implementiert worden. Im aktuellen Stand ist der Inhalt aber statisch in der Bean gespeichert.

generateConfig.jsp Daten, die zur Konfiguration des Servers gebraucht werden, kann der Benutzer auf der Webseite über ein Formular eingeben.

GeneratorBean Aus den Formulardaten generiert die GeneratorBean eine Datei im XML-Format, mit der der CSIServer konfiguriert werden kann. Nach dem Generiervorgang erfolgt die Speicherung im Homeverzeichnis des Tomcatbenutzers.

uploadPOI.jsp Hier hat der Administrator die Möglichkeit, über einen Dateibrowser die POI-Datei auszuwählen. Wurden die POIs erfolgreich hochgeladen, sind sie in zwei Listen unterteilt. Die eine zeigt die POIs an, die vom Server akzeptiert wurden, in der anderen sind alle abgelehnten POIs aufgelistet.

UploadBean Die UploadBean beinhaltet unter anderen Methoden, um das Hochladen von Dateien auf den Server zu ermöglichen. Des Weiteren überprüft sie die POIListe auf falsche oder doppelte Einträge und entfernt Zeichen, die dem CSI bei der Übertragung Probleme bereiten könnten, bevor sie sie in der Datenbank speichert. Falsche Einträge können beispielsweise POIs mit leeren Feldern sein.

listAllDevices.jsp Auf dieser JSP können neue Devices in der Datenbank gespeichert werden. Bereits gespeicherte Devices werden in einer Liste angezeigt und sind über einen Link wieder löschbar. An dieser Stelle kann ähnlich wie bei der POI-Liste durch einzelne Seiten geblättert werden.

DeviceBean Datenbankabfragen oder -speicherungen, die Devices betreffen, werden über die DeviceBean abgehandelt.

DB Die DB-Klasse enthält alle Verbindungs- und Treiberinformationen, die benötigt werden, um eine Verbindung zur CSIServer-Datenbank herzustellen.

6.2.3 Datenbank

Die Struktur einer Datenbank kann am besten an Hand eines Entity Relationship Modells gezeigt werden. Die Abb. 6.25 beinhaltet die existierenden Tabellen für den CSIServer.

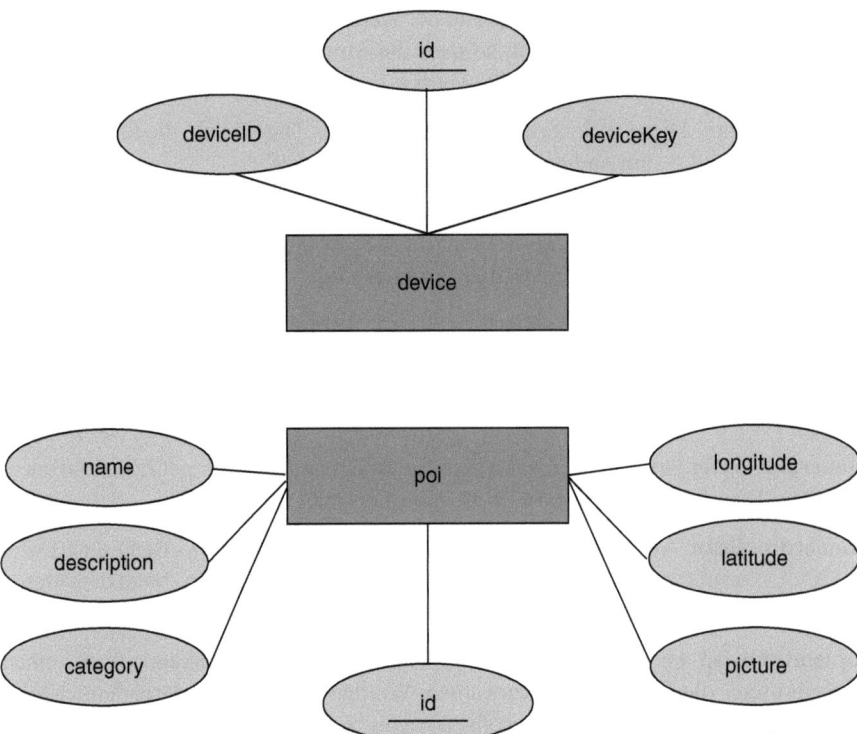

Abb. 6.25 Entity-Relationship-Modell

Beide Applikationen (CSIServer und CSIServerDbAdmin) nutzen dieselbe Datenbank. Insgesamt enthält sie zwei Tabellen. Eine führt die Device-Daten, die für die Anmeldung notwendig sind und die andere alle POI-Daten für die Zielführung. Die Tabellen haben keine Beziehungen zueinander, da private POIs nicht vorgesehen sind. Wenn ein Fahrtenbuch nachgerüstet werden soll, muss der POI-Tabelle eine weitere Spalte mit dem Primärschlüssel der Device-Tabelle angehängt werden, damit sich POIs einzelnen Devices zuordnen lassen.

6.2.4 Implementierung

Nach dem die Analyse und das Design der Anwendungen im vorangegangenen Kapitel ausführlich behandelt wurden, beschäftigt sich der anschließende Teil mit der Software-Umsetzung, also der eigentlichen Programmierung für diese Diplomarbeit. Zuerst wird die Umsetzung der CSIServer-Anwendung erklärt. Danach wird auf die CSIServerDbAdmin-Anwendung eingegangen.

6.2.4.1 CSIServer

In den folgenden Abschnitten wird die Programmierung des Servers detailliert beschrieben. Angefangen wird mit der Erzeugung und dem Einlesen der Konfigurationsdatei und wie die Konfiguration des Servers geschieht. Danach wird auf die vom Server genutzten CSI-Services und Fehlercodes eingegangen. Weitere wichtige Abschnitte sind Funktionen wie das Sessionhandling, die Clientanmeldung und Informationsdienste wie die Umkreissuche oder verschiedene Broadcastvarianten.

Generierung der Konfigurationsdatei

Die CSIServerConfigGenerator-Klasse soll die Erstellung einer Konfigurationsdatei für den CSIServer vereinfachen. Anstatt dass die Datei manuell editiert werden muss, stellt der Generator einen konsolenbasierten Wizzard zur Verfügung, der den Benutzer beim Erstellen solch einer XML-Datei leitet. Aufgebaut ist der Generator wie in dem Listing 6.31 zu sehen.

Die Methode `createConfig( )` ist für die Erzeugung des XML-Dokuments zuständig.

```
public class CSIServerConfigGenerator {

   public static void main(String[] args) {
      createConfig();
   }

   public static void createConfig() {
      System.out.println("Creating CSIServer configuration file");
      System.out.println();
      String pathToConfig = System.getProperty("user.home")+"/";
      String sFile = "";

      try {
         InputStreamReader isr = new InputStreamReader(System.in);
         BufferedReader bf = new BufferedReader(isr);

         String sNodeName = "";
         String sComment = "";
         String sData = "";

         DocumentBuilderFactory factory =
               DocumentBuilderFactory.newInstance();
         DocumentBuilder docBuilder =
               factory.newDocumentBuilder();
         Document doc =
               docBuilder.newDocument();
         doc.setXmlStandalone(true);
// (...)
```

Listing 6.31 CSIServerConfigGenerator Teil 1

Es gibt mehrere Arten von XML-Parsern, die wichtigsten zwei sind aber der Document Object Model (DOM) und der Simple API for XML (SAX) Parser. Der SAX-Parser wird überwiegend für das Einlesen besonders großer Dokumente verwendet, weil er sehr schnell ist, aber nur begrenzt Manipulationen am Dokument erlaubt. Er durchläuft Dokumente sequenziell und erlaubt nachträglich keine Änderungen mehr an schon abgearbeiteten Knoten. Im Gegensatz zum SAX-Parser baut DOM den gesamten XML-Baum im Arbeitsspeicher auf und erlaubt zu jedem Zeitpunkt Zugriff auf beliebige Knoten, der Nachteil liegt hier aber in der Performance. Er ist langsamer und speicherintensiver. Da keine großen Dokumente bearbeitet werden und die Verwendung des DOM-Parsers komfortabler ist, ist die Entscheidung zu Gunsten des DOM-Parsers gefallen.

Nach der Initialisierung der Reader wird die Bearbeitung des XML-Dokuments vorbereitet. Die Klasse `DocumentBuilderFactory` dient zur Erzeugung des DOMParsers (DocumentBuilder), der für das Parsen, also Einlesen und Aufbauen eines DOM-Documents zuständig ist. Den eigentlichen Dokumentenbaum, mit dem gearbeitet wird, stellt das Objekt `Document doc = docBuilder.newDocument( )` dar. Über die Methode `setXmlStandalone(...)` wird dem Dokument mitgeteilt, dass keine dazugehörige DTD-Datei zur Validierung existiert.

Nachdem der XML-Parser vorbereitet ist, werden im zweiten Listing-Teil der Methode `CSIServerConfigGenerator.createConfig` (Listing 6.32) die Konfigurationsdaten aus der Konsole unter anderem in Zeile 11 eingelesen und der Dokumentenbaum aufgebaut, bzw. mit Daten gefüllt. Der Name des Root-Knoten aus Zeile 7 ist `Element root = doc.createElement("csiServerConfig")` dem alle anderen Knoten angehören. Zu jedem Knoten gehören ein Name, seine Nutzdaten so wie eine Beschreibung, die dem übergeordnetem Knoten mit der Methode `addChildElement(...)` angehängt werden.

Ist der komplette XML-Baum erstellt, werden die Daten unter dem gewählten Namen als XML-Datei auf der Festplatte gespeichert.

Wie schon erwähnt, übernimmt die Methode `addChildElement(...)` in Listing 6.33 Zeile 2 das Anhängen eines Kindknotens an den Elternknoten. Dafür werden ihr das zu bearbeitende Dokument, der Elternknoten so wie die Daten des Kindknotens übergeben, damit sie diese Daten mit der DOM-Methode `appendChild(...)` an den Elternknoten anhängt.

Im letzten Schritt muss das noch im Arbeitsspeicher gehaltene Dokument auf der Festplatte gespeichert werden. Diese Aufgabe übernimmt die Methode `saveXmlFile(Document doc, String filename)` in Listing 6.34 Zeile 2. Sie bekommt den im Dokument enthaltenen XML-Baum sowie den zuvor definierten Dateinamen übergeben. Zur besseren Lesbarkeit wird die Ausgabe des XML-Baums in Zeile 9 mit dem Aufruf `tf.setOutputProperty(OutputKeys.INDENT, "yes")` formatiert und danach in eine Datei geschrieben.

Konfigurationsdatei

Eine generierte Konfigurationsdatei sieht dann aus, wie im Listing 6.35. Zu jedem Element werden zusätzlich Kommentare generiert, jedoch wurden sie zur besseren

6.2 Demoserver mit CSI-Server

```
// Class CSIServerConfigGenerator.createConfig()
// (...)
Comment docComment = doc.createComment(
      "csiServer: root node of the XML-config file");
doc.appendChild(docComment);

Element root = doc.createElement("csiServerConfig");
doc.appendChild(root);
System.out.print("Please enter filename: ");
sFile = bf.readLine();
if (sFile.equalsIgnoreCase("")) {
   sFile = "csiServerConfig.xml";
   System.out.print("using default (" + sFile + ")");
}

// (...)
sNodeName = "expiringTime";
sComment = "expiringTime: The time in seconds for "
      + "how long a session is valid while a client "
      + "is idle (default: 300 s) ";
System.out.print("Expiring time (s): ");
sData = bf.readLine();
sData = sData.trim();

if (sData.equalsIgnoreCase("")) {
   sData = "300";
   System.out.print("using default (" + sData + ")");
}

try {
   Integer.parseInt(sData);
} catch (NumberFormatException e) {
   System.out.print(sData
         + " is no integer, using default (300)");
   sData = "300";
}

addChildElement(doc, root, sNodeName, sData, sComment);
(...)
saveXmlFile(doc, pathToConfig+sFile);
(...)
```

Listing 6.32 CSIServerConfigGenerator Teil 2

Lesbarkeit entfernt. Alle Daten-Tags sind von `<CcsiServer>` eingeschlossen. Daten-Tags sind die Elemente, die die Daten zur Konfiguration des CSIServers enthalten. Die Tags der XML-Datei haben dabei folgende Bedeutungen:

expiringTime Das ist eine Zeitangabe in Sekunden, wie lange ein Client untätig sein darf, bis seine Session abläuft. Ist diese Zeit abgelaufen, muss er sich erneut beim CSIServer anmelden (Standardeinstellung: 300 s).

checkingTime Dieses Tag enthält das Intervall in Sekunden, in dem der Server die Clientliste nach abgelaufenen Sessions kontrolliert (Standardeinstellung: 10 s).

```
// Class CSIServerConfigGenerator
public static void addChildElement(
        Document doc, Element parentElement,
        String sNodeName, String sData, String sComment) {
    Comment comment = null;
    Element childElement = null;
    Node dataNode = null;
    comment = doc.createComment(sComment);
    parentElement.appendChild(comment);

    dataNode = doc.createTextNode(sData);
    childElement = doc.createElement(sNodeName);
    childElement.appendChild(dataNode);
    parentElement.appendChild(childElement);
}
```

Listing 6.33 CSIServerConfigGenerator Teil 3

```
// Class CSIServerConfigGenerator
public static void saveXmlFile(Document doc, String filename) {
    Transformer tf = null;
    try {
        Source source = new DOMSource(doc);
        File file = new File(filename);
        Result result = new StreamResult(file);
        tf = TransformerFactory.newInstance().newTransformer();
        tf.setOutputProperty(OutputKeys.INDENT, "yes");
        tf.transform(source, result);
    }
    // (...)
```

Listing 6.34 CSIServerConfigGenerator Teil 4

```
<?xml version="1.0" encoding="UTF-8" standalone="yes"?>
<csiServerConfig>
    <expiringTime>180</expiringTime>
    <checkingTime>20</checkingTime>
    <maxClients>5</maxClients>
    <channelData>file</channelData>
    <port>50489</port>
    <hbNewsFile>./newsFile.txt</hbNewsFile>
    <rssUrl>
http://newsrss.bbc.co.uk/rss/newsonline_world_edition/front_page/rss.xml
    </rssUrl>
    <tpegUrl>
http://www.bbc.co.uk/travelnews/xml/tpegml_de/rtm.xml
    </tpegUrl>
</csiServerConfig>
```

Listing 6.35 CSIServer-Konfigurationsdatei

6.2 Demoserver mit CSI-Server

maxClients Soll die Anzahl an erlaubten Sessions auf dem Server begrenzt werden, geschieht das über diese Option. Eine Zahl über Null entspricht der Anzahl der erlaubten Session, beträgt der Wert Null, dann können sich beliebig viele Clients am Server anmelden (Standardeinstellung: 0).

channelData Da das CSI über verschiedene Übertragungswege kommunizieren kann, definiert dieses Tag den CSI-Kanal. Mit dem Wort `file` wird der Dateikanal (File Channel) ausgewählt, enthält das Tag eine IP, verbindet sich der Server zu diesem Client über TCP. In naher Zukunft, wird von Harman/Becker ein neuer TCPChannel fertig gestellt werden, so dass die TCP-Verbindung allgemein definiert werden kann und nicht mehr auf einen Client beschränkt ist (Standardeinstellung: file).

Port Für die TCP-Verbindung kann der Port frei gewählt werden. Wenn der Dateikanal aktiviert ist, hat dieses Feld keine Relevanz (Standardeinstellung: 50.489).

hbNewsFile Hier ist der Pfad zur Textdatei mit den zu sendenden Nachrichten enthalten (Standardeinstellung: not defined).

rssURL Die URL zur Nachrichtenseite, die die RSS-Informationen enthält steht in diesem Tag. Ist das RSS-Sheet auf dem lokalen Dateisystem vorhanden, muss vor dem Pfad file:/stehen (Standardeinstellung: not defined).

tpegURL Was für die Ortsangabe des RSS-Sheets gilt, ist gleichermaßen für die tpegML-Datei gültig (Standardeinstellung: not defined).

Konfiguration des CSIServer

Da der Server vom Administrator für verschiedene Anwendungszwecke konfigurierbar gemacht werden soll, benötigt er eine Konfigurationsdatei in der seine verschiedenen Parameter definiert sind. Der Pfad zur Konfigurationsdatei kann ihm beim Starten übergeben werden, falls sie unter dem angegebenen Ort nicht vorhanden ist, verwendet er seine Default-Werte.

Verarbeitet wird die Konfigurationsdatei von der Klasse `CSIServerConfig-Reader`, von der ein Teil in Listing 6.36 der vorangestellten Abbildung zu sehen ist. Wie an Hand des Konstruktors (`private CSIServerConfigReader( ) {…}`) und der Methode `getInstance( )` zu erkennen ist, wurde sie als Singleton Pattern[10] implementiert, weil diese Werte nur einmal beim Starten konfiguriert werden und keine weiteren Instanzen notwendig sind.

Das Einlesen der Konfigurationsdatei geschieht in der Methode `CSIServerConfigInfo getServerConfigInfo(String pUrl)` Listing 6.37. Wie beim Generator für die Konfigurationsdateien, wird hier der DOMParser verwendet. Der Unterschied liegt in dem Punkt, dass keine neue Datei erzeugt, sondern eine bereits bestehende ausgelesen wird. In der Zeile `Document doc = builder.parse(is)` wird das DOM-Dokument, also der XML-Baum aus einem Da-

---

[10] Das Singleton Pattern ist ein Entwurfsmuster und verhindert, dass von einem Objekt mehr als eine Instanz erzeugt wird.

```
public class CSIServerConfigReader {

   private static CSIServerConfigReader instance = null;
   private String sUrl;
   private CSIServerConfigInfo configInfo;
   private CSILog log;

   private CSIServerConfigReader() {
      configInfo = new CSIServerConfigInfo();
      log = CSILog.getInstance();
   }

   public static CSIServerConfigReader getInstance() {
      if(instance == null) {
         instance = new CSIServerConfigReader();
      }
      return instance;
   }
}
```

Listing 6.36 CSIServerConfigreader Teil 1

teistream erzeugt. Danach findet das Auslesen der Werte statt. Wenn die Konfigurationsdatei fehlerhaft ist, werden die Default-Werte (Zeile 25–27) zurückgegeben.

Die Methoden `getElementValue(Element parent, String field)` und `getDataFromElement (Element parent, String field)` in Listing 6.38 lesen die Werte der übergebenen Knoten aus. Dabei entspricht `parent` dem übergeordneten Knoten `csiServerConfig`, aus dem der Kindknoten mit dem String der Variable `field` ausgelesen wird.

Der oben abgedruckte Quellcode in Listing 6.39 zeigt die Methode `private void execute(String sArg)` der Basisklasse CSIServer. Diese Methode ist sehr wichtig, da hier der Server und das CSI konfiguriert werden. Als erstes wird in der Zeile `configInfo = configReader.getServerConfigInfo("file:+ :"+sArg)` die Konfigurationsdatei des Servers ausgelesen und ihre Werte im Server gespeichert. Ab Zeile 9 beginnt die Konfiguration des CSI, die über die zentrale Klasse `CSIModule` vorgenommen wird. Zusätzlich dient die Klasse CSIModule als Schnittstelle zum Versenden von CSI-Nachrichten. Mit ihr können alle zuvor erstellten Services angesprochen werden. Der Kommunikationskanal wird über die Klasse `CSIChannel` festgelegt. In der Implementierung des Demoservers beherrscht das CSI zwei verschiedene Kanäle: CSIChannelFile und CSIChannelSocket. Je nach Inhalt der Konfigurationsdatei, wird einer der beiden ausgewählt.

Die Parameter des Konstruktors von der Klasse CSIChannelFile (Zeile 14, 15) entsprechen den Pfaden `"./channel/rcvqueue"` und `"./channel/sndqueue"` zu den Dateien, über die er mit den Clients kommuniziert. Der erste Parameter spezifiziert die Datei, die er ausliest, also über die er Daten empfängt und der zweite Parameter spezifiziert die Datei, in die er zum Versenden von Nachrichten hinein schreibt.

Die Kommunikation über TCP setzt im gegenwärtigen Stadium des CSI eine konkrete Verbindung voraus. Das bedeutet, dass sich zwar mehrere Clients beim

```
// Class CSIServerConfigReader
public CSIServerConfigInfo getServerConfigInfo(String pUrl) {
   this.sUrl = pUrl;
   InputStream is = null;

   try {
      String editString = "";
      DocumentBuilder builder =
            DocumentBuilderFactory.newInstance()
                .newDocumentBuilder();
      URL u = new URL(sUrl);
      is = u.openStream();
      Document doc = builder.parse(is);
      NodeList configNode =
            doc.getElementsByTagName("csiServerConfig");
      Element configElement = (Element) configNode.item(0);
      editString = getElementValue(configElement, "expiringTime");
      editString = editString.trim();
      if (editString.equalsIgnoreCase("")) {
         editString = "300";
      }
      // (...)
   } catch (Exception e) {
      configInfo.setCheckingTime(300);
      // (...)
      configInfo.setChannelData("file");
      log.DBG("CSIServerConfigReader",
            "Error occured reading the configuration file, "
            + "returning default values");
   } finally {
      try {
         if (is != null) {
            is.close();
         }
      } catch (IOException e) {
         e.printStackTrace();
      }
   }
   return configInfo;
}
```

Listing 6.37 CSIServerConfigreader Teil 2

Server anmelden können, diese sich aber eine Verbindung teilen müssen. Der Konstruktor der Klasse CSIChannelSocket bekommt die IP der Gegenstelle und eine Portnummer übergeben.

Damit das CSI mit dem entsprechenden Kanal arbeiten kann, muss er dem Modul bekannt gemacht werden. Das erfolgt mit der Methode setChannel(...). Im nächsten Schritt wird in Zeile 26 bis 28 die Klasse CSIServerController instantiiert, die die Werte der Konfigurationsdatei übergeben bekommt. Sie beinhaltet die Logik für die Clients und wird in folgenden Abschnitten näher erläutert. Anders als die Klasse CSIController ist er nicht Teil des CSI, sondern Teil der

```
// Class CSIServerConfigReader
private String getElementValue(Element parent, String field) {
   return getDataFromElement(
         (Element) parent.getElementsByTagName(field).item(0),
            field);
}

private String getDataFromElement(Element parent, String field) {
   try {
      Node child = parent.getFirstChild();
      if (child instanceof CharacterData) {
         CharacterData cd = (CharacterData) child;
         return cd.getData();
      }
   } catch (Exception e) {
      System.out.println("Couldn't get data of " + field);
   }
   return "";
}
```

Listing 6.38 CSIServerConfigreader Teil 3

CSIServer-Applikation. Die Klasse `CSIServerHandler` ist die Schnittstelle des CSI für ankommende Nachrichten zur Applikation und muss deshalb dem CSI über das Modul bekannt gemacht werden. Dafür dient die Methode `setHandler(...)`. Der CSIChannel ruft die Methoden des CSIServerHandlers auf, über den die Daten in die Serverapplikation zur Verarbeitung gelangen.

Ist die Konfiguration des CSI abgeschlossen, kann es über die Methode `start( )` in Zeile 34 gestartet werden. Ab diesem Zeitpunkt läuft es parallel im Hintergrund der Serverapplikation.

CSI-Services

Client und Server kommunizieren über CSI-Services, die Elemente des generierten CSI-Teils sind. Welche spezifischen Services für die Kommunikation zwischen CSI-Server und CSI-Client benutzt werden und welche Datentypen sie übertragen, wird aus folgender Auflistung deutlich:

Services gesendet vom Server:
- **ServiceRequestLogindata(short, String)**
  Über diesen Service legt der Server den Anmeldevorgang fest (short), autho- risiert sich beim Client mit seiner eigenen ID oder MD5 Summe (String) und fordert die Anmeldedaten des Clients an.
- **ServiceError(int,String)**
  Sobald ein Problem in dem Server auftritt, wird der verursachende Client mit ei- ner Fehlermeldung als Code (int) und im Klartext (String) darüber benachrichtigt.

6.2 Demoserver mit CSI-Server

```
private void execute(String sArg) {
  // (...)
  configReader = CSIServerConfigReader.getInstance();
  CSIServerConfigInfo configInfo =
      configReader.getServerConfigInfo("file:"+sArg);
  CSIServerRssTicker newsRss = new CSIServerRssTicker();
  CSIServerTextTicker newsText = new CSIServerTextTicker();
  CSIServerTpegReader newsTpeg = new CSIServerTpegReader();
  // (...)
  module = new CSIModule();

  if(configInfo.getChannelData().equalsIgnoreCase("file") ||
      configInfo.getChannelData().equalsIgnoreCase(
          "not defined") ||
      configInfo.getChannelData().equalsIgnoreCase("")) {
    CSIChannelFile channel =
        new CSIChannelFile(
            "./channel/rcvqueue", "./channel/sndqueue");
    module.setChannel(channel);
  } else {
    log.DBG("CSIServer", "using tcp-channel - ip "
        + configInfo.getChannelData()+":"
        + configInfo.getPort());
    CSIChannelSocket channel =
        new CSIChannelSocket(configInfo.getChannelData(),
            configInfo.getPort());
    module.setChannel(channel);
  }
  sController = new CSIServerController(
      module, configInfo.getExpiringTime(),
      configInfo.getCheckingTime(),
      configInfo.getMaxClients());
  handler = new CSIServerHandler();
  handler.setController(sController);
  module.setHandler(handler);
  module.start();
  CSIServerQuitter serverQuitter = new CSIServerQuitter(this);
  serverQuitter.start();
  // (...)
}
```

Listing 6.39 Quellcode 3.9: CSIServer Teil 1

- **ServiceLoginComplete(int, String)**
  Ist der Anmeldevorgang zu Ende, wird der Client über den Erfolg oder Misserfolg (int) informiert und erhält bei Bedarf eine SessionID (int).
- **ServiceLogOutConf()**
  Sobald sich ein Client abmeldet, erhält er eine Abmeldebestätigung vom Server.
- **ServiceRequestPositionData()**
  Über diesen Service stellt der Server eine Positionsanfrage an den Client.
- **ServiceResponsePoi(POI[])**
  Der Server kann mit dem Service POI-Listen (POI ist ein CSI-Container) an die Clients transferieren.

- **ServiceResponseCategories(String[])**
  Eine Liste an möglichen POI-Kategorien in der Datenbank übermittelt der Server mit diesem Service.
- **ServiceRequestNavStatus(String)**
  Den Navigationsgerätestatus eines Clients erfragt der Server über ServiceRequestNavStatus. Seine eigene ID übermittelt der Server über die String-Variable.
- **requestServiceBroadcastNewsRss(NewsRSS[])**
  RSS-Informationen aus dem Internet sendet der Server in einem Array aus CSI-Objekten vom Typ NewsRSS.
- **requestServiceBroadcastTpeg(TpegMessage[])**
  Des Weiteren gibt es für TPEG-Informationen einen eigenen Datentyp (TpegMessage), die über diesen Service übertragen werden.
- **requestServiceBroadcastNewsText(String[])**
  Neuigkeiten, die in einfache Strings gepackt sind, werden mit dem BroadcastNewsText-Service verschickt.

Services gesendet vom Client:
- **ServiceConnectionRequest(String)**
  Mit diesem Service stößt der Client den Login-Vorgang beim Server an und verkündet, dass er sich anmelden möchte. Der übermittelte String enthält den Client Typ.
- **ServiceResponseLoginData(String, String)**
  Die Anmeldedaten werden über diesen Service an den Server geschickt, er enthält die Device-ID und das dazugehörige Passwort.
- **ServiceLogOut(String)**
  Wenn sich ein Client beim Server abmeldet, geschieht das mit diesem Service. Der String-Parameter enthält die ID der Session, welche beendet werden soll.
- **ServiceRequestPoi(int, int, String, String)**
  Der Client kann über diesen Service POIs beim Server anfordern. Die Parameter beherbergen die Kriterien nach denen POIs gesucht werden. Beispielsweise den Umkreis oder die Kategorie. Der letzte String enthält die Session-ID für die Unterscheidung der Clients.
- **ServicePosition(int, int, ...)**
  Positionsdaten kann der Client mit ServicePosition an den Server übertragen. Er hat sehr viele Parameter, von denen der Server aber nicht alle wirklich verarbeitet. Sie sind aus historischen Gründen enthalten.
- **ServiceRequestCategories(String)**
  Die in der Datenbank des Servers gespeicherten POI-Kategorien fordert der Client mit diesem Service an.
- **ServiceResponseNavStatus(int, int, int, String)**
  Wenn der Server eine Statusanfragen des Clients stellt, wird diese hiermit beantwortet. Er übermittelt ob der Client gerade eine Routenführung benutzt, er sich auf einer Straße befindet, ein GPS-Signal empfängt und welche Session er auf dem Server benutzt.

6.2 Demoserver mit CSI-Server

Tab. 6.14 Fehlercodes der Serveranwendung

Code	Bedeutung
1	Ein Fehler beim Erzeugen der Session-ID ist aufgetreten
2	Das maximale Limit an laufenden Sessions auf dem Server ist erreicht und es werden keine neuen mehr angenommen
3	Der Client versucht eine Aktion durchzuführen ob wohl er nicht (mehr) beim Server angemeldet ist
4	Die vorgeschriebene Reihenfolge in der die Services angesprochen werden müssen, wurden nicht eingehalten
5	Die gesendeten Anmeldedaten des Clients sind inkorrekt

Fehlermeldung

In manchen Fällen ist es notwendig, dem Client auftretende Fehler auf dem Server genauer zu beschreiben. Da es aufwendig und fehleranfällig ist, Zeichenketten zu vergleichen, enthält jede Fehlermeldung einen zusätzlichen Code, der für einen bestimmten Fehler steht.

Die Bedeutung jedes Fehlercodes (Tab. 6.14) wird im folgenden Abschnitt näher erläutert:

Sessionhandling

Das Listing 6.40 des CSIServerControllers (nicht zu verwechseln mit dem Controller des CSI) ist für das Session-Handling zuständig. Alle laufenden Sessions wer-

```
public class CSIServerController {
    // (...)
    private ConcurrentHashMap<String, CSIClientSessionInfo>
        sessionList;

    private int maxClients;
    private CSIServerSessionCleaner sessionCleaner;

    public CSIServerController(CSIModule module, int secExpiring,
            int secChecking, int maxClients) {
        // (...)
        sessionList =
            new ConcurrentHashMap<String, CSIClientSessionInfo>();
        sessionCleaner = new CSIServerSessionCleaner(
            sessionList, secExpiring, secChecking);
        this.maxClients = maxClients;
        sessionCleaner.start();
    }
}
```

Listing 6.40 CSIServer Controller (Session Handling)

den in einer speziellen HashMap (`private ConcurrentHashMap<String, CSIClientSessionInfo>`) gespeichert. Seit Version 1.5 stellt Java dem Programmierer eine Thread-sichere ConcurrentHashmap zur Verfügung, die bei Nebenläufigkeit korrekte Werte garantiert. Über die Session-ID, die als Key fungiert, kann auf aktuelle Clientsessions zugegriffen werden. Die Variable `maxClients` enthält die maximale Anzahl der zur gleichen Zeit erlaubten Sessions. Da Sessions nicht ewig auf dem Server existieren sollen, ist es notwendig, die Sessionliste regelmäßig auf veraltete Sessions zu überprüfen. Diese Aufgabe wird vom `CSIServerSessionCleaner` übernommen.

Das Aussortieren abgelaufener Sessions erfolgt durch die Klasse `CSIServerSessionCleaner` in einem separaten Thread (Listing 6.41). Dieser kontrolliert in regelmäßigen Abständen die Session und löscht die nicht mehr gebrauchten Sessionobjekte. Bei jeder Aktion, die der Client durchführt, wird die Zeit im Sessionobjekt festgehalten.

Ist die Differenz zwischen der letzten Handlung (`dtNow`) zum Kontrollzeitpunkt größer als die erlaubte Zeit (`secExpiring`), die der Client untätig sein darf, wird seine Session aus der Liste mit dem Aufruf `sessionList.remove(cSessionInfo.cSessionID, cSessionInfo)` entfernt. Das Überprüfungsintervall und die erlaubte Untätigkeitszeit sind über die Konfigurationsdatei frei einstellbar. Mit einem Iterator (`siIterator`) wird hierbei durch die ConcurrentHashmap iteriert. Für gewöhnlich würde man die Methode `Iterator.remove` zum Entfernen von Schlüssel-Wertepaaren verwenden.

Da die Hashmap von mehr als einem Thread benutzt wird, könnte diese Methode Fehler verursachen, deshalb müssen Objekte mit der Methode der ConcurrentHashmap entfernt werden.

Das Sessionobjekt enthält verschiedene Informationen über die Clients. Die Informationen, die für das Session-Handling notwendig sind, sind in Listing 6.42 zu sehen und werden im folgenden Text näher erklärt:

clientID Dieses Attribut enthält die Device-ID des Clients, mit der er sich am Server anmeldet.

cSessionID Die Session-ID existiert sowohl in der Clientliste als Schlüssel und zusätzlich im Sessionobjekt selbst.

dtLogIn Der Zeitpunkt des Logins ist in dieser Membervariablen gespeichert. Sie hat für den Server momentan keine Verwendung, ist aber nützlich um zu kontrollieren, wie lange Clients die Verbindung zum Server halten.

lastAction Dieser String speichert immer die letzte Tätigkeit des Clients. So kann sicher gestellt werden, dass Clients vom Server angebotene Services nur in einer bestimmten Reihenfolge ansprechen können.

dtLastAction Der Zeitpunkt der letzten Aktion ist für den CSIServerSessionCleaner wichtig. Anhand dieses Zeitstempels kontrolliert der CSIServerSessionCleaner ob ein Client zu lange untätig war und er seine Session schließen bzw. löschen muss.

6.2 Demoserver mit CSI-Server

```java
public class CSIServerSessionCleaner extends Thread {

   private ConcurrentHashMap<String, CSIClientSessionInfo>
         sessionList;
   private CSILog log;
   private int secExpiring;
   private int secChecking;
   public CSIServerSessionCleaner(
         ConcurrentHashMap<String, CSIClientSessionInfo>
               sessionList,
         int secExpiring, int secChecking) {
      this.sessionList = sessionList;
      log = CSILog.getInstance();
      this.secExpiring = secExpiring;
      this.secChecking = secChecking;
   }

   public void run() {
      log.DBG("CSIServerSessionCleaner",
            "Sessioncleaner started");
      Iterator<CSIClientSessionInfo> siIterator;
      CSIClientSessionInfo cSessionInfo;

      java.util.Date dtNow;
      while (!isInterrupted()) {
         dtNow = new java.util.Date();
         siIterator = sessionList.values().iterator();
         while (siIterator.hasNext()) {
            cSessionInfo = siIterator.next();
            if ((secExpiring * 1000) <= dtNow.getTime()
                  - cSessionInfo.dtLastAction.getTime()) {
               log.DBG("CSIServerSessionCleaner",
                     "Removing session "
                     + cSessionInfo.clientID + " = "
                     + cSessionInfo.cSessionID);
               sessionList.remove(
                     cSessionInfo.cSessionID, cSessionInfo);
            }
         }
         try {
            Thread.sleep(1000 * secChecking);
         } catch (InterruptedException e) {
            interrupt();
            log.DBG("CSIServerSessionCleaner", "interrupted");
         }
      }
   }
}
```

Listing 6.41 CSIServerSessionCleaner

```
public String clientID;
public String cSessionID;
public java.util.Date dtLogIn;
public String lastAction;
public java.util.Date dtLastAction;
// public String clientIp;
// public CSIModule module;
// (...)
```

Listing 6.42 CSIClientSessionInfo

ip/module Das CSI unterstützt zum jetzigen Zeitpunkt noch nicht mehrere Verbindungen zur gleichen Zeit. Da noch nicht sicher ist, wie diese Funktionalität umgesetzt wird, sind zwei weitere Member denkbar. Falls in der Applikation insgesamt nur ein Modul existieren soll, muss es die Client-IP beim Versenden einer Nachricht mit übergeben bekommen. Entwickelt sich das CSI dahin, dass jeder Client sein eigenes Modul zugeteilt bekommt, wird jedes Clientmodul im Sessionobjekt aufbewahrt und bei Bedarf genutzt.

Clientanmeldung

Wie der Ablauf eines Login-Vorgangs aussieht, lässt sich am besten an Hand eines Sequenzdiagramms zeigen. Für den kompletten Login-Vorgang werden vier Services (Nachrichten zwischen Client und Server) benutzt, wie es in der folgenden Abb. 6.26 zu sehen ist.

Die einzelnen Schritte des Sequenzdiagramms sind in der Tab. 6.15 erläutert:

Daten, die über das CSI empfangen werden, gelangen über den Applikations-Handler CSIServerHandler in die Applikation.

Die Klasse `CSIServerHandler` erbt von der generierten Klasse `GeneratedHandler` und dient in der Applikation lediglich als Schnittstelle zum CSI. Sie enthält fast keine Logik, damit das CSI und die Anwendung komplett getrennt sind. So bleibt die Anwendung modular.

Aus diesem Grund hat die Klasse `CSIServerHandler` Zugriff auf die Instanz der Klasse `private CSIServerController sController`, an die er die empfangenen Daten aller Services weiterleitet. Die Handlermethode `handleServiceResponseLoginData` wurde so überschrieben, dass sie die Daten gleich an die Methode `ServiceResponseLoginData` des CSIServerControllers übermittelt Listing 6.44:

Nach dem Eintreffen der ClientDaten werden diese mit den bereits in der Datenbank gespeicherten Daten in Zeile `int auth = dbObject.checkLoginData (tmpDeviceID, tmpDeviceKey)` verglichen. Sind sie korrekt, beginnt der Prozess der Sessionerzeugung (Zeile 13). Vorher wird in Zeile 8 die Anzahl der aktuellen Sessions auf dem Server überprüft: ist das Maximum hier noch nicht

6.2 Demoserver mit CSI-Server

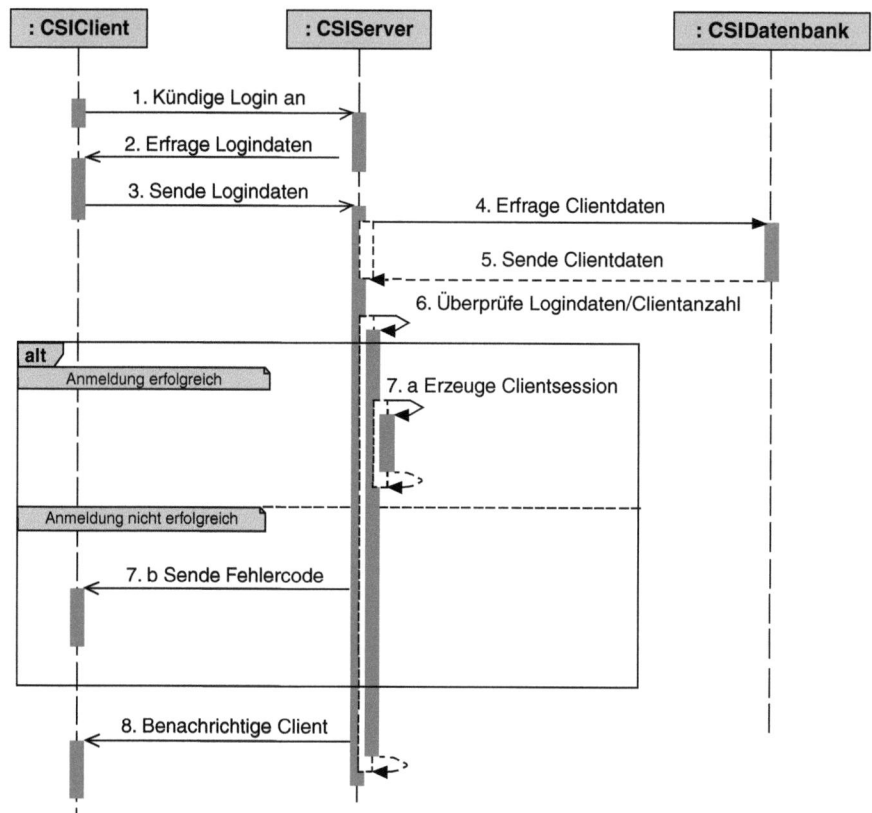

Abb. 6.26 Sequenz-Diagramm Login

erreicht, wird eine neue Session erzeugt. Die Klasse CSIServerMD5 in der folgenden Abbildung ist für die Erzeugung der Session-ID zuständig.

Mit Hilfe des MD5-Algorithmus wird die Session-ID aus einer zusammengesetzten Zeichenkette generiert, die die Device-ID, die aktuelle Zeit und eine Zufallszahl beinhaltet (Listing 6.45). Die 3 Faktoren sollen die Wahrscheinlichkeit für eine doppelte Session-ID möglichst gering halten. Sollte doch mal eine doppelte ID generiert werden, wird dieser Vorgang bis zu 100-mal wiederholt. Ist nach dem 100. noch immer keine gültige Session-ID generiert worden, bekommt der Client über den CSI-Service RequestServiceError eine Fehlermeldung übermittelt. Konnte das Sessionobjekt erfolgreich erstellt werden, fügt der Server das neue Sessionobjekt in seine Liste ein (sessionList.put(sessionID, cSession-Info)). Danach informiert er den Client über den erfolgreichen Login-Vorgang und übermittelt ihm seine Session-ID.

Für die Erzeugung der Session-ID wird eine Zeichenkette übergeben, woraus ein 128-Bit Hash-Wert erzeugt wird. Wenn der Server über genügend Rechenleistung verfügt, könnten somit theoretisch ungefähr $3,4 * 10^{38}$ Sessions zur gleichen Zeit laufen.

Tab. 6.15 Beschreibung der Sequenzen vom Login

Sequenz	Bedeutung
1	Im ersten Schritt kündigt der Client durch Verwendung des CSI-Service ServiceConnectionRequest an, dass er sich beim Server anmelden möchte
2	Wurde die Login-Anfrage vom Server empfangen, fordert er mit Hilfe des Service ServiceConnectionRequest die Anmeldedaten des Clients an
3	Diese Anfrage beantwortet der Client, in dem er seine Device-ID und sein Passwort mit dem CSI-Service ServiceRepsonseLoginData an den Server schickt
4	Die empfangenen Login-Daten werden von der Datenbank angefordert
5	Daten die mit den Suchkriterien übereinstimmen, werden von der Datenbank an den CSI-Server übermittelt
6	Der CSI-Server vergleicht die Daten der Datenbank mit den gesendeten des Clients
7a	Sind die Daten korrekt, wird eine Session für den Client erstellt und auf dem Server aufbewahrt
7b	Sind die Client-Daten inkorrekt, oder ist bei der Erstellung der Session ein Fehler aufgetreten, wird der Client mit der Fehlernachricht des Service RequestServiceError informiert
8	Abschließend wird der Client über den (nicht) erfolgreichen Login-Vorgang benachrichtigt und eine Session-ID an ihn übermittelt. Benutzt wird hierzu der CSI-Service RequestServiceLoginComplete

```
public class CSIServerHandler extends GeneratedHandler {

    private CSIServerController sController;

    public CSIServerHandler() {
        sController = null;
    }

    public void setController(CSIServerController sController) {
        this.sController = sController;
    }

    @Override
    public void handleServiceResponseLoginData(
            String tmpDeviceID, String tmpDeviceKey)
            throws CSIException {
        sController.ServiceResponseLoginData(
                tmpDeviceID, tmpDeviceKey);
    }

    // (...)
}
```

Listing 6.43 CSIServerHandler

6.2 Demoserver mit CSI-Server

```java
// Class CSIServerController
public void ServiceResponseLoginData(
    String tmpDeviceID, String tmpDeviceKey)
{

  String tmpSessionID = "";
  int success = 0;
  // (...)

  int auth = dbObject.checkLoginData(tmpDeviceID, tmpDeviceKey);
  if (auth == 1)
  {
    int clientCount = sessionList.size();
    int i = 0;
    boolean keyExists = true;
    String seedString = "";
    String sessionID = "no sessionID";
    if (0 == maxClients || clientCount < maxClients) {
      while (keyExists && i < 100) {
        seedString = tmpDeviceID + "="
            + new java.util.Date() + "="
            + Math.random();
        sessionID = CSIServerMD5.hashCode(seedString);
        keyExists = sessionList.containsKey(sessionID);
        i++;
      }
      if (!keyExists) {
        CSIClientSessionInfo cSessionInfo =
            new CSIClientSessionInfo(tmpDeviceID);
        cSessionInfo.cSessionID = sessionID;
        cSessionInfo.lastAction = "login";
        sessionList.put(sessionID, cSessionInfo);
        tmpSessionID = sessionID;
        log.DBG("CSIServerController", "Added device "
            + tmpDeviceID + " with SessionID: " + sessionID
            + " to sessionList");
        success = 1;
      } else { // (...)
        try {
          module.requestServiceError(
              1, "Failed to generate session id (tried "
              + i + "x)");
        } // (...)
      }
    } else { // (...)
      try {
        module.requestServiceError(
            2, "Too many clients connected, please try "
            + "again later");
      } // (...)
    }
  } else { // (...)
    try {
      module.requestServiceError(
          5, "Wrong login data");
    } // (...)
  }
  try {
    module.requestServiceLoginComplete(success, tmpSessionID);
  } // (...)
}
```

Listing 6.44 CSIServerController – Login

```java
public class CSIServerMD5 {

   public static String hashCode(String clearString) {

      MessageDigest md5;
      StringBuffer encryptedStringBuffer;
      String encryptedString = "";
      byte[] result;

      try {
         md5 = MessageDigest.getInstance("MD5");
         md5.reset();
         md5.update(clearString.getBytes());
         result = md5.digest();
         encryptedStringBuffer = new StringBuffer();
         for (int i = 0; i < result.length; i++) {
            encryptedStringBuffer.append(
                  Integer.toHexString(0xFF & result[i]));
         }
         encryptedString = encryptedStringBuffer.toString();
      } catch (NoSuchAlgorithmException e) {
         // TODO Auto-generated catch block
         e.printStackTrace();
      }
      return encryptedString;
   }
}
```

Listing 6.45 CSIServerMD5

Umkreissuche

Die Abb. 6.27 zeigt den Ablauf einer Umkreissuche. Die Datenübertragung zwischen Client und Server erfolgt durch die Verwendung generierter CSI-Services.

Die Sequenzen der Umkreissuche sind in Tab. 6.16 zu finden.

Der Quelltext in Listing 6.46 gibt einen detaillierten Einblick in die Schritte Vier, Fünf und Sechs aus dem Sequenzdiagramm.

Nach dem Eintreffen der Positionsdaten des Clients muss zunächst sichergestellt werden, dass der Client bereits angemeldet ist und er vorher die Umkreissuche über die Methode `ServiceRequestPoi` vorbereitet hat. Wenn die Vorbereitung korrekt ablief, startet der Server die Umkreissuche in der Datenbank, wofür die Klasse `CSIServerDB` zuständig ist, die alle anderen Datenbankabfragen steuert. Im folgenden Listing 6.47 ist die zugehörige Datenbank-Methode `public POI[ ] searchPOI (...)` für die Umkreissuche zu sehen.

Sie bekommt als Parameter die WGS-84 Koordinaten, den Radius in Metern sowie die Kategorieauswahl für die POI-Umkreissuche übergeben. Die Umkreissuche auf einer Kugeloberfläche wurde in der Methode `searchPOI(...)` als SQL-Query umgesetzt. Die Radiusangabe wurde sowohl für Client- und Serveranwendung auf

6.2 Demoserver mit CSI-Server

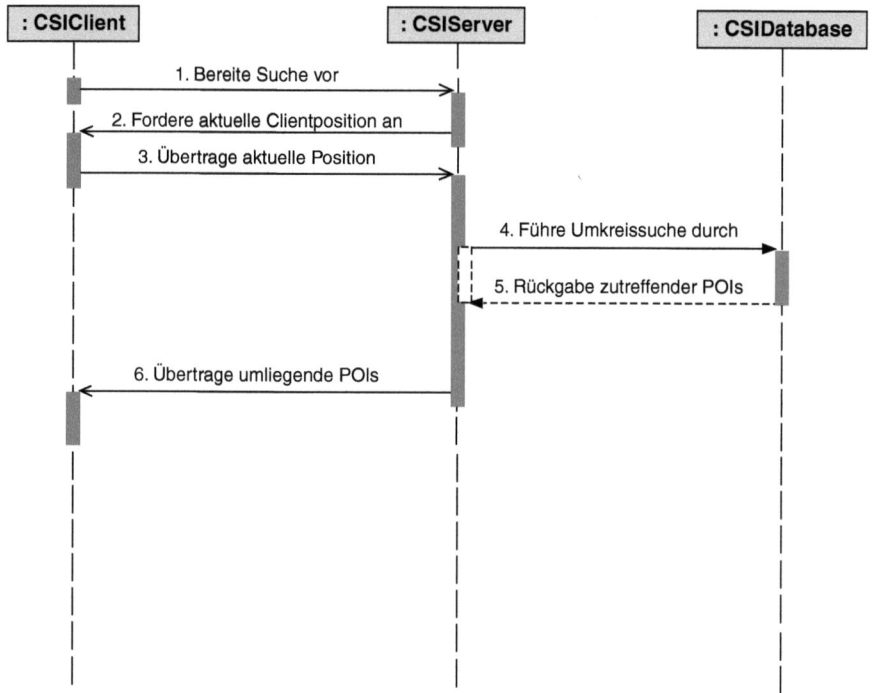

Abb. 6.27 Sequenz-Diagramm Umkreissuche

Tab. 6.16 Beschreibung der Sequenzen der Umkreissuche

Sequenz	Beschreibung
1	Über den Service ServiceRequestPoi übergibt der Client dem Server die aktuellen Suchkriterien für die anstehende POI-Suche. Zu den Suchkriterien gehören beispielsweise der Radius, in dem gesucht werden soll, ob ein Bild für die jeweilige POI zu übermitteln ist und welcher Kategorie die angeforderten POIs angehören sollen
2	Nach dem der Server die Suchkriterien des Clients gespeichert hat, fordert er die Positionsdaten des Clients an
3	Die Daten, die der Client über seinen GPS-Empfänger erhält, werden an den Server gesendet
4	Mit den erhaltenen Positionsdaten startet der Server eine Umkreissuche in der Datenbank
5	Daraufhin sendet der Datenbankserver die POIs mit zutreffenden Suchkriterien an den CSIServer
6	Die vom Server empfangenen POIs werden in POI-Objekte gepackt und als Liste an den Client verschickt, der diese weiter verarbeitet

```
// Class CSIServerController
public void ServicePosition(int longitude, int latitude,
       int speed, int bearing, short gmtOffset,
       short statusNavi, int streetlevel,
       int naviDestLongitude, int naviDestLatitude,
       int distance, long eta, String tmpSessionID) {

   CSIClientSessionInfo clientSI = sessionList.get(tmpSessionID);

   if (clientSI != null) {
       // (...)
       if (clientSI.lastAction.equalsIgnoreCase("requestpoi")) {
          POI[] poiArray = dbObject.searchPOI(
                 longitude, latitude,
                 clientSI.radius, clientSI.category);
          // (...)
          module.requestServiceResponsePoi(poiArray);
          // (...)
       } else {
          // (...)
          module.requestServiceError(
                 4, "Service Request POI needs to be called first");
          // (...)
       }
   } else {
       // (...)
       module.requestServiceError(3, "SessionID invalid");
       // (...)
   }
}
```

Listing 6.46 CSIServerController – Umkreissuche

Meter festgelegt. Da in der Formel mit Kilometern gerechnet wird, ist die entsprechende Umrechnung von Metern zu Kilometern im Codebeispiel in Zeile 23 enthalten.

TPEG-Broadcast

Der CSIServer erhält die aktuellen Verkehrsdaten über das Internet im tpegML-Format. Die enthaltenen Informationen werden von dort ausgefiltert und über den CSIServer an seine angemeldeten Clients übermittelt. Da das Einlesen des tpegML-Sheets dem der Konfigurationsdatei gleicht, wird in Listing 6.48 nur der Teil gezeigt, der für das Filtern der TPEG-Informationen zuständig ist.

Der CSIServerTpegReader geht so vor, dass er durch jeden Knoten mit dem Namen <tpeg_message> iteriert und die entsprechenden Daten im CSI-Container TpegMessage speichert. Bevor er sie der Liste hinzufügt, werden die Zeichen

6.2 Demoserver mit CSI-Server

```
// Class CSIServerDB
public POI[] searchPOI(int longitude, int latitude,
      int radius, String category) {
  List<POI> poiList = new ArrayList<POI>();
  String qCategory;
  int rowCount = 0;
  if (category.equals("all")) {
    qCategory = "";
  } else {
    qCategory = " AND category = '" + category + "'";
  }
  String sqlQuery = "SELECT *, (ACOS(SIN((" + latitude
      + "/1000000)*(PI()/180.0))*"
      + "SIN((poi.latitude/1000000)*(PI()/180.0))+" + "COS(("
      + latitude + "/1000000)*(PI()/180))*"
      + "COS((poi.latitude/1000000)*(PI()/180))*" + "COS(("
      + longitude + "/1000000)*(PI()/180)
      - (poi.longitude/1000000)*(PI()/180))"
      + ")*6380.0) AS distance FROM poi HAVING distance <= "
      + (((double) radius) / 1000.0) + qCategory
      + " ORDER BY distance";
  try {
    rs = st.executeQuery(sqlQuery);
  }
  // (...)
  POI[] poiArray = (POI[]) poiList.toArray(new POI[0]);
  return poiArray;
}
```

Listing 6.47 CSIServerDB – Umkreissuche

ausgefiltert, die dem CSI Probleme bereiten und die Länge einer einzelnen Nachricht kann beschränkt werden.

RSS-Broadcast

Der TPEG- und RSS-Broadcast funktionieren recht ähnlich. In Listing 6.49 ist zu sehen, welche Daten aus dem RSS-Sheet ausgelesen werden.

In einem RSS-Sheet sind einzelne Nachrichten von dem Tag <item> eingeschlossen. Die Schleife `for (int i =0; i < nodes.getLength( ) && i < numberOfNews; i++)` durchläuft alle Tags mit diesem Namen und sammelt die wichtigsten Daten in dem Objekt der Klasse `NewsRss`. Eine Nachricht besteht aus dem Nachrichtentitel, einer zugehörige Beschreibung, dem Link unter dem die Nachricht im Browser abgerufen werden kann, ihrer Kategorie sowie dem Datum, wann sie veröffentlicht wurde. Danach werden in Zeile 14 die nicht lesbaren Zeichen entfernt und die Nachrichtenelemente auf eine bestimmte Länge gekürzt.

```
NodeList nodes = doc.getElementsByTagName("tpeg_message");
for (int i = 0; i < nodes.getLength()
        && (i < numberOfNews || numberOfNews == 0); i++) {
    Element element = (Element) nodes.item(i);
    TpegMessage tpegMessage = new TpegMessage();
    ...
    tpegMessage.summary = getElementValue(element, "summary");
    Element originator = (Element) element.getElementsByTagName(
            "originator").item(0);
    tpegMessage.country = originator.getAttribute("country");
    tpegMessage.originator_name = originator.getAttribute(
            "originator_name");
    // WGS84 start
    Element wgsElement = (Element) element.getElementsByTagName(
            "WGS84").item(0);
    tpegMessage.startLatitude =
       (int) (1000000 * Double.valueOf(
              wgsElement.getAttribute("latitude")));
    tpegMessage.startLongitude =
       (int) (1000000 * Double.valueOf(
              wgsElement.getAttribute("longitude")));
    // WGS84 end if there is one
    Element wgsElementEnd = (Element) element.getElementsByTagName(
            "WGS84").item(1);
    if (wgsElementEnd != null) {
       tpegMessage.stopLatitude =
           (int) (1000000 * Double.valueOf(
                  wgsElementEnd.getAttribute("latitude")));
       tpegMessage.stopLongitude =
           (int) (1000000 * Double.valueOf(
                  wgsElementEnd.getAttribute("longitude")));
    }
    removeWrongCharacter(tpegMessage);
    cutTrafficNews(tpegMessage, maxLengthOfNews);
    tpegList.add(tpegMessage);
}
...
```

Listing 6.48 CSIServerTpegReader

HB-NewsBroadcast

Der HB-NewsBroadcast ist deutlich einfacher realisiert als die beiden anderen Broadcast-Varianten. Die zuständige Klasse liest eine Datei zeilenweise ein, die dann über das Modul an die Clients verschickt werden. Somit kann jede Textdatei als Informationsquelle dienen.

```
...
NodeList nodes = doc.getElementsByTagName("item");
for (int i = 0; i < nodes.getLength() && i < numberOfNews; i++) {
   Element element = (Element) nodes.item(i);
   NewsRss news = new NewsRss();
   news.title = getElementValue(element, "title");
   news.description = getElementValue(element, "description");
   news.link = getElementValue(element, "link");
   news.category = getElementValue(element, "category");
   news.pubDate = getElementValue(element, "pubDate");
   removeWrongCharacter(news);
   cutNews(news, maxLengthOfNews);
   newsList.add(news);
}
...
```

Listing 6.49 CSIServerRssTicker

6.3 Zusammenfassung

Der Demoserver und die PC-Simulation eines Endgerätes unterstützen die identischen Anwendungsfälle. Beide Anwendungen lassen sich auf Grund der gewählten Architektur und der verwendeten CSI-Technologie sehr gut erweitern und haben bereits weiteren Diplomarbeiten als Basis für funktionale Erweiterungen gedient.

Kapitel 7
Android – Beispiel einer CSI Applikation

Dieses Kapitel beschreibt die Umsetzung einer CSI Applikation auf Basis von Android. Android ist ein von Google entworfenes und auf Linux aufgesetztes Betriebssystem. Das Charmante an Android ist das mitgelieferte Userinterface und die offene und gut dokumentierte Entwicklungsumgebung. Die beschriebene CSI Applikation führt eine positionsbasierte POI-Suche durch.

In den folgenden Absätzen wird zunächst kurz das allgemeine Vorgehen zum Erstellen von Android-Applikationen beschrieben, um dann die hier vorgestellte CSI Applikation für die POI Suche näher zu beleuchten.

7.1 Android

Android ist sowohl ein Betriebssystem als auch eine Software-Plattform für mobile Geräte. Die Architektur von Android baut auf einem Linux-Kernel auf. Die Laufzeitumgebung von Android basiert auf der Dalvik Virtual Machine. Die Dalvik VM führt, wie die normale Java VM, sogenannten Byte-Code aus, so dass alle Applikationen für Android in Java geschrieben werden können.

Um eigene Programme für Android zu entwickeln, werden ein Java-SDK und das Android-SDK benötigt. Zusätzlich werden andere Tools wie Keytool und Jarsigner gebraucht, um die Applikationen in dem Android Market zu publizieren.

Das Android-SDK enthält unter anderem folgende Werkzeuge (Tools):
- Android Virtual Manager (AVD)
- Android Debug Bridge (ADB)
- Android Asset Packaging Tool (AAPT)
- Dalvik Debug Monitor Service (DDMS)
- Emulator und DX.

Als Entwicklungsumgebung wird Eclipse eingesetzt. Es gibt für Eclipse das Android Development Tools (ADT) – Plug-In. Das Plug-In vereinfacht die Entwicklung von Android-Applikationen sehr, weil Entwicklung, Simulation und Test aus einer Umgebung heraus erledigt werden können. Die Entwicklung von Android Applikationen lässt sich dadurch enorm vereinfachen.

Das aktuelle Android SDK kann auf der Android Developers Homepage [GOO04] heruntergeladen werden.

7.1.1 Features

Ein Android-System besitzt zahlreiche Eigenschaften, die es zur idealen Plattform für die Entwicklung von mobilen Applikationen im Zusammenhang mit dem CSI machen. Ein Android Gerät bietet, neben der für mobile Geräte optimierten Anzeige, ein Telefonmodul zur Datenübertragung und in der Regel einen GPS-Empfänger. Mit Hilfe dieses Empfängers können die aktuellen Geokoordinaten ermittelt werden. Des Weiteren werden zusätzliche Komponenten, zum Beispiel Kompass, Kamera und Accelerometer[1] unterstützt.

7.1.2 Einrichten der Eclipse Umgebung

Nachdem das Android SDK und Eclipse installiert wurde, wird das ADT Plug-In hinzugefügt. Eine Beschreibung der Einrichtung des Plug-Ins ist der Android Developers Homepage [GOO04] zu entnehmen.

7.2 Applikation HelloWorld

Um den Umgang mit dem Android Framework kennenzulernen, wird zunächst eine HelloWorld Applikation erstellt, die einen Text und das CSI-Logo auf der Anzeige darstellen soll. Die folgenden Abschnitte werden das Einrichten einiger Software-Komponenten und das Anlegen eines Android-Projekts unter Eclipse vorstellen.

Voraussetzung ist die bereits erwähnte Eclipse-Umgebung inklusive des Android-SDK.

7.2.1 Erstellen eines Projekts mit Eclipse

Nach Installation des Android SDK lassen sich Android Projekte genauso erzeugen, wie andere Java Projekte erstellt werden. Der Eclipse-Wizzard für die Erstellung des Projektes fragt dabei nach Projektnamen, dem gewünschten Target, ggf. Applikationsnamen, dem Packagenamen und nach dem Namen der *Activity*[2]. Optional

---

[1] Accelerometer = Beschleunigungssensor.
[2] Eine Activity ist eine Klasse, die Tasks ausführen kann.

7.2 Applikation HelloWorld

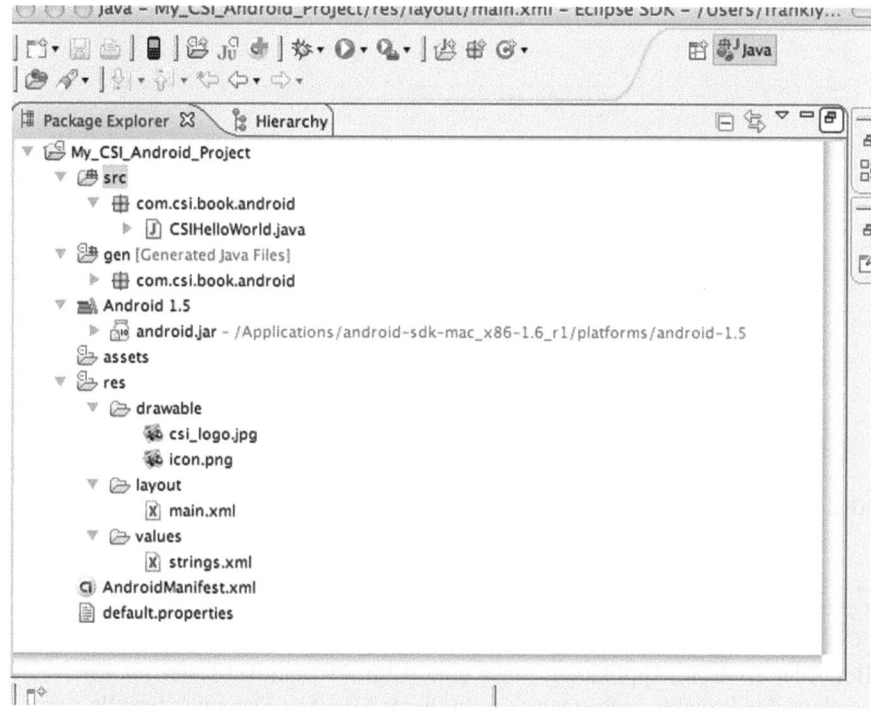

Abb. 7.1 Verzeichnis-Struktur eines Android-Projektes

kann eine Testumgebung konfiguriert werden. Bei der Activity wird in diesem Beispiel `CSIHelloWorld` eingetragen. Über die Activity wird die Android Applikation gestartet.

Nach dem Generieren des Android Projektes stellt sich die Workspace wie in der Abb. 7.1 dar.

Im Folgenden sind die einzelnen erstellten Unterverzeichnisse näher beschrieben:

- src (die Quellen der Klassen entsprechend einer Java Workspace)
- assets
- bin (kompiliertes Dalvik Executebable mit der Endung *dex*)
- gen (hier werden die über die XML-Beschreibungen generierten Klassen angelegt)
- Res (Grafiken (im Unterordner ‚drawable'), Layout in XML Notation, Parameter in Zeichenkettenform im Unterordner ‚values')

Die Datei `AndroidManifest.xml` ist die Hauptkonfigurationsdatei einer Android Applikation. Alle weiteren Beschreibungen der einzelnen Dateien sind der Android Dokumentation zu entnehmen. In den folgenden Unterkapiteln wird insoweit auf Format und Inhalt der einzelnen Dateien eingegangen, wie es für das Verständnis einer HelloWorld Applikation notwendig ist.

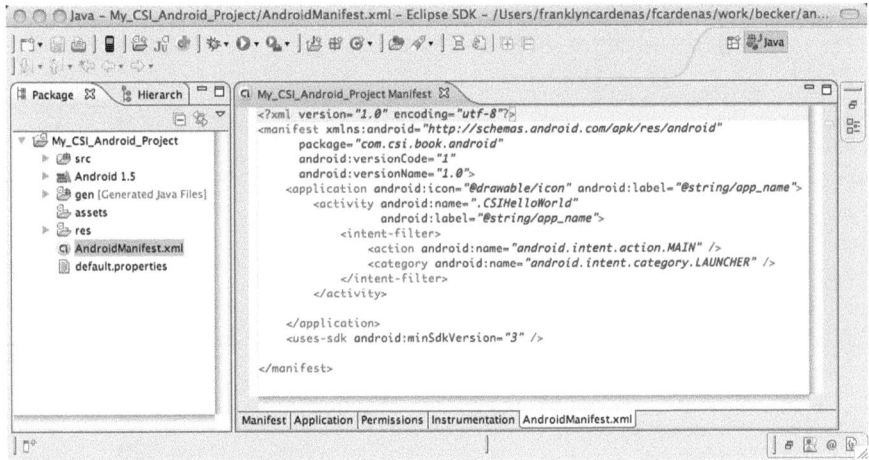

Abb. 7.2 Android Manisfest-Datei

7.2.2 Die Android Manifest Datei

Bei jeder Android-Applikation muss eine Android Manifest-Datei im Root-Verzeichnis des Projekts vorhanden sein. In dieser Manifest-Datei werden alle Activities, Services, Intents, Filters und Permissions der Applikation eingetragen und ihre Beziehungen zueinander festgelegt.

Die Abb. 7.2 der Manifest-Datei zeigt die Haupt-Activity und die Verknüpfung zum LAUNCHER-Intent an. Diese Activity wird beim Starten der Applikation aufgerufen.

Das Android Betriebssystem ermöglicht den Zugang und die Benutzung von vielen Ressourcen auf dem mobilen Gerät, und es herrscht eine strikte Kontrolle über die Zugriffsmöglichkeiten. Aber es muss darauf geachtet werden, dass für die Benutzung von einer Internet Verbindung oder für das Erfragen der aktuellen Position gewisse „Permissions" im AndroidManifest-Datei eingetragen werden. Auf die Angabe der Permissions wird später noch näher eingegangen.

7.2.3 Activity CSIHelloWorld

Das Anlegen des Projekts erfordert die Definition der Java-Klasse CSIHelloWorld. Diese Klasse wird automatisch erzeugt. Der generierte Code der Klasse ist in Listing 7.1 zu sehen.

CSIHelloWorld ist von der abstrakten Android-Klasse Activity abgeleitet und überschreibt die Funktion onCreate(…). Die Activity beschreibt im Prinzip das Userinterface, denn hier werden Layout und Ressourcen gesetzt und hier wird das eigentliche Erscheinungsbild der Applikation festgelegt.

7.2 Applikation HelloWorld

```
import android.app.Activity;
import android.os.Bundle;

public class CSIHelloWorld extends Activity
{
   @Override
   public void onCreate(Bundle savedInstanceState)
   {
       super.onCreate(icicle);
       setContentView(R.layout.main);
   }
}
```

Listing 7.1 CSIHelloWorld-Activity

7.2.4 Layout und Values

Die Maskenelemente und ihre Raumaufteilung auf dem Bildschirm, dass ist das Layout der Elemente, werden in Form einer xml-Datei definiert. In den erstellen Masken können Zeichenketten (Strings) auftauchen, welche in einer separaten xml-Datei (String.xml) definiert werden. Diese werden über IDs in den Layout-Dateien referenziert.

7.2.5 Main.xml

Das Android-Plug-in erzeugt automatisch beim Anlegen des Projekts eine Layout Datei mit dem Namen main.xml im Verzeichnis /res/layout. Durch setContentView(R.layout.main) wird diese Datei mit der Activity verknüpft.

So wie bei einer Swing-Anwendung können hier verschiedene Layouts für den Aufbau von Masken und UI-Elementen benutzt werden. Das Android-Plugin generiert automatisch für das Default-Layout ein Linear-Layout, das vom Programmierer umgestellt werden kann.

Wie eingangs erwähnt, soll die HelloWorld-Applikation einen Text und ein Bild auf dem Bildschirm anzeigen. Für das Erstellen eines Text-Elements wird das TextView Tag in der main.xml-Datei hinzugefügt (Listing 7.2).

```xml
<TextView android:layout_width="fill_parent"
                android:layout_height="wrap_content"
                android:text="@string/hello" />
```

Listing 7.2 TextView Tag aus der Main.XML Datei

Dadurch ist eine Referenz auf einen String-Key mit dem Namen „hello" festgelegt. Der String-Key und seinen Wert werden jetzt mit in der string.xml Datei definieren.

7.2.6 String.xml

In dieser Datei werden Schlüssel-Werte-Paare[3] definiert und die Schlüssel werden anschließend in den anderen xml-Dateien wiederverwendet. Die Datei wird im Verzeichnis /res/values automatisch angelegt.

In diesem Beispiel wird der Schlüssel `name="hello"` definiert und der Wert festgelegt (Listing 7.3). Die Applikation kann jetzt gestartet werden. Der Text „Hello World, CSIHelloWorld!" wird auf dem Bildschirm angezeigt.

Im nächsten Schritt wird das Bild definiert (Listing 7.4). Die Bilddatei „csi_logo.jpg" wird in das in das Verzeichnis „/res/drawable" kopiert. Anschließend wird das Bild in der main.xml in gleicher Weise wie der Name bekannt gemacht.

7.2.7 Der Emulator

Das Android SDK enthält einen Emulator, der zunächst für das Visualisieren der HelloWorld Applikation genutzt wird und nachträglich für das Testen der CSI Anwendung benutzt werden kann (Abb. 7.3). Durch das Eclipse Plug-In wird die Anbindung des Emulators automatisch durchgeführt. Über den Menüeintrag ‚Run' lässt sich der Emulator mit dem in der Workspace befindlichen Code starten und debuggen.

```
<string name="hello">Hello World, CSIHelloWorld!</string>
```

Listing 7.3 Beispiel aus der String.XML Date

```
<ImageView
    android:id="@+id/imageview"
    android:layout_width="wrap_content"
    android:layout_height="wrap_content"
    android:src="@drawable/csi_logo"
/>
```

Listing 7.4 Image-View Tag aus der String.XML Datei

---

[3] Schlüssel-Werte-Paare werden auch als Key-Value Pairs bezeichnet.

7.2 Applikation HelloWorld

Abb. 7.3 Ansicht im Emulator der CSIHelloWorld-App

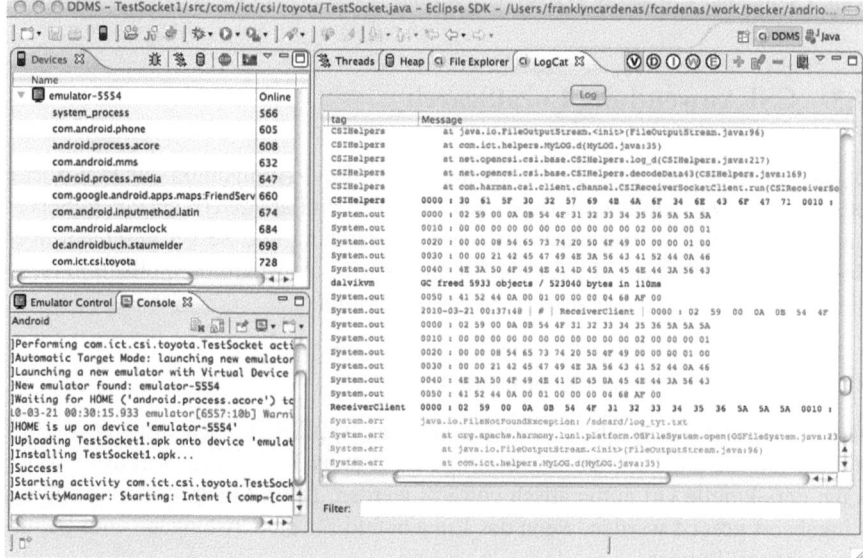

Abb. 7.4 Eclipse-Perspective: DDMS – Debug Monitor

7.2.8 DDMS

Die Eclipse Umgebung enthält nach der Installation des Android SDK ein neues Sichtfenster[4], die „DDMS Perspective"[5].

Dieses Sichtfenster (siehe Abb. 7.4) erlaubt eine Übersicht über die verschiedenen Threads, den Kompiliervorgang, sowie über das Logging.

---

[4] Das Sichtfenster wird in der Eclipse-Umgebung „Perspective" genannt.
[5] DDMS bedeutet „Dalvik Debug Monitor Service".

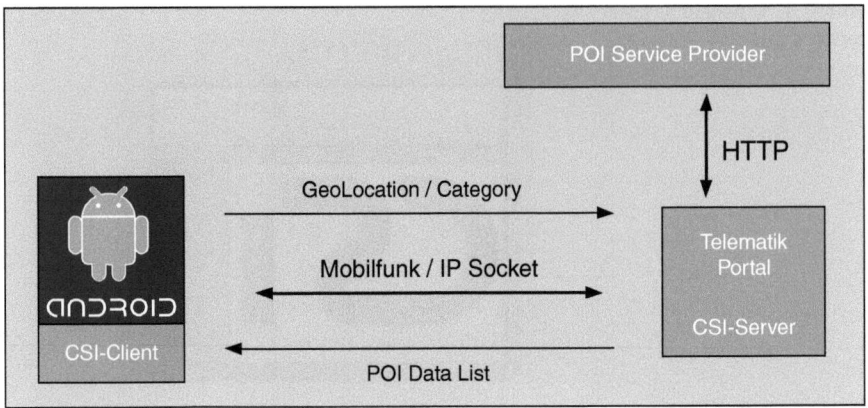

Abb. 7.5 Android, CSI Server, POI Service Provider

7.3 CSI Anwendung LocalSearch

In diesem Abschnitt wird die Erstellung der Android-Applikation zur POI Suche beschrieben. Die Applikation fragt nach Eingabe von Parametern bei einem Server nach POIs. Der Datenaustausch zwischen Anwendung und Server geschieht über das CSI. Die Eingabemaske für die Parameter wird als Android-Applikation realisiert. Folgende Eingabeparameter werden unterstützt:

- Kategorie (z.Bsp. Kino, Restaurant oder Museum)
- Ort (kodiert als WGS84-Koordinaten)

Das Androidsystem (Abb. 7.5) ermöglicht der Applikation den direkten Zugriff auf das GPS-Modul, um die gegenwärtige Position zu bestimmen. Auf diese Weise kann der aktuelle Ort automatisch gewählt werden. Diese Ortsinformation soll als Eingabeort gesetzt werden, wenn das Eingabefeld für die Ortseingabe vom Benutzer nicht gefüllt wird.

Es werden drei unterschiedliche Aktivitäts-Klassen benötigt: Local-SearchActivity, ShowPOIResultActivity und POIDetailActivity.

Jede dieser Aktivitäts-Klassen stellt im Prinzip ein Formular oder eine Ansicht dar. Die Aktivitäts-Klassen sind im Folgenden näher beschrieben.

7.3.1 LocalSearchActivity

Diese LocalSearchActivity nimmt die die Eingabedaten vom Benutzer entgegen und initialisiert die Steuerung des Suchprozesses. Die Eingabedaten werden an den CSI-Client weitergeleitet. Der CSI-Client wird erst zu diesem Zeitpunkt erzeugt, die Verbindung aufgebaut und der Request gestartet.

Nachdem der CSI-Client die POI-Ergebnisliste vom CSI-Server bekommt, müssen die Daten an LocalSearchActivity weitergeben werden. Die Darstellung der

7.3 CSI Anwendung LocalSearch

Ergebnisse muss angestoßen werden. Der CSI-Client wurde in diesem Beispiel als „normale" Java-Klasse implementiert. In einer Android-Applikation könnte der CSI-Client auch als Android-Service-Komponente definiert und implementiert werden.

Im Gegensatz zu einer Activity beschäftigt sich ein Android-Service mit der Abarbeitung von Hintergrundaufgaben und kann unabhängig von einer Activity als Hintergrundprozess ablaufen.

Die Implementierung des CSI-Clients als Android-Service würde die Architektur eleganter machen und würde es erlauben, den CSI-Client für weitere Applikationen verfügbar zu machen. Aufgrund des Aufwands und der Komplexität würde dies aber den Rahmen dieser Beschreibung sprengen.

Die LocalSearchActivity verwendet die Ergebnisliste, um die nächste Activity, die ShowPOIResultActivity zu starten.

Für die Ansicht der Eingabemaske, muss das notwendige Layout definiert werden. Dies geschieht in der Datei main.xml (Listing 7.5) im Verzeichnis /res/layout:

Eingabefelder und Aktions-Buttons werden definiert. Für die POI-Suche soll sowohl die Kategorie als auch der Ort eingegeben werden.

```xml
<?xml version="1.0" encoding="utf-8"?>
<LinearLayout
xmlns:android="http://schemas.android.com/apk/res/android"
<TextView
    android:layout_width="fill_parent"
    android:layout_height="wrap_content"
    android:text="@string/key_myLocation"
    />
<EditText
    android:layout_width="fill_parent"
    android:layout_height="wrap_content"
    android:id="@+id/location_input"
    />
<TextView
    android:layout_width="fill_parent"
    android:layout_height="wrap_content"
    android:text="@string/key_myQuery"
    />
<EditText
    android:layout_width="fill_parent"
    android:layout_height="wrap_content"
    android:id="@+id/category_input"
    />
<Button
    android:id="@+id/send_request"
    android:layout_width="wrap_content"
    android:layout_height="wrap_content"
    android:layout_alignParentRight="true"
    android:layout_marginLeft="10dip"
    android:text="SEND" />
</LinearLayout>
```

Listing 7.5 Main.XML Datei: View Design

Abb. 7.6 Ansicht der Eingabemaske für die POI-Suche

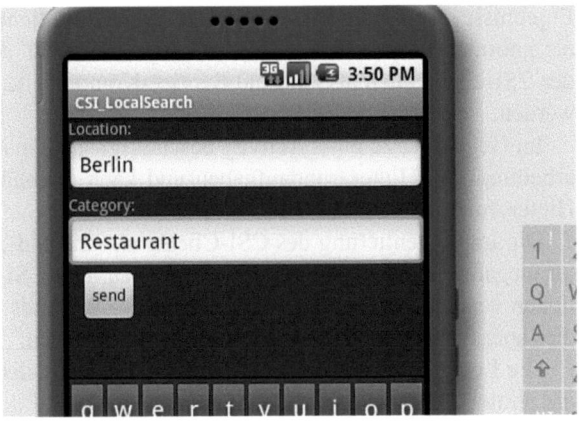

Die Activity wertet diese beiden Felder aus. Ist das Eingabefeld (Abb. 7.6) für die Ortsangabe leer, wird über den GPSLocationManager versucht, die aktuelle Ortsangabe zu ermitteln und diese als Eingabeparameter für die Suche zu benutzen.

In der Activity sollen diese Eingabefelder eingebunden werden und deren Events ausgewertet werden. Der dazu gehörige Code ist in Listing 7.6 zu finden. Jedes View-Element besitzt eine ID, und kann über diese ID mit Hilfe der Methode findViewById gefunden werden. Ein Cast auf das gewünschte View-Element muss vorgenommen werden.

Das Button-Element besitzt das OnClickEvent, das in dieser Methode ausgewertet wird. Die Bestimmung des aktuellen Ortes wurde in der Methode getMyLocationText umgesetzt.

In der Methode getMyLocationText werden Context.LOCATION_SERVICE und LocationManager.GPS_PROVIDER verwendet (Listing 7.7). Dies ist in Wirklichkeit nicht ohne weiteres möglich, die Android-Applikation muss dies zulassen.

Dafür soll in die AndroidManifest-Datei die entsprechende Berechtigung (Permission) eingetragen werden (Listing 7.8).

Nach dem Einlesen der Eingabewerte und ggf. der Bestimmung des Ortes werden diese Parameter an den CSI-Client übermittelt. Der Client baut dazu eine IP-Socket-Verbindung zum Server auf und sendet den Request. Er erhält die Ergebnisliste vom CSI-Server als Antwort.

Diese POI-Liste wird an die LocalSearchActivity weitergereicht. Die Activity muss für die Darstellung der Ergebnisse eine weitere Activity aufrufen. Die Weitergabe und das Aufrufen der neuen Activity ShowPOIResultActivity erfolgt über folgenden Code-Aufruf:

7.3 CSI Anwendung LocalSearch

```
public void addButtonAndManageAction(final LocalSearchActivity
myActivity){

   // Auslesen der Orteingabe
   final EditText location =
(EditText)findViewById(R.id.location_input);
   final String locationStr = location.getText().toString();

   // Auslesen der Kategorieeingabe
   EditText category =
(EditText)findViewById(R.id.location_input);
   final String categoryStr = category.getText().toString();

   // Initialisierung des Button-Objekts
   final Button button_send = (Button)
findViewById(R.id.send_request);

   // Anbindung an das Button-Events
   button_send.setOnClickListener(new View.OnClickListener() {

     public void onClick(View v) {
        final String locationStr = location.getText().toString();
        if(null == locationStr || locationStr.equals("")){
           final String myLocationStr = getMyLocationText();
       // Starten des CSI-Clients mit den Suchparametern, mein Ort

          CSIClient.startLocalSearch(myActivity, myLocationStr,

      categoryStr);

        } else {
          // Starten des CSI-Clients mit den Suchparametern

          CSIClient.startLocalSearch(myActivity,
                                     locationStr,
                                     categoryStr);
        }

        // wait for response of the csi client
        synchronized(events){
        try {
            events.wait();
        } catch (InterruptedException e) {

            // TODO Auto-generated catch block
            log_d(TAG,e.getLocalizedMessage());
            e.printStackTrace();
        }

        log_d(TAG,"reward Event in synchronized");
        showPOIResults();
        }
     }
   });
}
```

Listing 7.6 Methode addButtonAndManageAction aus LocalSearchActivity

```
public String getMyLocationText(){
  try {

    // Anbindung an das LocationManager
    LocationManager locManager =
(LocationManager)getSystemService(Context.LOCATION_SERVICE);

    // Bestimmung der letzten Position
    Location location =
locManager.getLastKnownLocation(LocationManager.GPS_PROVIDER);

    String locText = "Berlin";

    if (null!=location) {

      // Zuweisung der letzten Position
      locText = "geo:" + location.getLatitude() + ","   +
                        location.getLongitude();

    } else {
      locText = "geo: 0,0";
    }

    // Rückgabewert als Goekoordinaten
    return locText;

  } catch (Throwable e) {
    // TODO Auto-generated catch block
  }

  // Default Location falls es Probleme bei der Location Manager
  // aufgetreten sind.
  return locText;

}
```

Listing 7.7 Methode getMyLocationText aus LocalSearchActivity

```
<uses-permission
    android:name="android.permission.ACCESS_FINE_LOCATION"/>
```

Listing 7.8 uses-permission Tag

Hierfür wird ein Intent verwendet (Listing 7.9). Ein Intent[6] wird im Android Umfeld genutzt um weitere Komponenten oder Aktionen anzustoßen und Daten zwischen den Komponenten zu transportieren.

---

[6] Ein Intent ist eine Absichtserklärung im Android Betriebssystem.

7.3 CSI Anwendung LocalSearch 225

```
public void showPOIResults(){
  Intent intentPOIResults = new Intent(this,ShowPOIResult.class);
  startActivity(intentPOIResults);
}
```

Listing 7.9 Methode showPOIResults

```
<activity android:name=".ShowPOIResult"/>
```

Listing 7.10 Activity ShowPOIResult

In diesem Code-Abschnitt wird die Activity ShowPOIResult gestartet (Listing 7.10). Es kann nicht jede beliebige Activity oder Service ohne weiteres gestartet oder angesprochen werden. Dies erfordert einen expliziten Eintrag (Definition) in die AndroidManifest-Datei.

Da wir keinen besonderen Filter für diese Activity definiert haben (anders als für die LocalSearchActivity) sieht der Eintrag in der AndroidManifest-Datei übersichtlicher aus. Der Punkt vor dem Namen derActivity ShowPOIResult kennzeichnet das Homeverzeichnis (package-Schreibweise wie in Java).

7.3.2 ShowPOIResult

Unter Android werden alle selbstdefinierten Activity-Klassen von der Android-Activity Klasse abgeleitet. Wie in jedem Java-Framework wird auch im Android-Framework versucht anwendungsspezifische Oberklassen zu definieren, um den Implementierungsaufwand zu minimieren.

So gibt es in der Android API diverse Oberklassen, die von der Activity-Klasse abgeleitet werden. Für unserem Fall existiert die ListActivity-Klasse, welche der Umgang mit Listen unterstützt.

Die ShowPOIResult-Activity wird von der ListActivity-Klasse abgeleitet (Listing 7.11). Diese Oberklasse besitzt zahlreichen Methoden für den Umgang mit Listen. Außerdem stehen sogar Default-Layouts (hier beispielsweise simple_list_item_1) zur Verfügung, so dass keine Layout-Datei extra definiert werden muss.

7.3.2.1 Die Bord-Up

Layout sorgt dafür, dass nur ein Element pro Zeile dargestellt wird, und dass die Liste in einem scrollbaren Bereich untergebracht wird. Dies alles und die Event-Handler werden von der Oberklasse zur Verfügung gestellt.

```
public class ShowPOIResult extends ListActivity {
   @Override
   public void onCreate(Bundle savedInstanceState) {

     super.onCreate(savedInstanceState);

     setListAdapter(new ArrayAdapter<String>(
        this, android.R.layout.simple_list_item_1, POIS));
   }
   // TODO : Implementierungscode
}
```

Listing 7.11 Methode onCreate aus ShowPOIResult

```
setListAdapter(new ArrayAdapter<String>(this,
       android.R.layout.simple_list_item_1, POIS));
```

Listing 7.12 Methode setListAdapter

Es muss nicht nur das Layout definiert werden, sondern diesem auch die Werte mitteilen, damit diese dem Benutzer präsentiert werden können. Dies geschieht in Listing 7.12.

Durch diese Zuweisung wird in der Activity ein ArrayAdapter mit dem vordefinierte simple_list_item_1 Layout initialisiert. Die darzustellenden Objekte (Array aus Strings) sind im POIS-Objekt enthalten. Das vordefinierte Layout wird durch ‚android.R.' eingeleitet.

In dieser Activity wird nicht nur die Liste dargestellt (Abb. 7.7), sondern es soll hierrüber das Aufrufen der Detail-Ansicht eines vom Benutzer ausgewählten POI realisiert werden.

Abb. 7.7 Ansicht von der POI-Result-List

7.3 CSI Anwendung LocalSearch

```
ListView lv = getListView();
lv.setTextFilterEnabled(true);

lv.setOnItemClickListener(new OnItemClickListener() {
    public void onItemClick(AdapterView<?> parent, View view,
            int position, long id) {

        // When clicked, show a detail view of the POI
        showPOIDetails(view);

    }
}
);
```

Listing 7.13 Methode setOnItemClickListener

Mit diesem Codefragment (Listing 7.13) haben wir Zugriff auf das ClickEvent, welches beim Auswählen des POIs ausgelöst wird, und können die Detailansicht dieses POIs einleiten.

7.3.3 ShowPOIDetail

Für die Detail-Ansicht wird die POIDetailActivity erstellt und im Android Manifest hinzugefügt.

In dieser Activity werden die übertragenen Detail-Informationen von dem ausgewählten POI dargestellt (Listing 7.14). Diese Darstellung des POIs beschränkt sich auf die Anzeige der in einer VCard beschreibbaren Parameter (Listing 7.15).

```
<activity android:name=".ShowPOIDetail"/>
```

Listing 7.14 Activity ShowPOIDetail

```
BEGIN:VCARD
VERSION:3.0
FN:Brechts Restaurant
ADR:;;Schiffbauerdamm 6-7;Berlin;;10117;Deutschland
TEL:+49123456789
GEO:52.52395;13.368301
END:VCARD
```

Listing 7.15 Eine Beispiel vCard

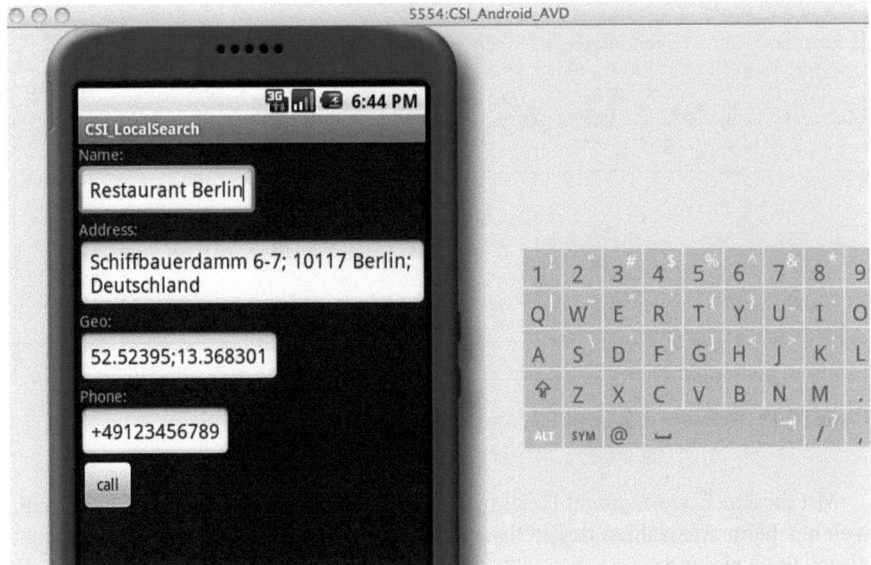

Abb. 7.8 Ansicht der POI-Detailansicht

Die Ansicht der Daten entspricht dann der in der folgenden Abb. 7.8.

7.4 Umsetzung bezogen auf das CSI

Die Umsetzungen bezüglich der CSI Funktionalität muss folgende Arbeitspakete abdecken:

- Erstellen der POIRequests mit den gegebenen Parametern
- Verbindungsaufbau und Datentransport und
- Entgegennahme und Auswertung und Weiterleitung an die entsprechende Android Komponente `LocalSearchActivity`

Es wurde bewusst ein einfaches Applikations-Design gewählt, um auf die einfachere Variante ohne Verwendung eines Android-Services aufzusetzen. Die CSI-Klassen und Komponenten müssen nicht explizit in die AndroidManifest-Datei eingetragen werden. Lediglich die CSI-Libraries werden in das Projekt importiert, um das CSI-Framework nutzen zu können.

Hierfür wird ein ‚lib'-Verzeichnis unter dem Root-Verzeichnis des Android-Projektes erstellt und die notwendigen Bibliotheken dort abgelegt.

Die Android-Umgebung muss dem CSI Client den Aufbau einer Internet-Verbindung erlauben. Das Android Manifest muss dafür ergänzt werden (Listing 7.16). Ist diese ‚Permission' nicht gesetzt, wird bei dem Versuch eine Socket-Verbindung zum CSI-Server aufzubauen, eine Fehlermeldung über den DDMS generiert.

7.4 Umsetzung bezogen auf das CSI

```
<uses-permission android:name="android.permission.INTERNET" />
```

Listing 7.16 Uses-Permission aus dem Android-Manifest

7.4.1 CSI Client

Der CSI Client ist verantwortlich für die Initialisierung des CSI-Frameworks, das Setzen der IP-Adresse und Ports des Servers, und für das Starten und Initialisieren von CSIModule, CSIChannel und CSIHandler.

In diesem Beispiel werden IP-Adresse und Port fest in der Klasse gesetzt. Diese könnten über ein Konfigurationsmenü (Preferences) aus der Android-Applikation einstellbar definiert werden.

Im Folgenden ist der CSIClient beschrieben.

Die LocalSearch-Request-Methode (Listing 7.17) hat drei Übergabeparameter: der connector ist die Verbindung zur LocalSearchActivity, die `location` ist der Suchort, und die `category` ist die Suchkategorie. Hierbei spielt der connector eine wichtige Rolle, denn über diesen Parameter kann der implementierte

```
public class CSIClient {

   static String ip = "62.8.232.46"; // csi server
   static int port = 8686; //csi port

   static CSIChannelSocketClient clientChannel = null;
   static CSIModule clientModule = new CSIModule();
   static ClientHandler clientHandler = null;

   public static void startLocalSearch(
       TestSocket connector, String location, String category) {

      startCSI2Client(); // csi initialisieren
      clientHandler.setActivityConnector(connector);
      try {
         sendLocalSearchRequest(location,category);
      } catch (CSIException e) {
         // TODO Auto-generated catch block
      } catch (IOException e) {
         Log.e("Client",e.getLocalizedMessage(),e);
         // TODO Auto-generated catch block
      }
   }

   // weitere Implementierung
}
```

Listing 7.17 CSIClient – Methode startLocalSearch

```
public static void sendLocalSearchRequest(
    String location, String category)
    throws CSIException, IOException {

  int vendor = 1;
  GpsPos queryLocationGps = new GpsPos();
  String queryLocationText = location;
  String queryString = category;
  Short radius = 100;
  int startindex = 1;
  int windowSize = 5;

  clientModule.requestServiceLocalSearch(
      vendor, queryLocationGps, queryLocationText, queryString,
      radius, startindex, windowSize);
}
```

Listing 7.18 CSIClient – Methode sendLocalSearchRequest

CSI-Client-Handler mit der Android-Komponente `LocalSearchActivity` kommunizieren und somit nach Dekodierung der empfangenen POI-Ergebnisse das Anzeigen der POI-Liste anstoßen. Für diesen Zweck könnte auch ein Intent an die LocalSearchActivity gesendet werden.

Die Request-Methode für den LocalSearch und ihre Parameter (siehe xcsi-Datei) werden in Listing 7.18 dargestellt. Sie besitzt verschiedene Konfigurationsparameter außer der Suchoptionen (Ort und Kategorie): So kann ein Radius und die Anzahl der erwarteten POIs eingestellt werden. Bei dieser Schnittstelle besteht zusätzlich die Möglichkeit, eine Geoposition, statt einer Ortangabe, als Suchoption einzugeben.

Die Methode `startCSI2Client` beinhaltet lediglich die Initialisierung von CSIModule, CSIChannel (implementiertem Channel, Sender und Receiver) und CSIHandler.

7.4.2 CSIClientHandler

Für diese Applikation ist es ausreichend die Methode handleServicePoiList zu unterstützen.

Das Framework bereitet die übertragenen Daten als Java-Objekt vor. Es kann eine beliebige Bearbeitung (=> handlingPOIList) stattfinden, und die fertigen Daten werden an die zuständige Komponente, in dem Beispiel die LocalSearchActivity übermittelt.

Über die addEvent-Methode erfährt die Activity, dass eine neue Response mit gelieferten Daten vom CSI-Handler gefüllt worden ist. Die Auswertung dieser Daten liegt im Bereich der Activity und wurde im vorigen Abschnitt angesprochen. Die Methode handlingPOIList (Listing 7.19) wird hier nicht näher beschrieben.

```
public void handleServicePoiList(
    ServicePoiList.Apptype appType,
    ServicePoiList.Poitype type, int searchProvider,
    String name, Vcard[] poiList, int totalNumberOfPOIs,
    int indexOfFirstElement)
    throws CSIException {

  // Dekodierung und Übermittlung der POIListe an den
  // LocalSearchActivity
  POIList poiList = handlingPOIList();

  connectorAct.addEvent(new ServiceEvent(poiList));
}
```

Listing 7.19 Die Methode handleServicePOIList

7.5 Finale Betrachtungen zum Android-Beispiel

Die Implementierung für das Android-Betriebssystem ist für einen geübten Java-Programmierer ohne Zweifel sehr einfach. Es zeichnet sich aus, dass die CSI Code-Generierung in einem Schritt den Sourcecode für mehrere Programmiersprachen in einem Schritt erzeugt. Das ermöglicht unter anderem, die generierten Java-Sourcen für einen Client unter Android direkt zu verwenden. Inzwischen gibt es zahlreiche Mobiltelefone, die mit dem Android-Betriebssystem ausgestattet sind, so dass diese Plattform eine gute und vergleichsweise kostengünstige Grundlage für die Cliententwicklung ist.

Kapitel 8
Das perfekte Telematikprotokoll

Es ist vermutlich eine Illusion, die perfekte Lösung für ein Telematikprotokoll finden zu können. Der Grund für diese Vermutung ist vielschichtig. Speziell die Automobilindustrie ist keine typische Softwarebranche. Vielfach dominieren geschlossene Systeme. Das gilt für die Hardware und für die Software.

Die Möglichkeiten, bestimmte Daten im Fahrzeug zu erreichen, sind eingeschränkt und daraus resultieren selbst für den einfachen Fall der Loginanfrage viele Optionen. Es sind je nach Fahrzeugtyp unterschiedliche Parameter zur Identifizierung eines Anwenders verfügbar wie z. B.:

- Die Fahrzeugidentifikationsnummer[1]
- Das Fahrzeugkennzeichen
- Die Geräteidentifikationsnummer des Infotainmentsystems[2]
- Die Seriennummer des Fahrzeugschlüssels[3]
- Der unabhängige Login- oder Username

Die Liste kann nahezu beliebig erweitert werden. Eines ist sicher: durch die Fahrzeughersteller werden nicht alle möglichen Parameter gleich verwendet, so dass sie in unterschiedlichen Variationen auftreten. Teilweise soll der Login auf einem Server eine feste Verbindung zwischen einem Fahrer und einem Fahrzeug herstellen und in einem anderen Fall soll die Anmeldung auf dem Server unabhängig vom Fahrzeug geschehen.

Dieses simple Beispiel dient nur dazu, um eines klar zum Ausdruck zu bringen: die perfekte Lösung für ein Telematikprotokoll gibt es nicht. Es spielen auch weitere Fragen eine wichtige Rolle, die entscheidend für die Auswahl eines Protokolls sind. Hier ist eine kleine Auswahl dieser Fragen:

- Wie oft sollen Daten übertragen werden?
- Wie groß sind die Daten, die übertragen werden müssen?

---

[1] Die Fahrzeugidentifikationsnummer wird ebenso als Vehicle Identification Number VIN bezeichnet.

[2] Die Geräteidentifikationsnummer ist die Device-ID.

[3] Sie Seriennummer des Fahrzeugschlüssels ist die Key-ID.

- Wird der Anwender während des Dienstes mit einem CallCenter (Operator) verbunden?

Wir haben versucht, einen kleinen Einblick zu geben, *welche* verschiedenen Technologien zur Verfügung stehen und *wie* ein neuer Online Dienst entworfen werden kann. Wir haben einige Implementierungen auf verschiedenen Plattformen gezeigt und wir hoffen, dass Ihnen das Buch diese Problematik in angenehmer Weise näher gebracht hat.

Grit Behrens, Volker Kuz und Ralph Behrens

Literatur

[APA01]	http:///www.apache.org
[BEC01]	http://www.mybecker.com/deDE/Ueber+Becker-Becker+Historie.html
[BLP01]	http://www.bosch.com/content/language1/html/2985.htm?firstPage=-1&lastPage=-1&nr=55&cgcount=70
[BLP02]	http://de.wikipedia.org/wiki/Blaupunkt
[BSA01]	Diplomarbeit von Björn Saull an der FH Wiesbaden mit dem Titel
[CSI01]	http://www.opencsi.net
[CSI02]	http://www.opencsi.net/download
[CSI03]	http://www.opencsi.net/testserver
[EFI01]	http://www.openmobilealliance.org/Technical/wapindex.aspx#approved
[FPG01]	http://fahrtenbuch-per-gps.de
[GOO01]	http://www.spiegel.de/netzwelt/gadgets/0,1518,658008,00.html
[GOO02]	http://code.google.com/apis/gdata/json.html
[GOO03]	http://code.google.com/apis/gdata/samples/cal_sample.html
[GOO04]	http://developer.android.com/
[GSM01]	http://de.wikipedia.org/wiki/GSM#Die_Entstehung_von_GSM
[GST01]	http://www.gstforum.org
[GST02]	http://www.gstforum.org
[JDK01]	http://java.sun.com
[JSO01]	http://json-rpc.org/
[JSO02]	http://geoJSON.org
[LGP01]	http://de.wikipedia.org/wiki/LGPL
[LTE01]	http://www.umtslink.at/index.php?pageid=lte-grundlagen-1
[MBP01]	http://www.presseportal.de/pm/68912/402895/daimler_ag
[MBP02]	http://www.motor-talk.de/forum/was-ist-das-mb-portal-t299675.html
[MTP01]	http://twigworld.com/catalog/index.php?cPath=55
[NGT01]	http://www.ngtp.org, NGTP General Overview v. 1.0; Figure 1
[NGT02]	http://www.ngtp.org, NGTP Dispatching Services Layer v. 1.0; Figure 1
[NGT03]	http://www.lionet.info
[NOK01]	http://www.netzwelt.de/news/81586-ovi-karten-nokia-navigation-ab-heute-kostenlos-update.html
[OSM01]	http://www.openstreetmap.org
[POI01]	H. Kanemitsu and T. Kamada. POIX: Point Of Interest eXchange Language Specification. available at http://www.w3.org/TR/poix/, June 1999
[RSS01]	http://de.wikipedia.org/wiki/RSS
[SDC01]	http://www.sdcard.org
[STD01]	ftp://ftp.research.microsoft.com/pub/debull/A03june/schmidtF.ps

[TFI01]	Diplomarbeit von Tim Fischer an der FH Wiesbaden mit dem Titel "Referenzimple-men-tierung eines mobilen Telematik Endegerätes
[VOD01]	http://www.engadget.com/2010/03/12/vodafones-wayfinder-is-first-victim-of-free-smartphone-navigati/
[WBX01]	http://www.openmobilealliance.org/tech/affiliates/wap/wap-192-wbxml-20010725-a.pdf

Sachverzeichnis

A
Abstract Syntax Notation One, 22
Access, 3
ACP, 27, 29
Android, 2
Android Development Tools, 213
Apache Felix, 173
Apple, 2
Application Communication Protocol, 27, 29
Application Data Protocols, 32
Application Services Layer, 20
ASN.1, 22
asyncException, 102
AsyncException, 68

B
Becker, 6
Blaupunkt, 6
Bluetooth Dialup Networking, 58
BMW, 1, 19, 57
BMW Connected Drive, 1
BMW Online Services, 1

C
Cascade Pro, 57
Client System, 35
Code Generator, 110
Common Services Interface, 18
Conditional Access and Security Protocol, 32
Connexis, 19
Control Center, 35
Control Ser-vices Layer, 20
CSI, 41, 61
CSI – Code Generierung, 73
CSI Bibliothek, 87
CSI Channel, 66
CSI Cheetsheet, 109
CSI Container, 66, 81
CSI Control Center, 116
CSI Controller, 66
CSI Enumeration, 80
CSI Fehlercode, 73
CSI Kernel, 65
CSI Membervariable, 85
CSI Perspective, 112
CSI SDK, 61, 119
CSI Server, 99
CSI Service Editor, 89
CSI Service Interface Definition, 77
CSI Service Interface Editor, 104
CSI Services Overview Definition, 76
CSI Streamanalyzer, 114
CSI Streamcreator, 114
CSI Verifier, 111
CSIException, 72
Customer Data Providers, 20

D
Daimler, 27
DestinationContainer, 70
Dispatcher, 19
Dispatching Services Layer, 20
Document Object Model, 190
DOM, 190
Download-Upload-Messaging-Manager, 57
drahtloser Übertragungskanal, 51
DUMM, 57

E
Eclipse, 63, 112
Eclipse Rich Client Platform, 63
Eclipse Workspace, 86
EDGE, 58
EFI, 24
Equinox, 63
External Function Interface, 24

F
Fahrtenuch, 49

G
GATS, 32
GeoJSON, 47
Global Automotive Telematics Standard, 3, 32
Global System for Telematics, 34
Google, 2, 42
GPRS, 58
GSM, 5, 32, 52
GSM-CSD, 17
GSM-GPRS, 17
GSON, 42
GST, 34
GST Service Plattform, 37

H
HarmanBecker, 17, 57
HD Traffic, 1
HTTP, 19, 30, 53, 55
Hyper Text Transfer Protocol, 55
Hyper Text Transfer Protokoll, 19
Hyper-Text-Transport-Protocol, 53

I
IANA, 55, 57
IMAP4, 57
Internet Protocol, 53
iPhone, 2
iQ Routes, 1

J
Java Bibliothek, 43
Java Development Kit, 64
Java Virtual Machine, 64
JavaScript Object Notation, 41
JSON, 41
JSON-RCP, 46

L
Logindatarequest, 69
Logindataresponse, 69
Long Term Evolution, 58
LPGL, 62
LTE, 58

M
Mannesmann, 32
Media Access Control, 54
Mercedes-Benz Portal, 1
mime-type, 38, 57

Mobile Phone Telematics Protocol, 22
Mobile Telematics Terminal, 23
Model-View-Controller, 122
MOSTEC, 38
Motorola, 27
MPTP, 22
MVC, 122
MySQL, 181

N
Navteq, 2
Next Generation Telematics Protocol, 19
NGTP, 19
Nokia, 2

O
Online Dienst, 3, 17
Online Pro, 17
Open CSI, 62
Open Mobile Alliance, 24
Open Service Gateway Initiative, 37
Open Source, 62
OpenStreetMap, 120, 164
OSGi, 37, 63, 119

P
Persistence, 72
PND, 1
Point of Interest Exchange Language, 38
Point Of Interest eXchange language, 3
Points of Interest, 120
POIX, 38
POP3, 57
PositionContainer, 70
PositionResponse, 71
Provisioning Data Providers, 20

R
Route, 120
RSS, 124, 185, 209

S
SAX-Parser, 190
SD Memory Card, 50
SDHC, 50
SDXC, 50
Short Message Service, 52
Simple Object Access Protocol, 30
Singleton, 193
SMS, 52
SMTP, 57
SOAP, 30

SOAP/XML, 35, 41
Speicherkarte, 50
Speichermedien, 49
SyncML, 35

T
Tankstellensuche, 8
TCP, 55
TCP-Socket, 54
Tegaron, 32
Telematic Communication Unit, 27
Telematics Service Provider, 20
Telematics Unit, 19
Tomcat, 64
TomTom, 1
Toyota, 3
Tpeg, 125
TPEG, 185, 208
Transmission Control Protocol, 54, 55
Transport Protocol, 32
TWIG, 22
Übertragungskanal, 49

U
UDP, 55
UMTS, 58

Universal Serial Bus, 51
USB Massenspeicher, 51
User Datagram Protocol, 55

V
Vodafone, 2

W
WAP, 24
WAP-Forum, 24
WBXML, 52
Wireless Application Environment, 24
Wireless Telephony Application Interface, 24
WirelessCar, 19
WLAN, 58
WML, 26
WMLScript, 25, 26

Y
Yahoo, 42

If you have any concerns about our products,
you can contact us on
ProductSafety@springernature.com
In case Publisher is established outside the EU,
the EU authorized representative is:
**Springer Nature Customer Service Center GmbH
Europaplatz 3, 69115 Heidelberg, Germany**
Printed by Libri Plureos GmbH
in Hamburg, Germany

MIX
Papier aus verantwortungsvollen Quellen
Paper from responsible sources
FSC® C105338